U0063056

·教育信息化新视界丛书·

无障碍网络教育环境的构建

孙祯祥 等 著

国家社科基金项目（06BTQ012）研究成果

科学出版社

北京

内 容 简 介

本书对教育信息化中的主要平台——网络教育环境的无障碍建设问题进行了比较详尽的阐述。内容包括教育信息化与无障碍网络教育环境构建之间关系、无障碍与各种先进教育理念之间的关系、无障碍网络教育环境与各种弱势群体间的关系、网络教育环境的现状与存在的问题、无障碍教育网站的设计与开发、无障碍教育网站的评价、无障碍教育网站的维护与更新等。本书在内容上兼顾了理论、技术与应用等多个层次，涉及网络教育环境构建、评价和应用等多方面的实践问题。

本书可供从事网络教育环境开发与应用的相关人员阅读，也可作为现代远程教育专业、教育技术专业的网络教育方向、计算机应用专业的 Web 开发和应用方向的大学生、研究生的研究参考书。

图书在版编目（CIP）数据

无障碍网络教育环境的构建/孙祯祥等著. —北京：科学出版社， 2008
（教育信息化新视界丛书）
ISBN 978-7-03-023454-4

Ⅰ.无… Ⅱ.孙… Ⅲ.计算机网络－应用－教育－研究 Ⅳ.G434

中国版本图书馆 CIP 数据核字（2008）第 184068 号

责任编辑：王雨舸／责任校对：董艳辉
责任印制：彭 超／封面设计：苏 波

科学出版社 出版

北京东黄城根北街 16 号
邮政编码：100717
http://www.sciencep.com

武汉市新华印刷有限责任公司印刷

科学出版社发行 各地新华书店经销

*

2008 年 12 月第 一 版　开本：787×1000　1/16
2008 年 12 月第一次印刷　印张：17 3/4
印数：1—3 000　　　　字数：362 000

定价：39.00 元

（如有印装质量问题，我社负责调换）

"教育信息化新视界"丛书序

　　教育信息化是教育现代化的基础,在促进创新人才的培养、缩小地区间的教育差距方面有着巨大的作用,也是建设学习型社区、促进社会信息化的重要内容。开展教育信息化理论、技术及其应用方面的探索,对于推动我国教育信息化的发展具有积极意义。

　　"教育信息化新视界丛书"主要反映浙江师范大学教育技术学学科近年来在教育信息化领域的研究成果,主要涉及信息化条件下的教师专业发展、教育信息管理与决策支持、无障碍网络教育环境、以信息技术促进教育资源城乡一体化、教学资源管理、新信息技术的教育应用等。经过近一年的策划与准备,该丛书由科学出版社陆续出版。

　　浙江师范大学教育技术学学科是浙江省重点(A 类)学科,以推进教育信息化的理论研究与应用实践为已任。目前,本学科的研究方向主要包括:

　　(1)信息技术教育与应用。对信息技术教育、信息技术的教育应用开展研究。本学科成员直接参与高中"信息技术"新课程标准的制定,主编了通过教育部审查的 5 套新课标教材之一"人工智能"。对中外信息技术教育的比较、信息化条件下的教学设计、中小学教师信息素养与教学效能关系、人工智能技术在教育中的应用等问题开展研究。

　　(2)教育信息化理论与实践。对促进我国基础教育信息化发展尤其是教师教育发展的有效策略问题、教育信息化促进教育公平实现等问题开展研究。就信息平等意义上的无障碍网络环境构建、教师教育技术能力发展策略、基于学习策略的虚拟学习社区、现代教育技术管理学理论体系、面向教师教育的信息化环境创建与应用等问题进行研究。

　　(3)数字化学习资源与环境。对数字化教育资源与系统设计、数字化学习环境的理论与应用、教育技术类课程教学与数字化资源建设等问题进行探讨。研究网络环境下教师教育的资源共享模式、网络学习机制及其在适应性学习支持系统中的应用、非物质文化遗产的数字化保护问题的理论与实践等。

　　作为一个涉及信息技术、教育和心理等多个领域的综合性学科,浙江师范大学教育技术学学科近年来承担了国家社会科学基金课题、国家自然科学基金课题、全国教育规划课题等一系列国家级和省部级课题,在《教育研究》、《电化教育研究》、《中国电化教育》等高等级刊物上发表了大量论文,并有多篇被 EI、ISTP 等国际权威检索所收录。此外,本学科还先后获得了国家级、省级精品课程,以及国家级、省级教学成果奖,"教育信息化新视界丛书"就是本学科的成果之一。

本丛书的出版得到了浙江师范大学研究生学院楼世洲院长、社会科学研究处郑祥福处长,以及教师教育学院相关领导的大力支持,科学出版社的编辑们为丛书的出版付出了辛勤劳动,在此一并表示感谢!

　　当前,教育信息化的发展步伐十分迅速,由于研究的水平与时间所限,本丛书中存在的问题与研究的局限在所难免,恳切希望读者给予批评指正,以便使学科今后的研究工作做得更好。

丛书主编　张剑平

2008 年春节于浙江师范大学

前言

人类社会已经进入了一个信息化的时代，计算机和 Internet 已经成为人们日常生活、学习和工作中的重要组成部分。越来越多的信息和服务通过网络来传递，如电子政务、网上银行、网上商店、网上聊天、电子邮件、电子新闻、博客等。这些以网络为载体的服务与完善，为人们获取信息和交流信息提供了极大的便利。在信息社会中，通过网络获取信息和交流信息已经成为人们的基本手段之一，因而信息平等是信息社会中人人平等的基础。所谓信息平等就是人人能够平等地获取、存贮、使用、传送同等意义上的信息，而实现信息无障碍则是信息平等的核心话题。

对于信息无障碍，中国互联网协会曾经给出了一个定义：信息无障碍是指任何人（无论是健全人还是残疾人，无论是年轻人还是老年人）在任何情况下都能平等地、方便地、无障碍地获取信息、利用信息。信息无障碍包括两个主要范畴：电子和信息技术无障碍；网络无障碍。本书所关注的是其中之一，即网络无障碍问题。

在信息时代，由于知识的激增、生活节奏的加快以及工作竞争的激烈，人们不能够仅靠在学校里学习的知识包用终身，而是要不断地充电、更新知识。因此，人们的学习不仅仅是在学校中接受正规的学历教育，而是要不断地进行学习，即终身学习。因此，网络教育已经成为人们终身学习的重要手段及环境。对于残疾人群和老年人群来说，由于身心残疾的原因，到正规的学习场所去学习，遇到的物理环境上的障碍较大，而网络教育却能为他们提供良好的学习环境。因为网络教育环境可以提供多种学习内容、学习媒体、学习途径以提供给不同的学习者去选择。因此，构建一个无障碍的网络教育环境是非常重要的，它是信息无障碍运动的一部分，也是教育信息化的一部分。

综上所述，本书从信息无障碍的视角出发，针对教育信息化中的网络教育平台建设，展开对无障碍的网络教育环境的构建问题的研究。内容包括：

第一章论述了无障碍网络教育环境的概念和特征；分析了无障碍网络教育环境和教育信息化之间的关系；回溯了无障碍网络教育环境的发展进程并展望了无障碍网络教育

环境的发展趋势。研究认为,构建无障碍网络教育环境是从事网络教育工作的所有人员都关心的问题,同时也是适应信息社会时代以及个性化学习发展的必然要求。

第二章通过分别对无障碍网络环境的受益者——残障人群、老年人群以及普通学习者人群的分析,阐述了网络学习中,各类学习者都可能遇到障碍,强调了构建无障碍网络教育环境并不是仅仅是为了残疾学习者,而是为了所有的学习者。

第三章从不同角度阐发构建无障碍网络教育环境的必要性和必然性,并系统地探究无障碍网络教育环境构建的理论基础。从影响深远的先进教育理念出发,探究无障碍网络教育环境构建与全民教育、终身教育、学习化社会、全纳教育、多元智能等先进教育理念之间的关系;从"以人为本、构建和谐社会"的理念出发,阐述无障碍网络教育环境建设是构建和谐社会的重要组成部分;又从相关的学科理论出发,探讨了无障碍网络教育环境构建的理论与各学科理论的依存关系。

第四章在对国外网络教育环境无障碍现状进行梳理分析的基础上,对我国的网络教育环境的现状进行了分析,提出问题并对产生问题的原因进行了研究。

第五章从设计理念、设计原则、设计模式和流程等几个方面来阐述无障碍网络教育环境的设计。

第六章对无障碍网络教育环境开发过程中的各种要素进行了探究,内容涉及无障碍网络教育环境的等级,无障碍网页的布局,无障碍图形和图像的设计;各种多媒体的设计,字体和颜色的设计,各种表单和交互操作的设计,以及网络教育环境中的导航机制的设计,元信息的设计等。为网络教育环境开发提供了相应的设计方法和设计范例。

第七章通过对美国、英国、欧盟等国家和组织关于构建无障碍网络环境的法律、法规的分析,讨论无障碍网络评价的标准、方法、评价的指标体系等内容,并初步探讨了教育网站的无障碍评价方法。

第八章则讨论了无障碍教育网站的维护、更新与安全问题。

本书的出版在国内也许填补了相关领域的空白,但由于作者水平有限,错误、疏漏之处在所难免。希望得到国内外同行、专家们的指正。本书在撰写过程中参考了中外大量的文献资料,在此还向作者表示衷心的感谢!

笔者的研究生团队也参加了本书的写作,具体的分工是:一、二、三章张家年、孙祯祥;四章孙祯祥、张燕;五、八章黄璐;六章孙祯祥、潘琳;七章陈子健、文剑平。统稿孙祯祥;文本整理张家年。

作　者

2008 年 9 月于浙师大丽泽花园

无障碍网络教育环境概述

　　信息的获取和知识的分享与创建可有力地促进经济、社会和文化的发展……需要我们扫除障碍,使人们均能获得普遍、无所不在、公平和价格可承受的ICT接入。我们强调必须消除在弥合数字鸿沟方面遇到的障碍,特别是那些阻碍各国、尤其是发展中国家充分实现经济、社会和文化发展和为其国民谋幸福的障碍。

《突尼斯承诺》——信息社会世界高峰会议 2005 突尼斯峰会

　　本章通过认识无障碍的含义,论述了无障碍网络教育环境的概念和特征;分析了无障碍网络教育环境和教育信息化之间的关系;回溯了无障碍网络教育环境的发展进程并展望了无障碍网络教育环境的发展趋势。研究认为,构建无障碍网络教育环境的要求是在各类网络学习者的教育需求不断的增长、网络教育的迅速发展以及网络技术、多媒体技术日新月异演进的背景下产生的,是从事网络教育工作的所有人员都必须关心的问题,同时这也是适应信息社会时代以及个性化学习发展的必然要求。

■ 第一节　无障碍网络教育环境的概念

一、无障碍的含义及演进

（一）物理环境的无障碍

1. 无障碍的含义

《辞源》中"障"：阻隔。《墨子·亲士》中："谄谀在侧，善议障塞，则国危矣。"《吕氏春秋》——欲闻枉而恶直言，是障其源而欲其水也。《管子》——令而不行，谓之障。"碍"为"限止、阻挡"之意。《说文》中"障"的含义：阻塞，阻隔，障者，隔也；碍者，止也。《辞海》中"障"：阻塞、遮隔。因此，障碍就是指阻挡前进的东西；阻挡，使不能顺利通过；一种障碍物等含义。

在联合国的第 48/96 号决议（1993-12-20）通过的《残疾人机会均等标准规则》中认为："障碍"一词是指机会的丧失或受到限制，无法与其他人在同等基础上参与社会生活。即指患某种残疾的人与环境的冲突。使用此词的目的是着重强调环境中和社会上许多有组织活动诸如信息、交流和教育中的缺欠，使残疾人无法在平等基础上进行参与。

无障碍是障碍的对立面，是指在某个环境中对于主体人的行为和活动没有限制和干扰，这里的环境既可以指物理世界中的环境，也可以指虚拟世界的无障碍（信息世界无障碍）。在英文中，无障碍是指"free-barrier"，可以被人自由的获取、访问（access），并在此基础上，又延伸至易访问性（accessibility），这个词在我国翻译的意思有多种，在远程教育相关文献中，被译为可获取性[1]、可访问性；也有被译为易访问性[2]；在 SCORM 标准中又被译为即时性；在我国台湾地区和港澳特别行政区翻译为可达性、可及性、无障碍，甚至被翻译为亲和力。在 2004 年举行的首届中国信息无障碍论坛上，正式把 accessibility 翻译为无障碍，一般地，现在国内无障碍领域，特别是信息无障碍领域中，无障碍一般就是指accessibility。"无障碍"普通大众更容易接受和理解，"易访问性"更多的是从学术研究的角度来界定阿 accessibility 的内涵和对象的属性。

由于"网络环境易访问性"和"无障碍网络环境"之间潜在的内涵基本是一致的，而且均由英文中"accessibility"意译而来，因此，在本书中对于无障碍网络环境和网络环境易访问性的说法并不作严格区别。

2. 无障碍的由来

无障碍的提出和发展，其中的主要推动力是政治、经济、科技的发展，以及残疾人群体自己的积极争取和呐喊,不断增强的社会民主、平等意识。

第二次世界大战以后,国际政治、经济及社会发生巨大变革,科学技术长足进步,人们生存的价值观念起了变化,残疾人的问题日益引起国际社会的普遍关注,在有关国际组织的努力下,为争取残疾人的合法权利,并保证他们的福利和参与社会正常生活,以"回归社会"为最终目的的残疾人运动,发展成世界范围的运动。

1959 年,欧洲议会通过了"方便残疾人使用的公共建设的设计与建设的决议"。20 世纪 60 年代初,受美国民权运动的影响,促使残疾人联合起来,为争取其基本权利而斗争,抗议社会对他们的歧视态度和不平等待遇以及环境中的种种障碍给残疾人造成通行上的困难。在国际社会团体、社会阶层的影响和推动下,"无障碍"的概念开始形成。同时,经济的发展也促使各工业国家有能力也能够在无障碍环境的普及中投入大量的人力、物力和财力。

美国前总统肯尼迪曾就无障碍这一问题进行咨询,并在 1961 年制订了世界上第一个"无障碍标准"。在 1963 年挪威奥斯陆会议上,瑞典神经不健全者协会在此提出,"尽最大的可能保障残疾者正常生活的条件",强调残疾人在公共社会中与健全人一道生活的重要性,说明其权利要正常化。这种思潮在当年的国际残疾人行动计划中已明确阐明,即"以健全人为中心的社会是不健全的社会。"相继制订有关的无障碍法律条文的还有:1965 年制订的《以色列建设法》、1968 年制订的《美国建筑法》等,所有这些法律都进一步明确了建筑环境都必须对残疾人作出的承诺。

1976 年,国际标准化组织 ISO(International Standard Organization)以 1981 年的国际残疾人年为目标,成立残疾者设计小组,计划制订"残疾人在建筑物中的需要"的设计指导。1979 年,这个小组提出了一个大纲,其内容背景是以"社会的物质环境应使残疾人如同一般人平等地生活于社会的主流中"为前提,大纲的意旨是要将残疾人的问题纳入 ISO 的一般规范的标准系列中,同时大纲也是地方行政机关的基本指南,其内容分为两部分:

* 残疾者的类别和基本要求;
* 残疾者要求的无障碍建筑物。

联合国在 2007 年通过了具有里程碑式意义的《残疾人权利公约》,其中"无障碍"是其八项原则之一,并且在其第九条明确阐述"无障碍"涉及的各个方面,其中包括物理世界和信息世界的无障碍。

第九条 无 障 碍

一、为了使残疾人能够独立生活和充分参与生活的各个方面,缔约国应当采取适当措施,确保残疾人在与其他人平等的基础上,无障碍地进出物质环境,使用交通工具,利用信息和通信,包括信息和通信技术和系统,以及享用在城市和农村地区向公众开放或提供的其他设施和服务。这些措施应当包括查明和消除阻碍实现无障碍环境的因素，并除其他外，应当适用于：

（一）建筑、道路、交通和其他室内外设施，包括学校、住房、医疗设施和工作场所；

（二）信息、通信和其他服务，包括电子服务和应急服务。

二、缔约国还应当采取适当措施，以便：

（一）拟订和公布无障碍使用向公众开放或提供的设施和服务的最低标准和导则，并监测其实施情况；

（二）确保向公众开放或为公众提供设施和服务的私营实体在各个方面考虑为残疾人创造无障碍环境；

（三）就残疾人面临的无障碍问题向各有关方面提供培训；

（四）在向公众开放的建筑和其他设施中提供盲文标志及易读易懂的标志；

（五）提供各种形式的现场协助和中介，包括提供向导、朗读员和专业手语译员，以利向公众开放的建筑和其他设施的无障碍；

（六）促进向残疾人提供其他适当形式的协助和支助，以确保残疾人获得信息；

（七）促使残疾人有机会使用新的信息和通信技术和系统，包括因特网；

（八）促进在早期阶段设计、开发、生产、推行无障碍信息和通信技术和系统，以便能以最低成本使这些技术和系统无障碍。

《残疾人权利公约》从 2007 年 3 月 30 日对成员国开放签署，开放签署仪式在纽约联合国总部举行，中国常驻联合国代表王光亚代表中国政府在该公约上签字，81 个国家及区域一体化组织的代表出席了当天的仪式并签署了该公约。

在国内立法方面，目前包括我国在内的一百多个国家和地区制订了有关残疾人权利法律、法规，以及无障碍技术法规和标准[3]。

3. 无障碍的物理环境

20 世纪初，由于人道主义的呼唤以及残疾人群的积极争取和呼吁，建筑学界产生了一种新的建筑设计理念——无障碍设计。它运用现代技术建设和改造人们的物质环境，为广大残疾人群和老年人群提供了行动方便和安全的空间，创造一个"平等、参与"的环境。

无障碍的物理环境更多的是从建筑设计的角度来考虑，因为长期以来，城市中的市政建设、公共建筑及居住建筑的环境设施,基本上是按照健全成年人的尺度和人体活动空间参数考虑的,许多方面不适合残疾人、老年人使用,有的甚至造成了无法通行的障碍。造成这一现状的原因是设计者们没有把城市建设作为一个为全体公民服务的整体来看待,从而产生了障碍,因此建筑设计者们应该努力为所有公民创造出安全、便利的城市环境,这是社会发展的需要。

无障碍的物理环境的核心就是各类建筑和公共设施的建设要秉持"以人为本"的原则,首先应体现对每个人的关怀和服务(包括残疾人群和老年人群)。对此,世界各地的建筑师们不断地探索"城市环境无障碍化"这一项突出的新内容。营造无障碍城市环境,这不仅仅为残疾人、老年人在参与社会生活方面提供了必要的基本条件,而且同时也对妇女、儿童、临时性受伤者及其他健全成年人均带来了便利和实惠。从经济角度看,虽然改善环境需花费一定的经费,但却同时降低了社会服务的成本。

在 20 世纪 80 年代之前,我国的建筑设计中还并没有真正融入无障碍理念,其设计的服务对象是身心健全人,以致给后来城市物理环境的无障碍运动带来了很大的困惑。自80 年代之后,我国残疾人的事业得到了迅速发展,1989 年 4 月 1 日,由建设部、民政部和中国残疾人联合会公布的《方便残疾人使用的城市道路和建筑物设计规范》宣告实施。该规范主要是针对下肢残疾者和视力残疾者的需要而制订的,适用于城市道路和建筑物的新建、扩建和改建设计,从而为建筑环境无障碍设计提供了相应的依据,为我国残障人士构建无障碍的物理环境提供了强有力的保障。

1999 年 3 月,修订后的《住宅设计规范》(GB50096—1999)第 108 条规定:住宅设计应以人为核心,除满足一般居民使用要求外,根据需要尚应满足老年人、残疾人的特殊使用要求。1999 年 10 月,由中华人民共和国建设部、民政部制订的《老年人建筑设计规范》(JGJ122—99)正式颁布实施,在第 103 条中明确指出:专供老年人使用的居住建筑和公共建筑,应为老年人使用提供方便设施和服务,具备方便残疾人使用的无障碍设施,可兼为老年人使用[4]。现在我国各级城市在进行市政建设时,都充分考虑到残疾人群和老年人的生理特点,除在入口设置坡道外,还在多层、低层公寓设置了电梯,小区道路也采用无障碍设计。

这一时期人们对于无障碍的关注更多地集中在城市的市政建设、交通、公共建筑等方面,是有形的、物理的无障碍。然而随着全球政治、经济、科技和教育等方面的发展,现代社会逐渐由工业社会向信息社会发展,无障碍的内涵及外延不断地发生变化,从物理世界逐渐延伸至虚拟信息世界中。因为在信息社会中,人们的学习、工作和生活已经和信息息息相关,一些人群不但在物理世界中遇到各种各样的障碍,而且在信息交流、传播和应用中也遇到了各种各样的障碍,所以人们渐渐地把"无障碍运动"引入到人们信息获取、存储、应用等信息传播领域——信息无障碍,把无障碍运动从现实世界拓展至虚拟世界。

（二）虚拟世界的无障碍(信息无障碍)

物理环境的无障碍主要是要求城市道路、公共建筑物和居住区的规划、设计、建设应方便残疾人通行和使用,通过在建筑设计中融入无障碍设计理念,使得物理环境的无障碍取得很大的成就。而虚拟世界的无障碍主要是指在信息的搜索、获取、处理和传递等方面的无障碍。21世纪是人类社会由工业社会向信息社会跃进,信息技术对人们的生活方式、生产方式、学习方式产生了根本性的变革,信息技术的进步和迅速发展是社会信息化的主要推动力。在信息社会中,信息资源与物质资源和能量资源同等重要,信息资源是一个国家、组织、个人发展和进步的重要资源,而且信息的获取、交流、使用和管理已经成为人们的工作、生活和学习的重要前提。

由于生理或病理方面的原因,社会中的一部分人群在信息传播过程中,在信息获取、接受和理解的环节中存在障碍。作为社会中的弱势群体,两种可能很现实地摆在他们面前:要么被无所不在的信息屏障彻底隔绝于信息社会之外,被进一步弱化、边缘化,使其本已十分严峻的生存状态更加恶化;要么凭借不断发展的信息技术突破信息壁垒,消除数字鸿沟,使这部分群体也能够共享信息文明,从而回归主流社会。2000年《东京宣言》中提出了信息无障碍的理念,认为在信息时代和网络社会中,就残疾人的生存和发展而言,信息无障碍较之城市设施无障碍具有同等甚至更为重要的意义。2003年在日内瓦召开的"信息社会世界高峰会议"上通过的《原则宣言》中指出:教育、知识、信息和通信是人类进步、努力和福祉的核心。此外,信息通信技术(ICT)对我们生活的几乎所有方面都产生着极大影响。这些技术的迅速发展为我们实现更高水平的发展带来全新的机遇。信息通信技术能够减少许多传统障碍,特别是时空障碍,从而使人们首次在人类历史上利用这些技术的巨大潜力造福于遍布世界各地的千百万人民。在建设信息社会的过程中,我们应特别关注社会边缘群体和弱势群体的特殊需要[5]。因此,在信息社会中,人们更加要求对信息的获取和交流的环境是无障碍的,尤其是以Internet为平台的拥有海量信息载体的环境——虚拟世界的无障碍越来越受到人们的重视。

1. 信息无障碍的概念及其含义

根据第一届中国信息无障碍论坛(北京,2004)提出信息无障碍的概念,信息无障碍即信息的获取和交流的无障碍,它主要是指公共传媒应使听力、言语和视力残疾者能够无障碍地获得信息,进行信息交流,如影视作品和电视节目的字幕、解说、电视手语、盲人有声读物等。这里的公共传媒主要是指电子信息媒介,如广播、电视、移动通信、网络等通信手段或设备。

上面提及的信息无障碍的概念是广义的,涵盖范围广,涉及的领域众多,如广播、电视、通信、Internet 等领域。在本书中的网络环境无障碍主要是指以 Internet 为平台所构建的信息平台的无障碍，即人们在 Internet 环境中，应该无障碍地访问或使用 Internet 提供者（服务供应商）所提供的信息资源或相关服务。因此，网络教育环境无障碍应该属于信息无障碍的子范畴。

2. 信息无障碍的范围

信息资源是信息社会中一种无形的资源和社会财富，人们的一切活动都是建立在信息基础上，因此，信息无障碍的问题的核心是信息，从前面提到的信息无障碍的定义可以看出信息无障碍的范围主要涉及人们对信息的搜索、访问、存贮、加工和使用、运输（传播）等方面。下面就从这几个方面阐述信息无障碍涉及的主要范围：

（1）信息的搜索主要是指主体搜索其所需的相关信息资源。在此过程中，信息资源是否能够被主体（或代理工具）搜索到？在搜索资源的成本上，是否与他人消耗同等程度的时间和能量？这也是信息无障碍的一个子范畴。

（2）信息的访问主要是指主体或代理对相关信息资源的访问和获取。在此过程中，信息资源的类型（如文本、图形、音频、动画、视频等类型）和相关属性（学科、语言、逻辑性等）将影响到信息资源的无障碍性。在信息的访问上，应更多地关注主体在获取信息的内容上是否与其同辈（peer）相同，这里的"相同"更多是从信息的表达的内容对于不同主体的理解上是否一致，如某个章节的文本信息与该文本的音频信息表达的内容是相同的，对于普通学习者获取文本的内容和盲人学习者获取音频的内容是相同的。

（3）信息的存贮主要是指主体对访问或获取到的信息资源进行拷贝，把资源转移到本地的过程。信息资源是否能够提供丰富的信息资源格式供不同需求的主体拷贝，是信息存贮中涉及的信息无障碍的问题。这里主要要求同一信息的表达方式的冗余性，如对于流媒体的内容的安排，可以提供 Microsoft、Real Network、QuickTime 等公司提供的多种格式，以供学习者的选择和下载。

（4）信息的加工和使用主要是指主体对访问或获取到的信息资源进行再加工，融入自己的信息流。在此过程中信息资源能否被主体所使用的信息加工工具所认可？主体能否对获取的信息内容进行正确的记忆和理解？

（5）信息的运输（传播）是指主体与其他主体（人或者接收代理）之间的信息交流，在交流过程中由于不同的主体（或代理）可能在接收信息的格式或类型上有所不同，从而产生一定的障碍。信息交流是学习者再学习过程中必然发生的行为，如何保障信息交流的畅通？保证学习者与教师、学习者与学习者、学习者与专家之间的交流？这是该阶段主要的研究重点。

3. 信息无障碍的实质

信息无障碍的实质是信息资源的设计者、开发者以及发布者,与信息需求者的信息获取和应用之间产生的矛盾引起的。这是因为信息资源的设计者、开发者以及发布者们在设计、开发、发布和管理的过程中有意或无意中没有考虑到不同群体、不同层次的信息需求者的实际情况而产生的。例如,网站的设计者如果其设计理念定位在身心正常、具备一定计算机技能的、拥有主流的硬件和软件配置的用户,这样的网站就很可能产生障碍,即不能够被一些残疾人群、老年人群、信息素养较低的人群、使用非主流硬件软件配置的人群等访问该网站中的信息资源的时候就可能遇到障碍。

(三)联合国及其相关机构与无障碍运动

在促进无障碍运动的发展方面,联合国无疑起着关键性作用,无论在《联合国宪章》、《世界人权宣言》、国际人权惯例和相关的其他人权条例中均明确提出要保障残疾人群等其他弱势群体的权利[6]。

◇ 联合国第 37/52 号决议《关于残疾人的世界行动纲领》

1981 年,国际残疾人年最重要的成果是联合国大会 1982 年 12 月 3 日第 37/52 号决议通过的《关于残疾人的世界行动纲领》。国际残疾人年和《世界行动纲领》对这一领域的进展提供了强大的推动力,两者都强调残疾人有权享有与其他公民同样的机会,并且平等分享因社会和经济发展而改善的生活条件;另外,还首次从残疾人与其环境之间的关系这个角度界定了障碍的定义。

◇ 联合国《残疾人机会均等标准规则》

《残疾人机会均等标准规则》第 5 条(1993 年 12 月联合国大会第 48/96 号决议附录)考虑了关于获得自然环境和信息与通讯设施的无障碍环境。虽然标准规则是在各国信息技术和通信网络进步和重要的发展以前起草的,第 5 条规则仍为政策设计和宣传提供了有用的指导。该规则主要是考虑了自然环境的无障碍,也提及通信系统环境的无障碍,那时候网络还远未普及和发展,所以并未考虑到网络环境的无障碍问题。

◇ 联合国第 52/82 号决议

在 1997 年 12 月 12 日通过的第 52/82 号决议中,联合国大会确定无障碍环境是进一步提高残疾人机会均等的优先工作。经验表明,强调无障碍环境是改变排外观点,积极持续地提高机会均等的有效方法。如果要增加政策过程的价值,就必须系统地提出无障碍环境的概念。

无障碍环境不是一种行为或状态，而是指进入、接近、利用一种境遇或与之联系的选择自由。环境是想获得的境遇的全部或部分。如果通过提高无障碍环境的方法从而提供了参与机会的均等，那么就达到了平等的参与。无障碍环境的因素是获得环境的属性，而不是环境的特点。例如，在保健方面，佩坎斯基和汤姆斯教授把无障碍环境定义为"一种代表当事人和制度之间适合度的概念"。获得保健的 5 个特征被确定为：可供性、可得性、便利性、承担性和接受性。康复残疾人的研究把环境特点确定为：

- 可得性——你能到达你想去的地方吗？
- 便利性——你能做你想做的事吗？
- 资源可供性——你的特殊要求能满足吗？
- 特殊支持——你能被周围的人所接受吗？
- 平等——你能与其他人一样被平等相待吗？

这些问题应用到网络环境中也是合适的，虚拟空间是现实空间的一种延伸，并不是独立于现实空间的，因此该决议中提出了康复的 5 个特征也适用于虚拟空间。

◇　**联合国秘书长在 54 届和 56 届联合国大会上的报告**

联合国秘书长向第 54 届（A/54/388/Add. 1）和 56 届（A56/169/Corr. 1）联合国大会递交了关于世界行动纲领实施问题的进度报告，报告指出要特别关注科技进步和无障碍环境的建设；报告提到了无障碍环境标准规则第五条的政策引导在自然环境和信息、通信技术环境中的作用；报告也为促进无障碍环境的建设提供了价值方案，即"最佳办法"，由残疾人共同参与建设无障碍环境。

无障碍环境涉及全人类，作为一个重大问题，其紧迫性反映出工作重心已从原来的医疗模式，即对残疾人的关心、保护和帮助，以使他们适应"正常的"社会机制而转移到了社会模式，即授权、参与和改变环境以促进全人类的机会均等。

◇　**联合国《残疾人权利公约》**

对于无障碍交流方面，联合国《残疾人权利公约》有着明确的规定，要求各成员国在残障人群的交流方面给予最大限度的无障碍地进行。具体在《公约》的第二十一条中进行了详细的表述。

第二十一条　表达意见的自由和获得信息的机会

缔约国应当采取一切适当措施，包括下列措施，确保残疾人能够行使自由表达意见的权利,包括在与其他人平等的基础上,通过自行选择本公约第二条所界定的一切交流形式,寻求、接受、传递信息和思想的自由:

(一)以无障碍模式和适合不同类别残疾的技术,及时向残疾人提供公共信息,不另收费;

(二)在政府事务中允许和便利使用手语、盲文、辅助和替代性交流方式及残疾人选用的其他一切无障碍交流手段、方式和模式;

(三)敦促向公众提供服务,包括通过因特网提供服务的私营实体,以无障碍和残疾人可以使用的模式提供信息和服务;

(四)鼓励包括因特网信息提供商在内的大众媒体向残疾人提供无障碍服务;

(五)承认和推动手语的使用。

二、无障碍网络教育环境的相关概念

现代社会已经进入了信息社会,以 Internet 为代表的各种应用已经深刻地影响人们的生活、学习和工作,并且在教育领域中也产生重大变革,其最具代表性的事物就是网络教育,它已成为现代社会中的一种重要教育模式。网络教育不仅被视为个性化教育的平台,而且也被认为是对传统教育革新的重要动力之一。网络教育被认为具有"五个任何"(five any)特征,即任何人在任何时候和任何地点,从任何章节开始学习任何内容[7]。

(一) 网络教育

网络教育(web-based education)尽管已经是被人们普遍地认可的一种教育形式,但是至今还没有一种大家认可的、统一的概念。不同的研究者从不同的角度提出了不同的概念[8]:

1) 网络教育是一种手段

网络教育是基于网络支持的教育手段。持这一观点的学者强调:任何人都可以通过网络学到知识,任何人都可通过网络学习知识,无论对于学校教育,还是其他形式的教育,都可以借助网络上的学习资源来进行教和学。

2) 网络教育是一种学习方式

有研究者认为:"网络教育是以计算机、多媒体、通信技术为主体,以学员个人自主的个性化学习和交互式集体合作学习相结合的一种全新的学习方式"。Microsoft 公司比尔·盖茨提出："网络在未来社会就像现代社会人们家中通常必然会配备的螺丝刀一样。应该使学习者有一种使用信息工具来帮助自己进行脑力劳动的意识,同时应该培养学习者使用常用的信息工具来解决学习与生活中的各种问题,从而使网络成为人类认知世界的利器。""它们都是知识建构的组成工具。以多媒体教学技术和网络技术为核心的现代信息技术成为最理想、最实用的认知工具。"

3)网络教育是一种教育理念

持该观点的学者认为:"网络教育是一种教育理念,是对人类教育自由的崇尚与人性自然的顺应,即为人类的教育消除各种限制与障碍提供最大限度的自由"。网络教育"不仅是一种方式方法,更是一种观念,是将教育融会于受教育者的自然生活之中"。

这种观念的学者,撇开了网络教育的技术特征,从人文的角度探究了网络教育的本质,提出了网络教育为人类教育消除各种限制与障碍,以及提供最大限度的自由。因为网络具备这样的特质——即自由和共享。

4)网络教育是一种学习环境

网络可营造一种虚拟的、信息快速更新的环境。随着网络技术的发展,特别是虚拟现实技术的完善和更新,学习环境正经历着由场所向氛围、由物理向非物理、由实到虚的转变。网络环境是一个开放的环境,是一个鼓励自主学习的环境,是一个培养想象力和创造力的环境。

5)网络教育是一种后现代教育

有的学者认为:"网络教育会促使国家有大众学校教育的潜在垄断提供者变为通过市场是消费者有权选择教育,从而构建一种允许多样选择、自由消费的制度理性"。

由于网络本身所具备的特征与后现代的特征相关联,诸如后现代的三大特征:开放性、复杂性、变革性,分别与网络本身的开放性、网络资源呈现的丰富性与多样性、网络资源的关联性、网络更新速度快等特征相关联。因此,网络教育与传统的学校教育有着很大的差别,被认为是一种后现代教育,后现代主义在教育中,反对理性主义的教育目的;反对道德权威主义,主张道德对话;反对学科中心倾向,主张建立师生平等的对话关系。而网络教育恰恰体现了后现代主义对于教育的要求,网络教育体现了信息时代的人文精神,提倡多元性、差异性、平等性。

6)网络教育是一种服务

网络教育是指基于网络的一种平台,是一种为学习者提供数字化学习产品,促进学习者发展的一切相关服务。网络教育体现的是一种"以学习者为中心"的教育观念和"以用户为中心"的市场理念。

这种观点说明,网络教育和其他社会产品和服务一样,在其向社会大众推出时,必须满足一定标准,遵循一定的设计要求,应该能满足大多数人的需求,达到相应的服务水平。

7) 网络教育是一种文化

人类需要除了读、写、算文明以外的新的文明基础,即网络文化。如果人们达不到网络文化的基本要求,将无法适应网络信息社会学习、工作和生活的需要,无法参与竞争,成为网络社会的"文盲"。网络已以一种文化的角色在影响着师生的交互方式、思维和观念。

这种观点说明在未来的信息社会中,人们为了适应社会的发展,必须要不断地学习,以提高自身的素质、能力和水平。而网络教育成为人们学习的组成部分,使人们进行终身学习的必然选择。

8) 网络教育是一种价值观

网络教育强调人的发展本位。不是把学习者作为接受知识的容器,要求学习者死记硬背,而是自由探讨、平等讨论、没有歧视、交互式学习,体现教育过程的民主化。网络教育强调学习者的个性化学习,重视教育的可接受性和发展性,反映按需学习与终身教育的价值追求。这里的个性化学习,不仅仅是一种学习方式、学习途径,而且也说明学习者的多样性要求教育环境的适应性、易访问性。

9) 网络教育是一个过程

网络教育不仅仅是一种将教育引入网络的过程,更是一种教育思想、教育观念变革的过程,是一种基于创新教育的思想有效地使用网络技术,实现创新人才培养的过程。这里的过程不仅是指网络教育本身,而且也指网络教育的发展过程,网络教育的发展随着网络学习者的人数的激增,对网络教育的要求越来越高;同样,网络教育环境无障碍的要求也就很自然地提出来,贯穿这些过程的核心是人们的教育思想、教育观念、网络环境的设计观念等在不断地更新。

综合以上各种观点,可以认为网络教育既是一种教育手段,也是一种学习方式,又是一种教育理念,同时还是一种教学组织形式。即网络教育是利用现代信息网络工具所特有的易于跨时空沟通、互动、共享信息的开放、平等的无中心网状环境来发展学习者个性,从而实现以学习者个体为本的理念的教学组织形式。网络教育无形中在以手段、方式、理念的形式影响着学习者的学习。网络教育中的教与学是以现代传媒技术为载体实现的,双方在时空上处于准分离状态,是多种现代技术的融合,对现代信息技术、网络技术有一种天然的依赖性。网络教育是一种大规模、大范围实施教学的教育组织形式。

（二）网络教育的特点

网络教育是在科技知识呈几何级数增长的学习化社会背景下发展起来的。网络教育的教学内容和结构多元化形成的"即时生产"型的教学体系，使人们可以根据工作、生活、休闲等需要，在可能的场合随时随地自主进行学习，随时获取知识、提高能力；学习者成了教学过程中的认知主体，教师与学习者在时空上处于准分离状态，学习者的学习可以是灵活、多样、开放的，这些都构成了网络教育的显著特点。

从教育类别的角度，网络教育具有以下特点：

1）对象

网络教育的对象原则上可以是社会全体成员。网络教育对学习者没有限制条件，只要学习者具有上网的条件和上网的基本技能，为青少年提供多种可供选择的学习方式和内容，特别是给那些没有机会或者由于各种限制去全日制学校读书的青少年，提供了良好的学习条件、获取生存能力和取得学历的渠道。还可以成为所有人进行继续学习、终身学习的平台，如在职的培训与学习，老年人群的健康信息的学习和交流等。

2）教育正规与否

网络教育可以是正规教育，也可以是非正规教育。为了满足社会和个人发展需求，网络教育的教育体制、办学形式、专业（学科）设置必然朝着多层次、多形式、多规格方向发展。从目前的情况来看，网络教育是更多的学习者为了完善自己、发展自己而采取的一种自我教育的方式，这就要求网络教育的内容要具有更大的弹性（flexibility）。

3）教育的场地

只要具备上网的地方，就可以通过网络进行自主学习，突破了传统的校园和教室的限制。可以是学校学习，可以在校外学习，在工作场所学习，也可以在家庭学习。网络技术的广泛应用，为进一步拓宽教育范围提供了条件。使学习者"在家上大学"和工作与学习同时进行成为现实。

4）受教育的目的

网络教育可以是学历教育，也可以是非学历教育。可以是按照国家颁布的课程标准、修业年限、培养目标，经考试合格发给国家承认的学历文凭或专业合格证书的网络教育；也可以是符合个人兴趣爱好的各种网上报告会、讲演会、讲习班、研讨班、培训班等。

从教育功能的角度,网络教育具有以下特点:

1) 虚拟性

虚拟性成为现代网络的最大特点。用虚拟现实的技术,把真实世界的环境特征体现在学习环境中,它提供给学习者的是一个仿真世界,形成一种身临其境的感觉。虚拟技术不仅可以逼真、仿真,还可以超真,将一些现实中没有的或极难仿真的情景模拟再现。

2) 重复性

网络的储存功能使教育资源重复使用不会被消耗并无磨损,使网络教育资源成为一种取之不尽的资源,能够保存和积累;同时,网络教育资源使用者又成为网络教育资源提供者。网络储存丰富的优质教育资源,为人们长时间反复使用信息资源提供了可能性。

3) 替代性

网络可以代替教师进行教学,即人—机教学;可以代替事物反映或演示事物的反应与发展过程,使教学内容更生动、直观、形象、具体,替代学习者在现实生活中直接感受经验,从而提示事物的客观规律。

4) 隐蔽性

现代网络信息技术提供给人的是虚拟和虚拟化的空间。网络的隐蔽性,使人们处于时空的隔离。但只要有网络设施,人们可以在任何地点、任何时间在网上浏览自己想看的东西,且很难被人察觉。这有利于保护个人隐私,有利于个性的形成。在一个隐蔽的、互动的网络世界里,学习者可以自愿交流自己的心得体会,充分地表达自己的内心感受"使网络成为学习者的心灵之家"。同时网络是一把"双刃剑",也会给人们带来不利的一面,给大多数学习者带来便利的同时,也给一些学习者带来一定的障碍,如网络教育环境中的易访问性问题,这是网络教育面临的新挑战之一。

5) 开放性

指网络教育向任何人在任何地点、任何时候,以海量内容、多样化的学习方式向学习者提供无限的学习机会。网络教育采用最先进和最实用的技术,拥有最优秀的教育资源,与各个地区的学校合作达到最佳组合。开放性带来学习者接受网络教育的自由性、灵活性、针对性和适应性。开放性也带来了人们思想价值观念的开放,使人们的视野更为开阔,思维方式更具全局性和整体性。

6）网络教育平等性

网络教育的平等性，一方面是指网络使人的身份隐蔽，每个人面对网络都是平等的，每个人都平等的享有网络教育的权利。不论使用者是教授还是学生，在网络中都是一样的，不会由于使用者的身份、地位、知识水平而有所不同。由于身份的隐蔽，从而导致网络时代使以往的交往模式发生了深刻、根本的变化，世界性的普遍交往已成为一种现实，交往方式也由单向性向交互式转变。网络时代的师生交往也将日益平等化、普遍化。网络教育不再强调人的服从性、知识的绝对性，网络教育留给学习者物理空间、思维空间和心理空间，供学习者进行探索和创造。

网络教育的平等性，另一方面是指人们的学习的自主性、自为性、民主性，即所有人在网络学习中的学习内容、学习途径的选择、学习媒体的选择上是平等的。每个学习者都可以根据自己的学习偏好和实际的身心状态选择适合于自己的学习方式，而网络教育环境开发者消除网络环境中的障碍，使得网络环境可以根据学习者的定制学习需求进行主动的网络资源推送业务。

（三）无障碍网络教育环境的概念

网络教育之所以受到人们的追捧，是因为网络教育和传统教育相比具有很多无法比拟的优势，其最明显的就是网络教育具有"五个任何"的特征。这是因为网络教育的技术基础成就了网络教育的本质属性——全纳性（inclusion），使网络教育环境能够向其教育对象——学习者提供比以往各种教育模式更开放、更容易获取和访问的环境。对于无障碍网络教育环境，其中涉及一个核心关键词"易访问性"或"网络（站）易访问性"（web accessibility），目前对其还没有一个标准的界定，但从相关组织和个人给出的界定中，可以清晰地看出网站易访问性的内涵：

* J V Asuncion 和 C S Fichten 认为：易访问性是有残障的学生和身心正常的学生相比较而言的，他们独立地访问同一学习材料并达到同样的学习目标的一种能力。

* 加利福尼亚州立大学（California State University）教与学的术语表把易访问性看成一种环境：提供一种网络环境，在这种环境中所有的人包括残疾人都能够访问；设计网站要为屏幕阅读器、文本浏览器和其他的自适应软件提供网络交互性操作；为了网页的可读性，要提供颜色对比的选择；为图形（像）提供 ALT 标签等，目的是使网站更容易被访问。

* 在 Sun 公司的产品文档中查询得到如下解释：一种软件被非常广泛的人们舒适地使用的程度，包括那些通过辅助性技术如屏幕放大软件或声音识别

软件的人们。

* Keynote NetMechanic 公司把易访问性视为一种能力：在网页中，是指网页能够被任何人浏览的能力，特别是使用各种辅助性技术的残疾人。易访问的网页考虑到那些有听觉残疾、视觉残疾、运动残疾和认知障碍的人的特殊需求，并给这些用户与身心正常的访问者获得同等的浏览体验。

* W3C 协会（World Wide Web Consortium）的主席 Tim Berners-Lee 认为网站易访问性是指：无论用户使用的是怎样硬件或软件配置、网络基础设施、语言、文化背景、地理位置以及他们的身体条件和智力如何，Internet 及其业务能够被所有的个体去使用。

* 全球学习联盟（IMS）：易访问性是一个学习环境面向所有学习者的需求的一种适应的能力。

* ADL 的 SCORM：易访问性是远程查询和访问教学成分并将它们传递到许多其他地方的能力。

* 我国台湾学者叶耀明认为："信息网全方位可及性"（web accessibility）的主要概念是透过一些网页的设计规范和法规条例希望身心障碍者在因特网浏览各种全球信息网的网页信息时没有任何障碍[9]。

* 我国台湾学者黄朝盟等人认为：网站质量的优劣除了信息内容的丰富性、完整性，功能的多样性与便利性之外，最重要的是在于信息是否能使不同的网络使用者使用不同的辅具设备，并能顺利取得其所欲得到的信息，此即所谓网站的无障碍空间[10]。

* 我国学者孙祯祥教授认为：对于网站的易访问性可以理解为：网站能够被用户访问的难易程度，是网站的一种属性——用户可操作的软件环境；一种能力——能够被用户易访问的程度，而不论用户是否有残疾，不论用户使用什么样的设备配置和浏览工具（如文本浏览器、屏幕阅读器）等都可以访问网站并获取同等意义的信息。

* 中国互联网协会：信息无障碍（information accessibility）是指任何人（无论是健全人还是残疾人，无论是年轻人还是老年人）在任何情况下都能平等地、方便地、无障碍地获取信息、利用信息。

可以从上述各种界定可以看出，尽管各种 web accessibility 的界定有所不同，角度各异，但是它的核心内容是一致的，即网站应该能够被所有人访问，易访问性是网络的一种属性之一。网站易访问性是一个发展性的概念，这是因为网站易访问性的问题正是由于网站开发和实现技术的迅速发展与残疾人群的信息访问需求和使用非主流网络设备（包括硬件、软件）的人群产生了矛盾而引起的。因此，随着网络技术及应用技术的发展，易访问性问题也将伴随着技术的发展而产生新的问题,而且易访问性问题的范围和性质也会不断的发生变化。

综上所述,无障碍网络教育环境(web-based educational environment of free-barrier, or accessibility of web-based educational environment)就是一种基于网络的教育环境,这个网络教育环境能够提供任何学习者无障碍地获取教育资源、进行学习的一种体验。这种体验对于所有人是平等的,即等值意义上的学习体验,如一个盲人学习者和视力正常的学习者在学习同一学习内容或资源时,他们在获得学习内容、学习体验上是无差别的,但学习方式和学习途径可能有所不同,获得的体验是平等的、等值的。

(四) 教育网站的易访问性

教育网站是网络教育环境的主要组成部分之一,绝大部分的网络教育活动是在以教育网站为主要平台展开的,因此,研究无障碍网络教育环境,就必须理解教育网站易访问性和无障碍网络教育环境之间的关系。

1. 无障碍教育网站

教育网站是进行网络教育的主要平台,是网络教育资源、网络教育环境的重要载体。

教育网站,即该类网站服务于教育活动。这里是从教育网站的属性和目的来定义的。教育网站根据教育网站的提供者的不同可以划分为以下几种:教育行政部门的网站;教育研究机构的网站;企业、学校合办或者企业和学校自办的网站;社会专业机构自办的网站;学校、教师、学生及其他个人自办的网站等[11]。根据教育网站面向对象的不同又可以分为:面向教育工作者的网站、面向学习者的网站。从教育教学的角度来看,教育网站主要用来传播教育教学信息,是教育者、学习者在访问过程中获得教育信息、相关学科知识,解决教或学中遇到的问题,交流教或学的经验等的一个平台。从广义上来说,教育网站和普通网站的界限并非是泾渭分明,区分是相对的,因为普通网站也有教育功能的体现。严格意义上的教育网站与其他普通网站是有区别的,主要表现在:网站的受众、网站的目标、网站的内容、网站实现的功能以及网站承担的责任等。

无障碍教育网站(free-barrier educational website)是指一个教育网站能够被所有人访问,即不论学习者的身心状况如何,不论学习者使用何种硬件或软件设备,不论学习者采用何种网络连接方式,不论学习者的信息技能素养如何,不论学习者的受教育水平如何,不论学习者的种族、语言、文化背景、社会经验等,均能够访问到该教育网站中的资源,且在访问过程中没有障碍(free-barrier)。可以看出,无障碍教育网站是一种理想化的教育网站,是一种全纳的教育网站(inclusive educational website),是一种当前现实世界还不存在的、乌托邦式的教育网站,因为任何一个教育网站难以做到包容所有学习者。

2. 易访问的教育网站[12]

易访问的教育网站（accessible educational website）是指根据教育网站易访问性程度的高低来确定其是否为易访问的。这里认为：教育网站易访问性应该就是指教育网站能够被学习者访问和学习的难易程度。这里的学习者是指所有的学习者，易访问的教育网站应能够考虑到不同学习者的访问需求，使他们都能独立的访问某一学习资源，并能达到同样的学习目标。因此，教育网站易访问性包括两个方面：教育网站中媒体信息获取（普通网站易访问性关注的焦点）和教育网站中信息内容理解（教育网站所必须关注的）。教育网站易访问性既有普通网站易访问性的要求，又有其独特的易访问性要求，即普通网站易访问性是教育网站易访问性的一个子集，它们的关系见图 1-1。

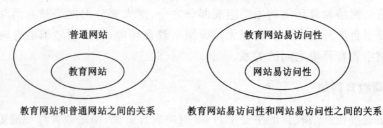

图 1-1　普通网站和教育网站的关系及其易访问性的范围[13]

因此，对于教育网站的设计，既要考虑一般网站易访问性设计，也要考虑到教育网站的特殊性，即它的受众是学习者，可能是各种不同群体的学习者，如身心正常者、患有各种残疾的学习者、老年学习者、使用非主流网络设备的学习者及计算机技能水平较低的学习者等。

应当指出，"网站易访问性"和"无障碍网站"虽然是两个概念，它们之间是有一定的区别，网站易访问性是从网络资源的提供者角度出发，网络资源应该怎样设计、开发、评价和维护以实现所有人的访问。无障碍网站则是用户在访问网站过程中的一种交互的绩效水平（performance level）及自我效能感（sense of self-efficacy），它是建立在网站易访问性基础之上的。它们是从不同的角度来阐述网络资源建设的同一个问题。而且在英文语境中，Accessibility 只有一种表达方式，翻译成中文时，理解的角度不同，翻译上有所差异是正常。

三、无障碍网络教育环境的特征

无障碍网络教育环境除具有网络教育环境的一般性特征之外，还具有无障碍带来的独有特征。

1. 为学习者创设了一种全纳的环境

无障碍网络教育环境是通过网络营造一种虚拟的、信息快速更新的、全纳的环境。因为网络环境是一个开放的环境,是面向全体学习者开放的,是一个鼓励所有学习者自主学习的环境,是一个全纳的环境。因此,在这个环境中,所有人都可以平等地获取同等意义的信息。由于网络媒体具有多个通道传递信息的优点,如通过网络可以传递文本、图形、图像、音频、视频和动画等多媒体信息,这样使得在某些接受通道有障碍的学习者可以通过其他通道接受同等意义的信息。通过相应的硬件、软件可以有多种方式获取信息,如通过连接特殊打印机输出盲文,通过语音输入输出软件和硬件可以实现网上交流,手臂残障者通过头盔点击设备可以浏览网站等。

2. 追求平等、参与和合作的理念

无障碍网络教育环境的理念——平等、参与和合作,是对人类教育自由的崇尚与人性自然的顺应,即为人类的教育消除各种限制与障碍提供最大限度的自由。传统教育只能照顾到一部分人,甚至是很少一部分人的发展,在很多情况下,多数人都成为陪衬者,他们的潜能未能得到很好的开发。网络教育为每个学习者提供比较充分和全面的教育,让所有人参与其中并满足学习者全面而富有个性发展的要求,消除各种限制与障碍提供最大限度的自由。网络教育"不仅仅是一种方式方法,而是一种观念。是将教育融会于受教育者的自然生活之中,按教育需求者的生存方式、生存需要、生活习惯、生活节奏、生活状态、生活喜好,来设计提供多种教育的形式,指导需求教育者主动地发自内心地积极地选择最适合自身的形式来寻求教育。"[14]

在网络教育环境中,不论学习者的种族、性别、年龄、身心状况、语言、学习偏好、身份、地理位置等情况,都一律平等的;在网络教育环境中,学习者并不是被动的学习,而是参与网络教育环境的建设,参与整个网络教育的进程;在网络教育环境中,学习者的学习不仅仅是个别化的学习,而且相互之间进行着密切的合作,获得共同发展和进步。

3. 开展全纳教育理念的理想平台

目前,全纳教育的理念在实践当中的实施也遇到不少实际困难,如在普通班级中怎样使有残障的学习者能够和其他学习者获得同样的学习内容,取得同样的进步,与同伴进行平等的交流等等。而在无障碍网络教育环境中这些问题可以得到较好的解决,如学习者可以自定步调或选择适合自己的学习方式、学习材料来进行学习,从而达到学习目标;与网络同伴的交流方式的多样性,一般在网络环境中不会受到歧视;地点选择的灵活性;时间选择的弹性等。所以,无障碍网络教育环境也是进行全纳教育的一种平台。

4. 全纳的、弹性的、人性化的学习方式

无障碍网络教育提供了一种全纳的学习方式,所有人可以以不同路径、不同步骤、不同时间、不同地点、不同交流方式来进行学习,这是在传统课堂中无法实现的。各种学习方式都可以在网络教育中施展,如个别化学习、小组协作学习、集体学习等多种学习方式;交流方式也可是多种多样,如学习者之间的交流(包括一对一的交流、一对多的交流和多对多的交流)、学习者和教师之间的交流、学习者和专家之间的交流等;学习的时间可以是同步的也可以是异步的;学习的地点可以是同一地点也可相隔万里。

第二节　网络教育环境产生各种障碍的原因

1. 信息技术发展负效应的一种表现

随着经济和科技的发展,特别是以计算机网络和多媒体技术为依托的现代信息技术的发展,给人类带来了革命性的变化,人们的学习、生活、工作、娱乐等方式产生了深远的影响。然而,信息技术也是一把"双刃剑",当它为人类造福的同时,也造成了人类社会信息环境的恶化和信息生态的失调,并且信息技术由于其本质的创新性、革命性、与社会带来的弊端也更强烈、更显著。

(1)这种负效应表现为数字鸿沟的不断扩大。

数字鸿沟,又称为信息鸿沟,在我国台湾地区也被称为数字差距,主要是指在信息化过程中因掌握和运用信息技术不同而产生的客观差距[15]。美国商务部的"数字鸿沟网"的定义为:"在所有的国家,总有一些人拥有社会提供的最好的信息技术。他们有最强大的计算机、最好的电话服务、最快的网络服务,也受到了这方面的最好的教育,另外有一部分人,他们出于各种原因不能接入最新的或最好的计算机、最可靠的电话服务或最快最方便的网络服务。这两部分人的差别,就是所谓的'数字鸿沟'。处于这一鸿沟的不幸一边,就意味着他们很少有机遇参与到以信息为基础的新经济社会当中,也很少有机遇参与在线的教育、培训、购物、娱乐和交往当中。"[16]

从这两个定义来看,前者从宏观的角度界定了信息鸿沟的产生的原因,后者从微观上具体阐述了数字鸿沟产生的条件。美国商务部的界定还指出了数字鸿沟给不同人群在教育、培训、购物、娱乐和交往方面带来一定的社会问题。应当指出,这里的两个定义均未能指出由于网络环境的设计和开发中产生的一种数字鸿沟,被称之为二次数字鸿沟(the 2nd digital divide),是因为一些网站限制了弱势群体的访问,如残疾人群、老年人群、非母语访问者等[17]。而这里所提及的二次数字鸿沟就是网络环境无障碍的问题或者说是网络环境易访问性的问题。从这问题的表面上看,网络环境无障碍问题似乎是各类弱势群体不能够访问到网络环境中的信息资源,实质上是信息技术的快速发展过程中没有兼顾残疾人群的适应能力,而导致网络环境无障碍问题的产生。

(2)国家的信息政策、法制和伦理道德规范的制订没有跟进信息技术的发展。

随着信息技术的发展,当代社会已经进入了信息社会。然而信息环境的快速发展和不断的嬗变与社会的上层建筑的适应性缓慢变迁产生了矛盾,也即国家的信息政策、法制和信息伦理道德规范没有很好的建立和匹配。在信息技术的发展目标与社会发展方向一致的过程中,虽然为主体提供了广阔的发展空间,但也限制了一些主体的发展。如一部分人能够充分利用信息技术无约束地达成自己的目标,他们的自由使用可能就牺牲了另一部分人的自由,对之造成一定的技术障碍。如何平衡信息社会中各个群体在平等的享受信息技术的带来的利益? 国家的信息政策、法制和信息伦理规范的建立和健全是保证所有群体平等地享受信息技术的成果。这是一个系统化的进程,不能够一蹴而就。

在网络教育环境中,无障碍问题的产生也是信息技术发展中负效应的一种表现,也从属于数字鸿沟的范畴之一。也是相关信息政策、法制和伦理道德规范没有对网络教育环境建设进行约束和规范的结果。

2004 年,美国教育传播与技术协会(Association for Educational Communications and Technology,AECT)提出了教育技术的新定义:Educational technology is the study and ethical practice of facilitating learning and improving performance by creating, using, and managing appropriate technological processes and resources。我国学者对此定义反应热烈,纷纷对此进行解读和研究,国内学者给出如下意译:教育技术是通过创造、使用、管理适当的技术过程和资源,促进学习和改善绩效的研究与符合道德规范的实践[18]。这里且不论其定义的合理性,从其与 AECT'94 定义来看,更多地强调了教育技术实践应当是符合学习者所处的社会环境中的伦理道德和适当的技术"实践",也要求教育技术的实践符合国家的相关法律和道德规范。特别是在信息技术集成的学习环境中,应当注意我们的教学资料的是否具备为所有的学习者所获取(access),在网络学习环境中,所有的学习者是否能够访问到平等的网络教育资源。作为教育技术工作者,特别是网络教育环境的设计者、开发者应当承担其相应的教育责任、社会责任和职业道德,为所有的学习者提供无障碍的网络教育环境。

2. 人们的思想观念产生了设计缺陷

思想观念,又可称之为理念,它是指人们通过实践逐步形成的对事物发展的指向性的理性认识,它形成之后又会影响到人的实践,推动事物的发展。而教育理念是人们在从事教育实践中形成的对教育发展的指向性的理性认识。同样地,作为网络教育环境和网络教育资源的设计者、开发者以及应用者,他们的教育理念决定了他们在网络教育研究和实践领域的定位,而研究和实践领域的定位决定了网络教育研究和实践的对象,从而决定了网络教育的服务对象——学习者群体,见图 1-2。

网络教育是现代远程教育的主要形式,它为学习者的学习服务。网络教育的质量就

图 1-2　网络教育工作者的教育理念和网络教育的服务对象之间的关系

是取决于网络教育服务的质量,网络教育的服务对象群体决定了网络教育规模的大小,包容在网络教育服务对象之中的群体越多,被排斥的学习者就越少。见图 1-3。

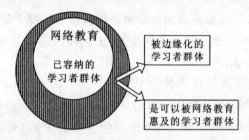

图 1-3　网络教育服务对象范围的示意图

因此,作为网络教育环境和网络教育资源的设计者、开发者和运营者,他们的教育理念决定了网络教育应用实践的对象和服务的群体。如果他们的设计是为所有学习者而设计(design for all, DFA),他们的开发是为所有的学习者而开发、他们的服务为所有学习者而服务,那么他们的开发的网络教育环境应该是无障碍的网络教育环境。

而当前的网络教育环境开发者的教育理念,更多地集中在如何提升学习者的网络学习绩效,关注如何提升学习者的学习层次和学习水平。在他们的潜意识中有意或无意中把身心正常、拥有较高计算机技能的和拥有主流计算机设备(包括硬件和软件)的学习者作为他们的服务对象,同时也就排斥了那些身心残障的学习者,那些网络学习的新手,那些只拥有较低计算机配置的学习者,那些使用非主流的设备联网学习的学习者,那些较低知识水平的学习者等。

3. 从微观的人机交互系统上来看是人—机—环境的失调

任何一个主体,无论是健全人,还是带有一定残障的人,都是一个社会人,是处于一个特定的自然环境和一定社会环境中,在这个环境中,主体形成一个相对稳定的心理状态,当外界环境发生变化的时候,人类必须主动调整自己的生理心理状态以适应外界环境的变化。同样地,对于在网络环境中也是如此,人们习惯了物理世界的学习方式,到了虚拟世界——Internet 的空间中,学习环境的虚拟化使得很多的网络学习者并不能够适应,在人—机—环境之间产生了矛盾。这个矛盾表现为学习者在网络学习过程中可能遇到的各种障碍,这种障碍可能是每个学习者在其整个学习进程中都将会碰到,只不过障碍的种类、遇到障碍的时间和遇到障碍的地点不一样而已。而作为网络学习的整个系统来说,大部分的障碍是由于网络学习资源和网络学习环境的设计和开发一端产生的。例如,新手在网络学习的开始不能很好在网站中定位自己的位置,而网站没有提供相应的帮助机制、导航机制和搜索机制,则其很难完成或者要花更长时间去适应和学习。再如,网站没有提供教学视频的替代性教学材料,使失聪学习者很难完成其相应的学习任务等。

总之,网络教育环境产生障碍的原因是多方面的、系统的、渐进的、长期存在的。

第三节 构建无障碍网络教育环境的意义

1. 促进了教育公平与网络学习机会的平等

现代教育的一个基本特征就是普及性与民主化,人人应该享受教育,也应该接受教育,教育是每个人发展的基本前提,是促进社会发展的最有效手段之一。而教育公平是最重要的社会公平,作为社会主义和谐社会应该做到每个人的起点公平,所以教育公平显得尤为重要。

在信息社会中,信息的平等地获取、交流、使用是社会公平的基石之一,信息平等是信息社会的社会公平中的重要组成部分。构建无障碍网络环境的目的是保障所有学习者的信息平等的权利,保障所有学习者受教育的权利,保障网络学习机会对于每一个人是平等的。每一个学习者都可以从网络环境中无障碍的获取其想要的教育信息、教育资源和与他人交流。这里的平等主要体现在两个方面:一方面是不同的学习者可以以不同的网络设备连接网络教育资源;另一方面是不同的学习者可以选择不同的教学内容,但可以获得同等意义的学习体验。

因此,从促进网络教育机会均等、教育公平的角度来看,无障碍网络环境的构建促进了教育公平和网络学习机会的平等。

2. 为残疾人参与社会、服务于社会提供新的契机

我国残疾人群人口庞大,据 2006 年所作的最新调查统计,截止 2006 年 4 月 1 日,我国残疾人共计 8296 万人,占全国总人口的 6.34%。在受教育程度上,全国残疾人口中,具有大学文化程度(指大专及以上)的残疾人为 94 万人,高中文化程度(含中专)的残疾人为 406 万人,初中文化程度的残疾人为 1248 万人,小学文化程度的残疾人为 2642 万人(以上各种受教育程度的人包括各类学校的毕业生、肄业生和在校生)。15 岁及以上残疾人文盲人口(不识字或识字很少的人)为 3591 万人,文盲率为 43.29%。

在儿童受教育方面,6～14岁学龄残疾儿童为246万人,占全部残疾人口的2.96％。其中视力残疾儿童13万人,听力残疾儿童11万人,言语残疾儿童17万人,肢体残疾儿童48万人,智力残疾儿童76万人,精神残疾儿童6万人,多重残疾儿童75万人。学龄残疾儿童中,63.19％正在普通教育或特殊教育学校接受义务教育,各类别残疾儿童的相应比例为:视力残疾儿童79.07％,听力残疾儿童85.05％,言语残疾儿童76.92％,肢体残疾儿童80.36％,智力残疾儿童64.86％,精神残疾儿童69.42％,多重残疾儿童40.99％[19]。

残疾人群是社会的组成部分之一,他们与其他群体一样,是可以参与社会、为社会而服务的。但是由于残疾带来各种不利因素,缺乏应有的教育环境和技能培训,其中很多人仍不能自立,缺乏相应的生活常识、必要的知识储备以及自立于社会的基本技能。在信息社会中,科技的发展为他们提供了自立于社会和服务于社会提供了难得的机遇,因为通过构建无障碍的网络教育环境可以为他们提供一种全新的学习环境。他们可以借助各种辅助科技手段在计算机中或者网络环境中进行学习,在网络教育环境中学习不再和接收传统意义的学校教育一样的困难;他们可以足不出户,可以享受到优质的教育资源,从而增加知识,提高生活技能,同时也增加参与社会和服务社会的机会。

3. 应对老龄化社会的必然

我国已逐渐步入老龄化社会,老年人群是一个庞大的群体,他们的生活、学习和工作容易被人们所忽视,由于年龄的因素,身体各种感官功能都逐渐衰退,因此,他们与外界的交流、他们的丰富经验以及如何贡献"余热"、如何获取信息和知识(如养生、保健等),是老龄化社会关注的焦点。信息无障碍给老年人群带来了极大的机遇,一方面,他们可通过网络把丰富经验传递给年轻人,并继续发挥"余热",实现了知识的传承和延续;另一方面,通过网络,他们可以获得相关信息,诸如政府对老年人的相关政策类、保健类、社区服务的信息,而且还可通过网络与他人进行交流。

从终身学习和终身教育的角度出发,构建无障碍网络教育环境也是信息社会的必然应对措施。在信息社会中老年人群的学习生活将更多地依赖于网络环境,网络学习一方面可以不断地补充新的知识,另一方面可以把他们的丰富经验传递给其他人。通过网络还可以与他人进行多种形式的交流。

4. 成为网络教育、终身学习、学习型社会的基础

网络教育是一种新型的教育模式、教育手段、个别化学习方式,网络为所有人提供了海量的学习资源、丰富的学习手段、虚拟的学习环境。网络教育的宗旨就是要实现任何人在任何时间、任何地点,从任何章节学习任何内容。这里的任何人,是指所有的学习者,包括残障学习者、老年人群和其他人群;任何地点,不仅是任何上网地点,而且还包括任何上网方式;任何内容,是指任意的学习内容,包括内容的呈现形式、组织形式、导航结构、媒体的选择等。实现网络教育宗旨的基本前提是网络教育环境的无障碍,因此,构建无障碍网络教育环境是网络教育的重要内容之一。

终身学习、全民教育、学习型社会是 20 世纪兴起的先进教育理念和思想。终身学习和全民教育是学习型社会形成的基础,在信息社会中,人的发展是持续一生的发展,人的学习不仅仅获得知识和技能,而且更重要的是学会学习。学会学习是终身学习的前提,通过网络学习可以培养人的自主学习的能力,从而可以支持信息社会终身学习的发生。终身学习和学习型社会之间是相互依存的,终身学习是学习型社会和全民教育的基础。由于所有人的学习和教育不能完全在学校教育中完成,因此,网络将成为人们进行继续学习、终身学习的平台,而这种平台必须能够满足所有人的教育需求,包括一些人群的特殊教育需求(special educational needs),而能够满足所有人的教育需求的网络教育环境,就是无障碍网络教育环境。从这种角度来看,无障碍网络环境是信息社会中人们的终身学习、学习型社会形成和全民教育的平台和基础。

5. 相关企业获得新的增长点的机会

目前,我国残疾人群已达 8296 万人,假如有 5% 的人能够上网,那么就会有近 420 万人,他们都需要各种辅助科技手段,如盲文输出设备、头盔式点击设备、屏幕阅读软件、语音输入/输出软件等,这些都将为相关企业提供了相应的机遇。而且随着我国经济的发展,科技的进步,残疾人群要求改善生活状态、知识水平等,将会有越来越多的残疾人群对这些硬件和软件的需求,这其中将蕴藏巨大的商机。

因此,构建无障碍网络教育环境将不仅仅惠及网络学习者,而且也惠及许多从事相关产业的企业,特别是以网络为营运平台的企业和以辅助科技手段开发的企业。因为无障碍的网络教育环境将使网络教育的受众最大化,包括残疾人群、老年人群、使用各种网络设备上网的人群等,这样使得从事网络教育环境设计和资源开发的企业的产品和服务,为更多的人所了解或使用,扩大了他们产品面向的对象和服务的群体,也即增加他们的利润空间。

6. 使所有的学习者受惠

无障碍网络教育环境的构建不仅是针对残障学习者、老年人群等而设计,同时对于普通学习者(身心正常的学习者)以及使用非主流设备的学习者也有非常重要的意义。应该看到,每个人的身心状况、各方面的能力在其一生中不断变化的,每个人都有可能遇到残疾之时;每一个人都有暮年之时;每一个人都有可能暂时失去身体部分感官功能之时,而且可能在不同的时期遇到的障碍也不尽相同。因此,从学习者的整体来看,无障碍网络教育环境可以接纳所有学习者,构建无障碍网络教育环境的受惠者并不仅仅是残疾人群和老年人群等弱势群体,而是所有人(benefit for all)。

■ 第四节　无障碍网络教育环境的主要研究内容

(一) 构建无障碍网络教育环境的本体研究

构建无障碍网络教育环境的本体研究主要包括无障碍网络教育环境的本身在网络教育中所处的地位、作用和意义。

1. 无障碍网络教育环境的构建在网络教育中的地位

环境的含义是:以人类社会为主体的外部世界的总体。主要是指人类活动的范围。

教育环境,其含义是指"教育环境是指一定区域内能使教育活动得以顺利进行,或者是赖以生存和发展的客观条件,它主要包括相互依存的教育主体环境、心理环境、社会环境、自然环境等。"[20]这里的教育环境不但包括了学习者实体活动的物理空间、时间空间,而且还包括虚拟空间——网络教育环境。

网络教育环境就是指在网络技术支撑条件下开展各项教育教学活动,来影响学习者的发展。网上教育环境主要构成要素是:硬件、软件和应用服务,硬件是构成网络教育环境的物理基础,软件是构成网络教育环境的支撑平台,服务是构成网络教育环境的资源主体。

无障碍网络教育环境则是提供一种虚拟的教育环境,是一种全纳的教育环境,在这个环境中,无论学习者的身心状态、学习者的文化背景、学习者的语言种类、学习者的上网设备、学习者的学习起点、学习者学习偏好(学习需求)如何等,都能够从无障碍网络教育环境中进行无障碍地学习,并能获得与其同辈相同意义的学习效果。真正做到网络教育以及泛在学习(ubiquitous learning)的理想——无所不在的学习,人人都在的学习,随时随地的学习。因此,从这个角度来看,无障碍网络教育环境是实现网络教育的理想的关键。

2. 无障碍网络教育环境的构建在网络教育中的作用和意义

参见本章第三节。

(二) 构建无障碍网络教育环境的主要研究内容

1. 学习者

1) 学习资源的设计和开发

在网络教育环境的建设中,学习资源的建设是其核心内容,无障碍网络教育环境的建设,其重点就是如何设计学习资源以适应潜在的不同的学习者的需求。网络学习者是一个不确定的受众,即很难确定其身心状况、使用的网络设备、计算机技能、原有知识水平等,因此,对于学习资源的开发和设计,就必须考虑到不同的学习者可能的学习需求来设计相应的学习资源,如针对某一学习内容的设计,可以尽可能考虑多种媒体形式、多种层次、多种途径的选择。

2) 人机交互的设计和开发

学习者的网络学习任务的完成主要是依靠计算机和网络来实现的,这里的人机交互包括通过网络与学习内容、学习伙伴、指导老师、相关专家等进行的各种交互。不同的学习者、使用不同的网络设备、处于不同的上网环境可能有着不同的选择,因此,网络教育环境的设计须考虑提供尽可能多的人机交互手段,和多种交流方式,以供学习者选择,并且能够保障每一种交互方式所获的效果是具有同等意义的。

3) 辅助科技手段的设计和开发

辅助科技手段是很多学习者与网络学习环境进行交互的中介。辅助科技手段的设计和开发是很多残障学习者进行网络学习的必要前提,是他们与网络学习资源发生交互的中介。随着计算机技术、多媒体技术、网络技术的发展,网络学习环境和网络学习资源的发展和变化日新月异,新技术、新方法使得很多辅助科技手段很难适应,因为,辅助科技手段的设计和开发总是滞后于主流技术的开发进程的,从而给很多是用辅助科技手段的学习者造成很多的障碍。为了适时地消除由于技术上的差距而产生的障碍,因此辅助科技手段的设计和开发必须紧跟和适应网络技术的发展而发展。

2. 无障碍网络教育环境研究涉及的领域

1) 无障碍网络教育环境研究的理论基础

无障碍网络教育环境的研究涉及多个学科领域,因为学习者是通过无障碍网络学习环境来进行学习的,因此,无障碍网络教育环境的研究必须具备教育学、心理学的相关理论基础;无障碍网络教育环境的构建涉及网络环境的设计和开发、网络资源的设计和开发等,因此无障碍网络环境的研究还涉及计算机科学领域中的各种理论和技术;另外,无障碍网络环境的研究还涉及人机工程学、传播学等学科领域的理论和知识。

2) 无障碍网络教育环境构建的保障基础

无障碍网络教育环境的构建必须有相应的标准、法律和伦理道德给予保障。无障碍网络教育环境的标准是无障碍网络教育环境构建的模板、榜样和依据;无障碍网络教育环

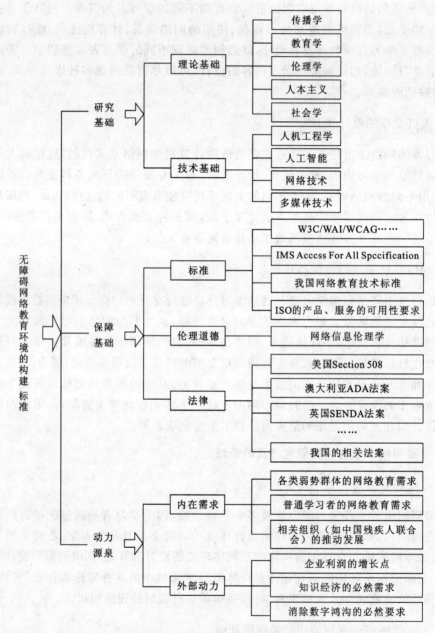

图 1-4　无障碍网络教育环境构建的主要研究内容和涉及的领域

境的法律是保障无障碍网络环境建设的强大约束力,有法必依,就会形成一个规范化的网络教育环境的建设行为;无障碍网络环境的保障基础之一网络伦理道德的建设,因为作为法律只能约束国家公共网络环境的建设行为,而对于企业网络环境的建设行为和个人网站的建设没有相应的约束力,因此,网络伦理道德的建设和约束成为每一个网络环境的设计者、开发者和运营者的道德底线,从而保障在所有的网络环境的设计、开发和运营上保障无障碍网络环境的延续性、持久性。

3）无障碍网络教育环境建设的动力

无障碍网络环境建设的动力源泉主要有两个方面:一方面是弱势群体的教育需求、一些机构的推动和普通学习者的需求;另一方面是信息社会消除数字鸿沟的必然要求、相关企业的利润增长点等。

无障碍网络教育环境研究的基本领域和研究内容见图1-4。

本书主要是从无障碍网络教育环境的理论和实践应用两个方面进行阐述,其中的主要内容都将在后面的章节里详细展开。

第五节　无障碍网络教育环境与教育信息化之间的关系

一、教育信息化简述

我们知道,推动当今世界发展的三大因素分别是:物质、能源和信息。在信息社会中,信息是推动信息社会发展的关键因素,而信息化是实现信息社会的重要措施之一。信息化是将信息作为构成某一系统、某一领域的基本要素,并对该系统、该领域中信息的生成、分析、处理、传递和利用所进行的有意义活动的总称。我们称对信息的生成、分析、处理、传递和利用为信息技术。因此,对某一系系统、该领域的信息化是将信息作为构成该系统、该领域的基本要素,并在该系统、该领域中广泛地应用信息技术的有意义活动的总称。

信息化包含两层含义:一是对信息重要性的认识,将信息作为一种基本的构成要素。因此,信息化的过程中,首先应对系统进行信息化分析,它是信息化的基础。另一含义是信息技术的广泛应用是在系统信息分析的基础上进行的。没有对系统深入地信息分析,就不可能是吸纳信息技术在系统中的有效应用。

教育信息化的概念是20世纪90年代伴随着"信息高速公路"的兴建而提出来的。美国克林顿政府于1993年9月正式提出"国家信息基础设施"（National Information Infrastructure,NII）,俗称"信息高速公路"（information superhighway）的建设计划,其核心是发展以Internet为核心的综合化信息服务体系和推进信息技术（information technology,IT）在社会各领域的广泛应用,特别是把IT在教育中的应用作为实施面向21世纪教育改革的重要途径。

教育信息化(educational informatization)是社会信息化的一个重要组成部分,教育信息化指现代信息技术(IT)在教育领域的应用、教育信息资源开拓和高效利用,以及信息社会所特有的重要组织和管理方式在教育领域实现的这一系列过程。教育信息化包括现代化信息技术、现代通信技术、网络技术、多媒体技术等在教育上的广泛应用以及由此而拓展开来的教育信息资源的建设、教育理念、教育体制、教育方法、组织和管理、运行方式变革等重要内容。主要是指在教学中充分重视现代信息技术在教育领域的应用作用、渗透作用、辐射作用和创新作用,利用和发展现代信息技术在学科教育和教学的整合能力,促进新生代的素质教育的和谐发展[21]。

教育信息化是社会信息化的一个重要组成部分之一,教育信息化是实现信息教育化的必然过程。教育信息化是在教育领域中全面深入的运用现代化信息技术,促进教育教学改革和发展的进程,这个过程涉及教育教学及其管理的各个方面、各个层次和各个环节,其自身有包括基础设施建设、师资队伍建设和应用系统建设等多方面。它们之间相互联系、相互影响、相互促进、相互制约,必须全面和正确地理解教育信息化建设的内涵,保证各个方面工作的协调发展。

这里强调三点:

(1) 教育信息化不仅是现代信息技术的应用问题。更重要的是教育思想、教育观念、教育模式和教育方式的转变问题,要通过教育信息化,更新教育思想和观念,改变传统的、不适应信息化社会学要的教育模式、教育方式和教育内容。

(2) 要坚持硬件、软件建设两手抓,除了抓好教育信息基础设施建设之外,更重要的是要将教育信息资源、人才队伍等方面的建设放到重要的议事日程,切实抓好。

(3) 信息技术在教育领域的应用是全方位的、多方面的,不仅要用于教学的各个环节。如教师备课、课堂教学、学生学习、课外活动等,还要用于学术交流、科学研究、职业技术培训,以及教育行政管理、招生录取和毕业就业服务等诸多方面。

二、教育信息化目的和宗旨[22]

教育信息化尤其是怎样利用信息网络改进教育,已经成为各国政府的共同课题。综观各国尤其是发达国家的教育信息化进程,教育信息化的目的一般可以归纳为四个方面。

1. 功利目的

(1) 帮助学习者成为信息通信技术能干的和自信的使用者,他们能够在自己的日常活动中有效地、高效地和创造性地使用基本的应用软件。

(2) 鼓励学习者成为信息通信技术的批判性的和反思性的使用者,他们能够评价技术的能力和局限性,以及与技术使用相联系的社会、技术、政治、伦理、组织和经济原则的能力和局限性。

（3）使学习者为明日社会作好准备，能灵活和变通地使用信息通信技术，有宽广的胸怀和灵活性，能适应技术未来的变化。

2. 社会目的

（1）鼓励学习者发展信息化环境下合作学习和协作学习所不可或缺的适当的社会技能。

（2）使信息通信技术上处境不利的学习者具有信息素养，保证那些在校外很少有机会使用技术的学习者有充分使用技术的机会。

（3）促进学习者之间更好的沟通，从而促进更广泛的社会理解和融洽。

（4）保证所有学习者之间的公平，在质和量上使所有学习者有充分的机会克服社会和学习上的处境不利。

3. 文化目的

（1）帮助学习者鉴赏丰富的文化遗产，促使学生了解本国文化的各个方面。

（2）帮助学习者成为现代世界有文化素养的公民，帮助学习者发现和鉴赏世界各国的文化遗产。

4. 个人目的

（1）鼓励学习者发展信息化环境下独立学习所不可缺少的适当的个人技能。

（2）帮助学习者最大限度地开发其潜力，促进知识的获得，帮助学习者把注意力集中在高级认知任务上而不是放在低级的日常任务上，积极影响学习者对进一步学习的态度。

（3）帮助有特殊需要的学习者把自己整合到学校和社会之中，增强他们的独立性，发展他们的能力和兴趣。

目前我国也已经跨入信息社会，而信息社会的发展更多地依赖于人才的培养，创新人才的培养。因此，通过教育信息化达到信息化教育的目标，也即通过教育信息化进程优化教育教学效果，提高创新人才的培养。总的来说，在我国，教育信息化的宗旨是通过教育信息化的过程，来培养跨世纪的技能型人才、创新型人才和复合型人才，实现教育现代化。在具体的方面，教育信息化应以新的教育思想、教育观念指导信息技术在教育的各个部门、各个领域广泛应用，应根据创新人才培养的要求，利用信息技术，探索新的教育模式，促进教育现代化。

三、无障碍网络教育环境与教育信息化

在信息时代，由于知识的激增、生活节奏的加快以及工作竞争的激烈，所以，人们不能够靠在学校里学习的知识包用终身,而是要不断地充电、更新知识。因此,人们的学习不仅仅是在学校中接受正规的教育,而是在各个时间段中都在不断地进行学习,即终身学习。因此,网络教育已经成为人们终身学习的重要手段,重要环境。

对于残疾人群和老年人群来说由于身心残疾的原因,到正规的学习场所去学习,遇到的物理环境上的障碍较大,而网络教育却为他们提供良好的学习环境。这是因为网络教育环境可以提供多种学习内容、学习媒体、学习途径以提供给不同的学习者去选择。

如何构建无障碍网络教育环境,无障碍网络教育环境的构建是要依靠外界大环境——教育信息化来支撑的。教育信息化的目标就是实现信息化教育,信息化教育的充分发展就包括建设无障碍网络教育环境。那么无障碍网络教育环境和教育信息化之间存在着什么样的关系?

1. 无障碍网络环境是教育信息化的平台和前提

教育信息化是全体公民接收信息化教育的过程,这就意味着,教育信息化必须拥有一个全民教育、终身教育的平台,是一个全纳(inclusive)的环境,在此环境中每个人都可以得到充分的教育,享受同等意义的教育机会,访问等值(equivalent value)的教育信息。否则,具有排他性的信息化教育环境不是真正意义上的教育信息化平台。

无障碍网络环境具有无障碍、平等的、全纳的等优点,从而具备了信息化教育平台的各种特征,从而实现在此环境中学习的人们可以平等的访问同等意义上的教育信息。因此,从全民教育、终身教育等理念的角度来看,无障碍网络环境是教育信息化的平台和前提。

2. 两者的目标和价值取向一致

从宏观的角度来看,无障碍网络环境的构建的主要目标是为了促进更多的人更好的访问网络信息和资源,从而使得所有人都能享受到信息社会给人们带来的成果;而教育信息化是为了实现信息化教育,使得我国的教育适应信息时代对于人才的需求、适应人们对于教育的需求、适应人们对于知识学习的需求、适应学习型社会的需求。

从微观的角度来看,无障碍网络环境的构建是为了所有人在网络环境中能够获得同等意义上的网络信息和资源;而教育信息化是为了实现更多的人共享优质的教育资源,访问等值的优质的教育资源,从而使每一个学习者受到良好的教育。

无障碍网络环境的构建符合网络的本质实现开放的、共享的、可互操作的环境,是教育信息化的平台和实现信息化教育的前提。构建无障碍的网络环境是提供人们终身学习的一个平台,而教育信息化让人们获得终身学习的能力。因此,无障碍网络环境的构建的目标和教育信息化的目标是一致的。

3. 关怀各类弱势群体的学习者是构建网络教育环境的相关主体的社会责任

在和谐社会中,技术所负荷的价值应符合和谐社会的理念,尤其应更多地从促进人与人、人与自然、人与技术和谐的角度出发,以满足大多数人的利益为准则。在这种价值负荷观中,多元价值之间的协商机制是重要的[23]。无障碍网络教育环境的构建就是从人与技术和谐的角度出发,以最大限度的满足学习者的角度出发,多重主体之间进行彼此的协商和沟通。

属于各类弱势群体的学习者都是社会平等的一员,网络教育环境的相关主体包括网络教育设计者、开发者和运营者,他们有义务、有责任给予不同弱势群体关怀和协助,以构建和谐的、无障碍的网络教育环境,以体现网络教育的平等。因为,每一个人都平等享有信息访问权,在任何环境中对公共设施和公共服务都应享有平等的权利,在虚拟的网络环境中也是如此,网络教育环境可以被视为一种公共产品,主要提供的是信息资源和信息服务,而且应当提供无障碍的信息服务。

第六节　无障碍网络教育环境的发展历程和趋势

一、无障碍网络教育环境的发展历程

以计算机和互联网为核心的信息技术正前所未有地改变着人类的工作、学习和社会生活。但由于生理或病理方面的原因,社会中的一部分人群在信息获取和接受环节中存在障碍。作为社会中的弱势群体,两种可能很现实地摆在他们面前:要么被无所不在的信息屏障彻底隔绝于信息社会之外,被进一步弱化、边缘化,使其本已十分严峻的生存状态更加恶化;要么凭借不断发展的信息技术突破信息壁垒,消除数字鸿沟,使这个群体也能够共享信息文明,从而回归主流社会[5]。

无障碍网络教育环境的发展是无障碍网络环境发展的组成部分,而且是相伴而生的。当人们在发现网络环境存在易访问性问题的时候,就意识到网络环境易访问性的问题不但对人们正常的访问信息时产生影响,而且对人们的工作、学习和生活等诸多方面都会产生严重的影响。

1. 无障碍网络环境的发展阶段

从无障碍网络环境的发展进程来看,可以把无障碍网络环境的发展分为三个阶段:

◇　起步阶段(20 世纪 60 年代后期～1989 年)

在网络诞生之日起,网络的易访问性问题就随之产生,作为一种新型媒体,它对人的感官功能、认知功能、操作技巧、语言能力等方面就有比较高的要求。但是,由于当时的接触和使用网络的人群多为科技人员和军队人员,在感官、认知和操作等方面上几乎没有受到约束。一般人很少有机会接触计算机和网络,对于网络环境易访问性也就无从体验,也就很少关于易访问性问题的提出。因此在这个阶段中,网络环境中的易访问性问题主要处于一种隐性状态,网络环境存在的易访问性问题还没有被人们所认识和重视。

在这个阶段中,网络环境的主要特点是:前期阶段大都是难以接近的、充满字符和字母的环境,其操作手段多以命令语句进行,后期阶段随着视窗技术的发展,操作手段采用了图标和一些可视化的操作,图形界面渐渐成为计算机操作的主要界面。

◇　发展阶段(1990～1996 年)

1989 年,欧洲原子能研究机构(European Organization for Nuclear Research,EONR)的 Tim Berners-Lee 开始开发一种通过超链接文本共享信息的技术。Berners-Lee 将他的发明称为超文本标记语言(hypertext markup language,HTML)。他还编写了构成新的超文本信息系统框架的通信协议,并将这种新的系统称之为万维网(world wide web,WWW)。他创建了第一个强大的网络浏览器(浏览软件)——Mosaic。Mosaic 可以看图片,播放声音,使用 gopher、FPT、电子邮件和新闻组。

从此,互联网和 WWW 的应用开始向社会大众普及,变成了容易亲近的、有多种媒体显示的、丰富多彩的网络环境,更多的人可以访问网络。由于网站支持的网页浏览器的格式的不同以及网页中多媒体的使用频繁,从而导致一些人群不能访问到网页中的信息。网络环境易访问性问题开始从隐性状态到显性状态。

在这个阶段中,网络环境主要特点是集成性、多媒体性。

◇　普及阶段(1997 年至今)

从 1997 年到目前为止,无障碍网络环境的发展到了普及应用阶段。主要表现在以下几个方面:首先,无障碍的理念已经深入人心,为所有人所认同和理解;其次,与网络环境无障碍的技术、标准、立法和辅助技术已经得到较快的发展,并在实践中得到较好的效果;最后,在无障碍网络环境的理论研究也得到长足的发展,相关研究从人文、技术、传播学、社会学等多个角度展开,深入地讨论无障碍网络环境构建的理论问题。在这期间,影响较为深远的是万维网联盟的子组织网站易访问性推动小组(web accessibility initiative,WAI)。

1997 年 2 月,万维网联盟为了提升网络环境易访问性,正式成立了网络易访问性推动小组,并制定了一系列的关于网络无障碍的标准、规范、检测表、无障碍的技术,并在全球推动无障碍网络运动。WAI 在万维网内容、用户代理和创作工具的指引备受推崇。

WAI工作小组和世界各地的组织携手合作。

W3C/WAI的目标是以使网络能够更容易被访问，更好地为残障人士服务；使任何人都能通过Web中获取其需要的信息资源，这充分地体现了信息时代的人文精神。WAI的责任是开发易访问的软件协议和技术，创立使用技术的易访问性规范，进行培训，并指导对易访问性的研究和开发，从四个主要方面实现万维网的易访问性：技术、工具、教育与扩展、科研与开发。

值得一提的是，虽然W3C/WAI推出的网络无障碍的各项标准、规范和技术并不是强制性的，但是该组织所作的贡献在世界上的影响却广泛而深远。主要表现在对各个国家的立法、标准的制定、其他组织标准的制定以及与网络环境建设相关的标准等 *。

2000年《东京宣言》中提出了信息无障碍的理念，明确了在信息时代和网络社会中，就残疾人群的生存和发展而言，信息无障碍较之城市设施无障碍具有同等甚至更为重要的意义。

2003年，在日内瓦召开的"信息社会世界高峰会议"上通过的《原则宣言》中指出：教育、知识、信息和通信是人类进步、努力和福祉的核心。

2005年，在突尼斯举行的"信息社会世界高峰会议"上通过了《突尼斯承诺》，该决议进一步指出应当考虑所有人群的信息访问的权利，实现普遍地访问，让所有人融入信息社会，让所有人享受到信息社会带来的成果。

2006年12月13日，《残疾人权利公约》磋商谈判历时5年，在第61届联合国大会正式获得通过。

2007年3月30日，《残疾人权利公约》开放签署仪式在纽约联合国总部举行，中国常驻联合国代表王光亚代表中国在该公约上签字。81个国家及区域一体化组织的代表当天出席了仪式并签署了该公约。出席签字仪式的中国残疾人联合会常务副理事长吕世明在随后举行的高级别对话中发言表示，中国高度重视保障8296万多残疾人的权利，为该公约的顺利通过作出了实质性贡献。中国愿与各国加强友好交流与合作，促进全世界残疾人状况的普遍改善[24]。这也标志了残疾人群的各项权益得到世界各国一致的重视。

2. 我国无障碍网络环境运动的发展进程

我国的信息无障碍研究的起步与国外相比是滞后的，而且物理世界的无障碍和虚拟世界的无障碍同时并存，这为我国解决无障碍问题时增加的问题的复杂性和难度。但是，近几年我国相关部门、机构、团体和一些专家逐渐意识到信息无障碍的研究的重要性，积极地行动起来，推动我国信息无障碍运动和研究的深入。

---

* 有关WAI开发的各种文档以及其产生的影响在第7章中详细介绍。

中国信息无障碍研究最早开始于一些高校和科研部门,如清华大学自动化系、上海铁道大学等。但这些研究和探索,通常是基于某个产品的开发,而这些产品多数只具有实验室的意义,并不是成熟的信息无障碍产品。2004 年 10 月 15～16 日,由中国盲文出版社和 IBM 全球无障碍中心、《互联网天地》杂志社共同承办了首届"中国信息无障碍论坛"。目前,一年一度的"中国信息无障碍论坛"已成为中国信息无障碍事业的标志。政府高层越来越深层次地参与每年的论坛,体现了中国政府对信息无障碍事业的特别关注。我们有理由期盼"中国信息无障碍论坛"在中国信息无障碍建设的进程中扮演更加重要的角色。

中国残疾人联合会原主席邓朴方在 2004 年首届中国信息无障碍论坛中指出:"无障碍不仅是指城市建设的无障碍,也指建立一个沟通无障碍、信息交流无障碍的社会环境。信息交流的无障碍对残疾人自身素质的提高,改变自身命运具有重要的积极推进作用。在信息时代,网络社会中,不具有信息文化和技术的残疾人就将陷入困境。残疾人在新的社会形态中其生存和发展成为一个不可忽视的社会问题。因此,利用网络等高新技术来推进残疾人信息交流的无障碍,将会给广大残疾人带来历史性的变化……提高残疾人在全新的经济形态中的生存能力和创造力,使他们能够借助高科技的手段,真正融入社会的主流生活中去。"

国务院扶贫办信息中心的任铁民同志在第三届信息无障碍论坛中指出:信息无障碍是残障人士、贫困人口等弱势群体的基本发展权……信息无障碍事关和谐社会的构建*。

我国于 2003 年和 2005 年分别参加了信息社会世界峰会,和世界其他国家一道探讨如何消除数字鸿沟以及提高弱势群体信息访问的能力。

随着经济的发展以及人们对待信息无障碍问题,我国信息无障碍发展进程非常迅速,从表 1-1 所示的事件中可见一斑。

表 1-1　我国信息无障碍运动的发展进程

年　份	大　事　记
1999 年	中华残疾人服务网开通
2002 年	联合国亚太经社会通过的《琵琶湖千年行动纲要》
2003 年 8 月 11 日	建设数字大连——残疾人信息无障碍论坛开幕
2003 年 12 月 10～12 日	首届信息社会世界峰会会议在日内瓦召开
2004 年 9 月 25 日	中国聋人信息无障碍推进委员会在京成立
2004 年 10 月 15 日	首届中国信息无障碍论坛在京召开

---

* 　资料来源:第三届中国信息无障碍论坛。

2005 年 1 月 9 日	深圳市信息无障碍研究会成立
2005 年 9 月 2 日	香港推出《信息无障碍网站标准》,200 多家网站达标
2005 年 11 月 8~9 日	第二届中国信息无障碍论坛在京召开
2005 年 8 月	首家信息无障碍专刊推出
2005 年 11 月 8 日	中国信息无障碍推进联盟成立
2005 年 11 月 9 日	信息无障碍法律法规标准制定工作推进委员会成立
2005 年 11 月 9 日	信息无障碍论文出版
2005 年 11 月 16~18 日	信息社会世界峰会突尼斯阶段会议召开
2006 年	信息产业部开始制定信息无障碍标准
2006 年 5 月	国家社科基金项目"信息平等意义上的无障碍网络环境的构建"立项
2006 年 10 月 15 日	全国首届盲人软件、网页设计大赛举办
2006 年 11 月 2~3 日	第三届中国信息无障碍论坛在京隆重召开
2007 年 3 月 30 日	中国政府代表在纽约正式签署了联合国制定的《残疾人权利公约》
2007 年 12 月 17~18 日	第四届中国信息无障碍论坛在重庆隆重召开
……	……

此外,信息无障碍运动在我国香港特别行政区和台湾省也有着比较长的发展历史,在相关理论研究和实践行动中也领先于大陆。

台湾省在 1997 年公布《身心障碍保护条例》,并开始推动在公共场所设置无障碍空间。台湾地区在随后的五六年的努力下,取得了相当好的效果,大部分的公共场所都有设置无障碍坡道、爱心铃、残障车位等无障碍空间。这段时间的重点在于物理空间上无障碍。

台湾在网络无障碍方面的努力相对较晚,刚开始推动时主要以 W3C/WAI 组织制定的相关标准为基础,来推动台湾岛内的无障碍网络空间运动。台湾还制定了相关的无障碍网络标准、检测软件等,如于 2002 年底已经制定完成了《无障碍网页开发规范》。在无障碍运动方面分为三个步骤:第一个阶段为推动公众网站无障碍;第二个阶段为推动学校教育网站无障碍;第三个阶段为推动民间服务和商业网站无障碍。

二、无障碍网络教育环境发展趋势

无障碍网络教育环境的发展正逐渐得到人们的关注和支持,从我国签署的国际公约,以及参与的政府间的相关国际会议,到我国修改《中国残疾人权益保障法》,到举行各种推动无障碍网络环境构建的活动,如从 2004 年起每年都举办"信息无障碍论坛"等。所有这些表明,我国非常重视无障碍网络环境的营建。

从目前的我国网络教育的研究和实践的现状来看,我国无障碍网络教育环境的发展趋势表现在以下几个方面。

1) 无障碍网络教育环境构建标准化

网络教育的关键之一是网络教育环境的构建,我国网络教育的发展迅猛,但在由于各自为政,各个网络教育系统的资源分属不同技术体系,不能够实现有效的资源共享和交流,存在着大量低水平的重复性的建设,不但造成了巨大的人力、物力和财力的浪费,而且也将无法与国际网络教育体系进行交流和沟通,这就亟须网络教育的相关标准去规范。

无论在国际上,还是在国内,都制定了网络教育的相关标准。这些标准是推动网络教育发展的动力,也是不同网络教育体系进行互联,资源共享的关键。但是,当前的网络教育环境标准的目标是网络资源的共享和交流,能相互兼容,是以身心正常的学习者为对象,而对于网络教育环境如何适应身心残障的学习者却没有相应的约定或标准。

因此,要实现网络教育环境的无障碍,就必须在现有的网络教育环境标准中,加入相关无障碍网络教育环境的内容,让现有的网络教育标准能够融入更多地残障学习者的教育需求,并引导网络教育资源的开发者、设计者、运营者去遵循它。

在网络教育中,如果要实现网络教育所提倡的理念"任何人任何时候在任何地方,从任何章节开始学习任何内容",就必须构建无障碍网络环境,就必须遵循标准来构建网络教育环境。

2) 信息无障碍方面的立法将是构建无障碍网络环境的强大驱动力

有法可依,有法必依。同样的在网络教育领域,应该有相应的法律去保障无障碍网络环境的构建,有相应的法律去保障身心残障的学习者进行网络学习的权利。纵观世界各国为了保障网络环境的无障碍,开始从法律上来支撑。例如,美国的《Section 508》和《美国残疾人法案》(Americans with Disabilities Act, ADA),英国的《特殊教育需求和残疾人法案》(Special Educational Needs of Disability Act, SENDA),澳大利亚的《澳大利亚残障歧视法案》,巴西也正在制定类似于 508 法案的法律,我国也逐渐意识到信息无障碍的重要性和必要性。国务院提出了推广互联网平民化、普及化的公益口号。目前正在修订中的《残疾人保障法》将提出信息无障碍的要求。

国家的法律是无障碍网络教育环境实现的重要保障,使得网络学习者有法可依,同时也使得从事网络教育的设计者、开发者、运营者自觉遵守这些法律,以构建无障碍网络教育环境。

3）无障碍理念将深入人心

实际上，无论在国外还是在国内一直存在着一个倾向，即网络教育的对象一直被人们有意或无意地定位在具有主流网络设备和较高计算机技能的身心正常人群，而把那些有残障的学习者、信息技能较低的人群和没有使用主流网络设备的人群边缘化了（marginalized group），这个问题在我国表现得更突出些。

最近几年，我国连续举办了中国信息无障碍论坛，极大地推动了信息无障碍理念的宣传。人们意识到不仅在自然环境中存在着障碍，在网络教育环境中也同样存在着障碍。通过多种宣传方式和实践努力，无障碍理念将会深入人心，同样地，无障碍理念也将深深植入到从事网络教育的理论研究和实践开发的人们心中。

4）新技术的推进又会产生新的障碍

网络环境易访问性问题，并不是突然之间出现的，而是随着计算机技术、多媒体技术和网络技术的发展而渐渐显现的。所以，网络环境易访问性问题的解决不是一劳永逸的，它是一个发展性的概念，因为网络环境易访问性的问题随着网络环境开发和实现技术的迅速发展，以及残疾人群的信息需求和使用非主流网络设备（包括硬件、软件）的人群产生了矛盾而引起的，另外，适合残障人士使用的辅助科技手段的研究和开发也滞后于网络技术和多媒体技术的发展。因此，随着网络技术及应用技术的发展，易访问性问题的范围和性质也会不断的发生变化。

第二章

■ 无障碍网络教育环境的受益对象

一、确认残疾人享有受教育的权利。为了在不受歧视和机会均等的情况下实现这一权利,应当确保在各级教育实行包容性教育制度和终生学习,以便:

1. 充分开发人的潜力,培养自尊自重精神,加强对人权、基本自由和人的多样性的尊重;

2. 最充分地发展残疾人的个性、才华和创造力以及智能和体能;

3. 使所有残疾人能切实参与一个自由的社会。

二、应当使残疾人能够学习生活和社交技能,便利他们充分和平等地参与教育和融入社区。为此目的,应当采取适当措施,包括:

1. 为学习盲文,替代文字,辅助和替代性交流方式、手段和模式,定向和行动技能提供便利,并为残疾人之间的相互支持和指导提供便利;

2. 为学习手语和宣传聋人的语言特性提供便利;

3. 确保以最适合个人情况的语文及交流方式和手段,在最有利于发展学习和社交能力的环境中,向盲、聋或聋盲人,特别是盲、聋或聋盲儿童提供教育。

——节选自《残疾人权利公约》第二十四条——教育

　　无障碍网络教育环境的受益对象主要包括残障学习者、老年人群和普通学习者。因此，本章首先探讨无障碍网络环境的最大受益者——残障人群，他们的现状以及网络学习中遇到的障碍；其次，探讨了已被人们忽略的群体——老年人群，他们在网络社会中的位置以及在网络学习中遇到的障碍；最后，探讨了无障碍网络教育环境的最大群体受益者——普通学习者，阐述了网络学习中，普通学习者可能遇到的各种障碍。本章还论述了构建无障碍网络教育环境对于残障学习者、老年人群、使用非主流设备的学习者和普通学习者之间的关系，强调了构建无障碍网络教育环境并不是仅仅为了有残疾的学习者（only for disabilities），而是为了所有的学习者（benefit for all）。

■ 第一节　残障学习者

　　　　确认残疾是一个演变中的概念，残疾是伤残者和阻碍他们在与其他人平等的基础上充分和切实地参与社会的各种态度和环境障碍相互作用所产生的结果。

——联合国《残疾人权利公约》序言中的第五款

一、我国残障人群的现状

1. 残障人群的定义及分类[25]

　　设计开发辅助技术和辅助设备，首要的就是要了解使用对象，也就是使用者的残障类型，联合国第三十七届会议通过的《关于残疾人世界行动纲领》第六条，对残疾人作了如下定义："残障主要包括缺陷、残疾和障碍，三者区分如下：缺陷（impairments），是指心理上、生理上或肌体上，某种组织或功能的任何异常或丧失；残疾（disabilities），是指由于缺陷而缺乏作为正常人以正常方式从事某种正常活动的能力；障碍（handicaps），是指一个人由于缺陷或残疾，而处于某种不利地位，以至限制或阻碍该人发挥按其年龄、性别、社会与文化等因素就能发挥的正常作用。当残疾人遭到文化、物质或社会方面的阻碍，不能利用其他人可以利用的各种社会系统时，就产生了障碍。因此障碍是指与其他人平等参加社会生活的机会的丧失或是各种机会受到限制"。

　　《中华人民共和国残疾人保障法》中这样定义，"残疾人是指在心理、生理、人体结构上某种组织、功能丧失或者不正常，全部或者部分丧失以正常方式从事某种活动能力的人。"残障和人体本身机能是密切相关的，根据机能功能不同，残障类型可以划分为四大类。

1）感知残障

视力残障 视力指通过光对视觉系统的刺激来感受物体的色彩、形状、大小的能力。视力残障主要包括全盲、色盲、弱视等，老年人视觉器官的退化，也存在由于老花眼带来的弱视现象

听力残障 听力是指人的听觉器官所能感受到声音的能力。听力残障主要包括全聋、听力弱等。一般人到了大约 50 岁的年龄，听力开始急剧下降。

触觉残障 触觉感觉指的是感受物体表面质地、温度和力量的能力。触觉残障主要包括无触觉和触觉弱。一般都是随着年龄的增长，人们逐渐失去触觉灵敏度，对于质地、温度感知下降，对于力量感知也逐渐变差。

味觉残障 味觉是用舌头感知酸、甜、苦、辣、咸等味道。目前在信息通信辅助技术基本上没有考虑。

嗅觉残障 嗅觉指用鼻子感知空气中气味。目前在信息通信辅助技术极少考虑。

2）肢体残障

讲话残障 语言是发声器官所产生声音的能力，它通过口和喉部发出，是众多肌肉协同工作的产物。讲话残障主要包括全哑、失语、口吃、说话音量过小等。

操作残障 操作能力是指使用腿、脚、手、臂等肢体进行接触、举放、拖拽、抓放、旋转、抛扔等动作。当手足无力或关节萎缩时，操作能力会受到影响，从而影响使用相应的信息通信设备。

移动残障 移动能力是指从一个地方自如移动到另外一个地方的能力。移动残障主要由于肢体残缺或萎缩引起的无法移动或者移动缓慢问题。当肌肉紧张或痉挛时，移动也会有问题。通常，随着年龄而来的移动问题有腿部不能支撑身体的重量、行走速度变慢、腿部关节活动困难。

力量和耐力残障 力量是身体某个特定部分在施加于某个特定物体时表现的能力。耐力是指克服一定外部阻力时，能坚持尽可能长的时间或重复尽可能多次数的能力。力量和耐力残障与骨骼、肌肉及肌肉群有关。

3）认知残障

智力残障 表现为理解和解决问题上的困难，包括获取信息的困难。智力残障的人群通常不具备必需的阅读能力去阅读文字说明。他们通常只能识别简单的图标和缩略语，以及图形化的说明。他们对于熟悉的环境可以做出良好的反应，但是对于需要快速反应的情况却容易出现问题。

记忆力残障　指回想及学习事情能力的下降，并引发混淆。记忆力残障具体表现在记忆范围的缩小，而在执行一系列操作时，有短期记忆损伤的人群通常会忘记他们进行到了哪一步。

语言及读写能力残障　表现在认知、使用标记、符号及其他语言要素的智力能力的下降。这部分用户群在思维上可能并没有什么异常，但是他们不能用言语进行准确表达。

4）混合残障

混合残障是指身负多种残障的人。这类残障需要结合以上单独残障类型来具体分析对待。

以上主要描述的是身体本身机能残障，是从医学的角度进行的界定，然而残障并不是固定在某一类人群上，不是他们的代名词。对于健康人在特定情况下也是有可能存在障碍的，例如开车的时候手脚都被占用，在这种特定情况下，司机是有"操作残障"的；黑夜走路，路人是有"视力残障"的。因此，残障并不是某部分人的代称，和人的联系是相对的，每个人在某个特定阶段，或特定的环境可能面临"残障"的困境。

2. 我国残疾人的现状[26]

在残障人群中，残疾人群更多受到人们的关注，残障可以分为暂时的和长期的，暂时的障碍可能随着时间的推移可能会消失，而长期的残障是在功能上难以恢复的障碍，常被称之为残疾。在我国，由于人口基数大，残疾人数字十分庞大，根据国家统计局、第二次全国残疾人抽样调查领导小组于 2006 年 4 月 1 日开始进行的第二次全国残疾人抽样调查，目的是对我国残疾人群的现状作了一个全面的调查，为进一步做好残疾人工作提供更多的科学依据，也为了解我国残疾人的生活、学习、工作等方面情况提供更多的数据。并于2007 年 5 月 28 日发布了第二次全国残疾人抽样调查主要数据公报，详细介绍了我国残疾人群的现状。摘要其中的部分数据如下：

1）有残疾人的家庭

全国有残疾人的家庭户共 7050 万户，占全国家庭户总户数的 17.80%；其中有 2 个以上残疾人的家庭户 876 万户，占残疾人家庭户的 12.43%。有残疾人的家庭户的总人口占全国总人口的 19.98%。有残疾人的家庭户户规模为 3.51 人。

2）残疾人口的性别构成

全国残疾人口中，男性为 4277 万人，占 51.55%；女性为 4019 万人，占 48.45%。性别比（以女性为 100，男性对女性的比例）为 106.42。

3）残疾人口的年龄构成

全国残疾人口中，0～14 岁的残疾人口为 387 万人，占 4.66％；15～59 岁的人口为 3493 万人，占 42.10％；60 岁及以上的人口为 4416 万人，占 53.24％（65 岁及以上的人口为 3755 万人，占 45.26％）。

4）残疾人口的城乡分布

全国残疾人口中，城镇残疾人口为 2071 万人，占 24.96％；农村残疾人口为 6225 万人，占 75.04％。

5）残疾人口的残疾等级构成

全国残疾人口中，残疾等级为一、二级的重度残疾人为 2457 万人，占 29.62％；残疾等级为三、四级的中度和轻度残疾人为 5839 万人，占 70.38％。

6）残疾人口的受教育程度

全国残疾人口中，具有大学文化程度（指大专及以上）的残疾人为 94 万人，高中文化程度（含中专）的残疾人为 406 万人，初中文化程度的残疾人为 1248 万人，小学文化程度的残疾人为 2642 万人（以上各种受教育程度的人包括各类学校的毕业生、肄业生和在校生）。见图 2-1。

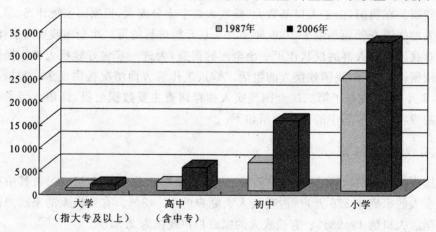

图 2-1　1987 年、2006 年两次全国残疾人抽样调查残疾人受教育程度比较示意图
（每 10 万残疾人拥有各种文化程度的人数）

15 岁及以上残疾人文盲人口（不识字或识字很少的人）为 3591 万人，文盲率为 43.29％。

7）残疾儿童受教育状况

6～14 岁学龄残疾儿童为 246 万人，占全部残疾人口的 2.96％。其中视力残疾儿童 13 万人，听力残疾儿童 11 万人，言语残疾儿童 17 万人，肢体残疾儿童 48 万人，智力残疾儿童 76 万人，精神残疾儿童 6 万人，多重残疾儿童 75 万人。学龄残疾儿童中，63.19％正在普通教育或特殊教育学校接受义务教育，各类别残疾儿童的相应比例为：视力残疾儿童 79.07％，听力残疾儿童 85.05％，言语残疾儿童 76.92％，肢体残疾儿童 80.36％，智力残疾儿童 64.86％，精神残疾儿童 69.42％，多重残疾儿童 40.99％。

8）残疾人口的就业与有关社会保障情况

全国城镇残疾人口中，在业的残疾人为 297 万人，不在业的残疾人为 470 万人。

城镇残疾人口中，有 275 万人享受到当地居民最低生活保障，占城镇残疾人口总数的 13.28％。9.75％的城镇残疾人领取过定期或不定期的救济。

农村残疾人口中，有 319 万人享受到当地居民最低生活保障，占农村残疾人口总数的 5.12％。11.68％的农村残疾人领取过定期或不定期的救济。

9）残疾人曾接受的扶助、服务和需求

残疾人曾接受的扶助、服务的前四项及比例分别为：曾接受过医疗服务与救助的有 35.61％；曾接受过救助或扶持的有 12.53％；曾接受过康复训练与服务的有 8.45％；曾接受过辅助器具的配备与服务的有 7.31％。

残疾人需求的前四项及比例分别为：有医疗服务与救助需求的有 72.78％；有救助或扶持需求的有 67.78％；有辅助器具需求的有 38.56％；有康复训练与服务需求的有 27.69％。

10）残疾人的生活环境

在此次调查的残疾人所在社区（村、居委会）中，68.13％的社区距离最近的法律服务所（司法所）在 5 公里以内，21.86％的社区距离最近的特殊教育学校（班）在 5 公里以内，47.35％的社区建有文化活动站（室），71.95％的社区设有卫生室（所、站）。

二、残障学习者的概述

1. 残障学习者的概念和分类

学习者的概念比较广泛，而且是相对意义上的概念，因为学习者就是一个非常大的一个概念，学习的人即为学习者，可能是从咿呀学语的幼儿到耄耋之年的老人；可以是学校的学生、可以是正在工作的工人。每一个社会人都可以成为学习者,都可以称之为学习者。

残障学习者是指患有身心残疾的学习者,这些身心残疾在其学习进程中将对其产生一定的障碍或影响。同样的,残障学习者划分的依据和残疾人群划分的依据是相同的。一般地,也分为四种情况:

(1)视觉残疾的学习者:如失明、弱视等原因,无法感知或很难感知光线的学习者。他们在学习时,更多的困难来自于视觉材料的阅读,而他们的学习方式更多地采用聆听或触摸盲文来进行学习。

(2)听觉残疾的学习者:如失聪、弱听等原因,无法感知或很难感知外界发出的各种声音的学习者。他们在学习当中,主要的困难来自于听觉教学材料,他们的学习方式更多地采用看学习材料,或通过唇读的方式获取别人的发音内容。

(3)肢体残疾的学习者:如手臂残疾、腿部残疾等,而无法执笔、拿书或前往学校(或其他学习场所)进行学习的学习者。他们在学习上遇到的困难,主要是在记录、持物、行走等方面。在学习材料的获取、学习信息的交流和反馈等方面,一般不存在问题,主要的是在完成学习作业、前往学校学习等过程存在着一定的困难。

(4)认知残疾的学习者:如脑瘫患者、智力较常人相比较为低下的学习者,他们在学习进度、学习步骤、学习方法、学习效果和效率上与同辈相比均处于劣势。他们的学习困难使得他们的学习进程更加漫长。

2. 网络教育环境中的残障学习者

在网络学习环境中影响到学习者网络学习进程的残障与在物理环境下影响到学习者学习的残障是有所不同的。如腿部残疾的学习者,可能在物理环境中影响到其到学校的行走进程,但是对于其进行网络学习的进程影响不大,因为他(她)完全可以在家里进行网络学习,腿部残疾并不影响到其与网络进行交互的方式和进程,所以,本书所探讨的是在网络教育环境中的学习者,所提及的障碍是学习者在网络学习环境中进行学习时可能遇到的障碍。根据不同的学习者在进行网络学习时遇到障碍的不同,也可以对网络教育环境中的残障学习者进行分类。

(1)视觉残疾的学习者:无法感知网页呈现的各种视觉媒体的学习者。这类学习者主要是由于失明、弱视等残疾,无法获取网页中的视觉材料。他们可以通用语音浏览器把网页中的文本、图形和图像的替代文本转换成语音来进行学习和交流。

(2)听觉残疾的学习者:如失聪、弱听等原因,无法感知或很难感知网页中包含各种音频学习材料的学习者。他们在进行网络学习过程中,无法访问到网页中的听觉教学材料,这类学习者在进行网络学习过程中,遇到的障碍相对小一点,毕竟网络教学材料中多数是视觉材料,而且还可以通过音频材料的替代文本来访问音频的内容,如视频讲授的笔记既可以通过文本的形式给出,也可以通过流媒体的字幕同步给出。

(3) 手臂残疾的学习者:由于手臂残疾而无法正常完成网络学习中的各种人机交互任务的学习者。网络学习使通过学习者与网络内容、网络课程不断地进行人机交互来进行的,而键盘输入和鼠标点击是完成人机交互的最基本的操作任务。这些学习者更多采用各种辅助科技手段或变通的方式来实现人机交互任务,从而延续网络学习的进程。

(4) 认知残疾的学习者:这部分学习者与前面的分类中的含义基本上是一致的。

3. 根据网络学习中学习者的易访问性学习需求分类

我们认为,在网络学习者中没有也不应该有残障学习者和身心正常学习者的区别,之所以出现不同的而学习者之间的区别在于不同的学习者在不同的时间、不同的地点有着不同的学习需求,对学习环境和资源有着不同的要求而已。提出这种观点主要是从以下几个方面出发:

首先,把学习者的身心状态与学习者对于学习资源的选择进行分离。因为学习者在进行网络学习时,更多的区别体现在学习者对学习资源类型的选择,对学习导航的选择,对学习环境的选择,对人机交互的方式地选择,对人机接口的选择等。所以网络学习者的根本区别在于其对学习资源的需求、与网络学习环境交互方式的选择等方面的不同,而不在于他们的自身的身心状况如何?

其次,在时空的角度进行网络学习者更多的是独立的。也即是对于网络教育环境的设计者、开发者来说,并不知道将要访问网络教育环境进行学习的人将是谁?以及他们的身心状态如何? 但是有一点就是,他们要设计和开发的网络教育环境要尽可能的包容所有的学习者,使得每个学习者在其中均能选择相应的学习内容进行学习,满足他们的个别化的网络学习需求。因此,他们考虑更多的是学习者的学习需求将是什么?

最后,这种划分方法比从纯医学的角度来划分学习者更人性化,这种划分对于所有的学习者来说,更多的体现了一种平等和公正的思维。而在很多的情形下,是从医学的角度对学习者进行划分的,如 W3C/WAI 制定的 WCAG 1.0 规范中,就是根据医学的角度来划分网络用户的种类,把身心残疾的种类与学习者相联系在一起,进而人为地把学习者和相应的缺陷(或存在的障碍)联系在一起,成为与学习者相联系的特定标记。从某种意义上来说,这是一种带有歧视的划分。

那么学习者在进行网络学习的时候,究竟有哪些方面的学习需求? 在 IMS 的 IMS Access For All 系列规范中把网络学习者易访问性的选择分为三类[27]:显示类(用户人机接口和学习内容必须如何呈现);控制类(控制设备的可替代的方式);内容类(辅助的、可替代的或等值内容的需求)。

网络环境拥有更改显示、控制、内容的能力,不仅与残疾人有关,而且和那些可能遇到访问上的挑战的人群相关,如上网带宽较小的用户、使用移动设备的用户。

三、残障学习者网络学习障碍

(一) 无障碍与网络教育、身心残障的学习者

网络教育(web-based education 或 e-learning)已经成为各国教育发展的重要趋势和选择的方向,而且期望能借由计算机信息网络的方式来协助学习者在任何时间、任何地点进行学习,能够实现教育机会均等与提高教育质量的理想。

在努力建构网络教育环境过程中,国内外教育技术专家特别是从事网络教育研究和实践的专家,他们对网络学习系统、学习理论、学习成效等方面均有很多的研究和探索,并且取得了丰富的成果。但是,大多数的研究对象是以一般学习者为探讨对象,而极少探讨身心残障者在网络教育环境中进行网络学习的问题。

虽然计算机技术常被视为是身心残障者的学习工具、生活工具、职业工具以及休闲工具,甚至是增能的科技(enabling technology)[28]。不过由于身心残障者在认知、动作、感官上的特质,计算机与信息科技对其而言,在增进其生活质量的同时,却也可能成为其平等地接受教育、就业以及参与小区生活的一种障碍[29]。

为了让身心残障的学习者也能够在网络教育环境中平等且有效地学习,发达国家在发展网络教育的过程中,对如何确保身心残障的学习者平等参与网络教育的机会相当重视。如美国教育部教育技术办公室在 2000 年底提出了"美国国家教育技术计划——信息化学习:把世界教育放到每一个儿童的指尖!"(E-learning: putting a world-class education at the fingertips of all children)中,除重视一般学生对科技的运用,更进一步提出,要确保身心残障的学习者也能够享有同等机会来使用信息技术或数字化的学习内容[30]。而且在 1998 年的《康复法案》的修正案——Section 508 中,特别提出保障身心残障者无障碍地使用电子信息技术(electronic and information technology;EIT)的权利,并制定 EIT 的无障碍使用标准(electronic and information technology accessibility standards)[31]。欧盟在其 eEurope 的计划中也特别强调身心残障者 eAccessibility 的问题[32],并要求其成员国在制定法律和相关标准时,要考虑残障人群访问网络环境的特殊需求。

在美国和加拿大两国中,除了政府立法保障身心残障的学习者充分享有在网络教育环境中进行数字化学习的权利之外,还有许多组织也致力于无障碍网络环境(web accessibility)的研究与发展。例如,World Wide Web Consortium 从 HTML 的语言格式

的观点,制定了网络内容易访问性规范(web content accessibility guidelin,WCAG)[33];还有应用特殊科技中心(center for applied special technology,CAST)[34]和多伦多大学的适应性科技资源中心(adaptive technology resource center,ATRC)[35]也开发了无障碍网页的检测程序,协助网络环境(特别是网站)的设计者和开发者自我检查,其中 CAST还提供易访问性的标志链接到通过检测的网页(站);威斯康星大学麦迪逊分校(University of Wisconsin-Madison)的 Trace Center 更进一步针对身心残障者使用多媒体或虚拟实境之障碍进行研究[36]。另外,一些大型的计算机产商亦开始重视无障碍网络的问题,像 Microsoft、IBM、Java 和 Adobe 等公司均致力于使其产品或服务让身心障碍者亦能均等地使用网页提供相关信息。

(二) 残障学习者在网络学习中遇到的障碍[37]

1. 视觉残障学习者

视觉残障者往往是网络教育环境中进行学习时,遇到障碍最为普遍的,遇到的困难是最大的,因为网络教育环境中呈现的学习信息大多数是以视觉材料,如文本、图形、图像、动画、视频等,而这些材料对于视觉残障的学习者是很难直接获得其中的信息。特别是现在的网络学习内容的形象化材料非常复杂,从而为这些用户访问网页中的多媒体所表达内容的设计将是无障碍网络教育环境设计的重点。

视觉残障学习者包括全盲和弱视。全盲者在阅读计算机屏幕上的信息时,大多依靠屏幕阅读软件,把屏幕上的文本转换成语音,以了解计算机屏幕所出现的信息。而弱视者则常利用屏幕放大软件,对计算机屏幕作区域性的放大,以利其阅读屏幕上的信息。

目前的网络教育环境,对他们而言,存在许多困难,以下是一些常见的问题:

(1) 网页的背景(background)设置:如背景与前景的颜色对比过于接近,造成弱视者对前景与背景的辨识困难;相近色彩使用了蓝黄、红绿,造成有色盲者无法辨别;使用太多纯装饰用的背景等。

(2) 网页标题(title):如设计者未给其网站建立相关的标题说明。另外,利用屏幕阅读机所读出的标题也只是该网页的网址,使用者不了解其所在网页是什么方面的内容。

(3) 窗体(list):有时候窗体太多又缺乏适当的安排,会让盲人利用屏幕阅读软件阅读时不知道身在何处。

(4) 表格(table):屏幕阅读软件在阅读表格内文字有很大的困难,因为屏幕阅读软件的阅读顺序是由左向右一列一列往下读。

(5) 网页框架(frame):为使网页内主题链接更清楚或在同一网页中呈现各多主题的链接,设计者经常使用框架的方式。但在同一网页中使用太多分割窗口时,由于屏幕阅读软件是一个窗口接着一个窗口往下读,学习者常常会不知道其所在窗口是什么,以及窗口之间关系。此外，也会因屏幕太小而造成弱视者阅读困难。

（6）超链接：如果网页设计者未对链接的图形或地图（image site）另外提供文字的链接，或文字的说明，则使用者无法知道这些链接要往那里去，还有链接的颜色、链接之间的距离和链接本身有意义的文本说明等，如果设计不当，都会增添视觉残障学习者的困难。

（7）影像图片：影响图片没有添加更多的文本说明，将会给视觉残障者带来一定的困难。

（8）文字：如果利用字体颜色、大小来营造视觉效果，这些设计对视觉残障者可能无法达到预定的目的。还有文章中直接使用简称或缩写，屏幕阅读器直接读出音来时，读者常因不熟悉或过去经验而误解等。

（9）段落：如果文章太长，会让屏幕阅读软件在读取数据时浪费许多时间在阅读不必要的数据，而使全盲者无法概览文章内容。

（10）表单（form）：对一些在线的交互式表单的填写，对于视觉残障者可能很难完成。

2. 听觉残障学习者

听觉残疾包括重听和全聋。在日趋多媒体化的网络世界里，听觉残障学习者上网学习主要的问题常出现在语音和影像文件的音频部分。与视觉残障的学习者相比，他们在网络学习中的障碍一般只是音频材料，如一些音效、音频等。但是由于大部分的网络异步远程课程所提供的影片多为讲师上课情形的视频，而屏幕上并未提供字幕，对听觉残障学习者而言，他们就很难理解和掌握视频的整个内容。

3. 手臂残障学习者

手臂残障学习者是由于上肢残疾而在上网学习时会遇到一些障碍，这些障碍主要是由于他们在网络学习中，要不断地进行人机交互活动，如与网络学习内容、进行网络测验、与教师进行交流、与同伴进行协商等活动，都需要人机交互活动的支持，他们的手臂残疾因不能操作或者操控艰难，导致他们不能够及时地与他人进行交流。

当前的网络学习环境大多是鼠标和键盘操作环境，对手臂残疾者而言，可能因其手部协调控制问题而无法操控鼠标或键盘，另外，有时候网页上一些按钮或链接太小，手部操控功能欠佳者，也不易使用。另外，目前网络远程学习课程中的讨论区功能或网上练习功能的设计，常设有时间限制，对手臂残疾的使用者而言，常可能无法在系统设定的时间内完成输入而无法顺利参与讨论，或者完成相应的学习练习任务等。

4. 认知残障学习者

认知障碍学习者在网络学习中遇到的障碍主要是由于学习内容的设计上产生的问

题,如教学信息的组织,教学信息过于艰深,且没有其他学习途径可以选择,从而导致这部分学习者很难完成学习任务。

认知残障学习者包括轻度智能障碍以及部分学习障碍者,因其空间能力、记忆力、注意力及语文阅读能力的问题,在上网时常遇到下列的一些具体问题:

(1)网页内链接多而且缺乏明确结构时,在进行多次链接后,有认知困难者会由于网页迷失问题而不知自己身在何处,对学习内容前后关系亦欠掌握。

(2)文字的信息如果太难会造成认知困难的使用者阅读理解上的困难。

(3)网页的设计若过于复杂或是对一些常用链接的按钮,如回首页,未能固定地放置在同一位置也会让有认知困难的使用者,不易找到想找的按钮。

5. 注意力难以集中者

注意力缺陷者常会有分心、注意力不集中的问题。他们在上网时常遇到下列的问题:

(1)网页中的内容多且整个网页太长,而且又没有用标题加以区分,会让注意力缺陷者在阅读理解理上的困难。

(2)网页上设计者用来加强注意力的动画或闪烁文字,对注意力缺陷者却可能是另一分心的来源。

(3)同一网页使用太多的分割窗口,虽可同时呈现最多的信息,但对注意力缺陷者却会让他们更不容易找到重要的信息。

第二节 老年人群

1. 老年人群及现状

我国目前已经开始步入老年社会,据统计,中国 60 岁及以上老年人口 2007 年底已达到 1.53 亿人,占总人口的 11.6%[38]。而且随着我国经济的发展,人民生活水平的提高,这一数字将逐年提高。老年人群是社会的组成部分之一,他们的生活、学习和工作也关系到我国和谐社会的构建,他们也有通过网络进行学习、工作和获取健康等相关信息的权利和需要。如通过网络,他们可以获得政府发布的各种信息;通过网络可以学习到保健、康复、医疗等方面的知识;通过网络他们可以把他们的丰富的知识、经验、技术和人生阅历等奉献于社会,有利于知识的传承,有利于后辈的知识的学习、文化的传承和人生经验的积累。

根据中国互联网中心进行的统计,在我国网民中,50～60 岁之间的上网人数占 2.5%,达 434 万人,60 岁以上的老年人占网民总数的 1.0%,达 170 万人,这也是一个比较庞大的数字,然而我国的人口基数大,50 岁以上老年人群上网的普及率仅 1.7%。导致这些数字偏低的原因很多,这里要提出的是老年人的计算机技能的普遍不高,老年人由于年龄而产生的各种残障,以及现在的网络环境中易访问性问题也是导致当前现状的原因。因此,老年人群网络访问的需求与实际网络环境的易访问性现状存在着巨大落差。

2. 老年人群网络需求

老年人群的网络需求主要分为以下几个方面:

(1)老年人群由于对健康的关注,所以他们对相关的网络上的健康信息比较关注,会通过网络了解、查询相关信息。

(2)老年人群通过网络与他人进行交流,消除自身的孤独。他们在老年时,将更需要交流和倾诉,通过网络他们可以与自己的子女、朋友、同事,甚至是陌生的网友进行聊天,排解晚年的孤独和其他消极的情绪。

(3)老年人群可以通过网络把自己的经验传递给下一代,延续他们服务社会、奉献社会,真正做到老有所为。老年人群是社会的经验宝藏,他们有着丰富的人生阅历,有着丰富的工作经验,有着成熟的思维方法,有着理性的分析问题的逻辑……这些都可以通过网络向后辈传递。

(4)老年人群通过网络可以和其他人群一样进行各种各样的活动,如购物、娱乐等。

(5)终身学习的需求。随着终身学习、终身教育和学习型社会等先进教育理念的深入人心,每个人要跟随时代的潮流,为社会不断的作出自己的奉献,就必须得不断的学习。因此在现代信息社会里,人们无论年龄多大,都在不停地学习,包括老年人群,他们可以通过网络学习各种新知识、接触新生事物。

3. 老年人群在网络学习中遇到的障碍

老年人群由于年龄的因素从而导致身心各方面功能的衰退,如视力下降、听力衰退、手臂等肢体运动功能的下降、记忆功能的弱化等。在国外的一些文章中把这些老年人群也归为残疾人群之列(如美国的人口统计署的残疾人群统计包括了老年人群)。同样地,老年人群在网络环境中也会遇到种种易访问性障碍的问题,甚至还更为突出,他们遇到的主要问题有:

1)视觉上的障碍

老年人群由于年龄偏大的因素,他们的视力往往比较差,有弱视、近视、远视和近乎于失明的状态。因此,在他们浏览网络上的内容时,会遇到和视觉残障人群浏览网络内容时产生同样的障碍。如看不清较小的文本,一些动态的文字和脚本也是他们感到很难把握,他们更愿意将文本放大,或者通过将文本转换成语音并放大来获取网络上的内容。

2）听觉上的障碍

同样的,由于生理机能的退化,老年人群的听力也在渐渐的减弱,听力下降、甚至是失聪。所以,在他们浏览网页时,对于网页中的音频和视频中的音频时,将产生与听觉残障人群类似的障碍。如听不到音频表达的内容,此时,他们更希望能够看到音频的替代文本。

3）认知上的障碍

随着年龄的增长,人的认知能力也在渐渐的下降。从而对于老年人群在访问网络上的内容时,现在他们自己在网页中的位置？他们要访问的内容在什么地方,如何到达内容所在的页面等,都是对他们认知能力的一个挑战。因此,对于网络内容的导航机制是否清晰,内容组织是否具有逻辑性等,对老年人群具有非常重要的意义。

4）操作能力上的障碍

老年人群在操作能力上也随着年龄的增长而逐渐地下降。特别是手臂操控的精准度上与青少年无法相比。他们很难用鼠标点中目标超级链接,很难选择网页中的文本,很难熟练的操控键盘,以及与网页进行交互性操作等。

5）综合性障碍

由于老年人群的生理机能的下降并非是单方面的,往往具有综合性的,即可能是多方面的障碍同时存在,一个老年人可能视力、听力、认知能力和操控能力均有一定的障碍。这种类型的老年人群所占比例比较大。对于网络教育环境的设计者、开发者是一个较大的挑战。

第三节　普通学习者

无障碍网络教育环境不仅仅有益于各类残障人群,而且普通学习者也能从中受益。

一、普通学习者的分类

对于普通学习者来说,可以依据他们使用 Web 的能力来衡量,也即是使用计算机系统在网络上获取信息、搜集资料、访问网络资源、与人交流信息的能力,可以划分为三种类型的学习者:初学者(刚开始接触 Web 的学习者)、一般能力的学习者、专家型或能力强的学习者。根据学习者持有网络设备的市场占有份额可以划分为:持主流网络设备的学习者和持非主流网络设备的学习者。

（一）使用 Web 的能力

1. 初学者

这里的初学者并不是指其刚开始从事学习的人，而是指刚接触计算机和网络，之前未曾有过网络体验和通过网络进行学习的人。对于一个初学者来说，网络学习的过程中更加需要特别的帮助，可能更喜欢以鼠标的点击获得反馈信息的方式，来完成相应的学习任务。

这类学习者由于网络学习的体验不多，网络上的一些交互活动和操作技术可能非常陌生。他们在学习过程中，更多地依赖网络教育环境中的导航机制来学习。

根据中国互联网中心提供的统计数据，截至 2007 年 12 月，网民数已增至 2.1 亿人。中国网民数增长迅速，比 2007 年 6 月增加 4800 万人，2007 年全年则增加了 7300 万人，年增长率达到 53.3%，即平均每天增加网民 20 万人。其中，学生比重很大，达 1/3 多（36.7%），绝对数量接近 6000 万[39]。

从这些数据中可以看出，在我国新增网民中学生群体占相当的比例。他们在网络学习中，缺少基本的网络基本技能，缺少在网络环境中进行学习的体验。一旦在网络学习中遇到障碍或学习中受到挫折，容易转而投向他处，如游戏、娱乐网站，而这些网站之所以能够长久抓住这些初学者，除其内容吸引人之外，无一例外这些网站的导航机制及帮助做得比较到位。而很多的教育网站的设计重心偏向于教育内容的组织和设计上，对于教育环境导航机制和新手的帮助等设计上显得不足。

2. 一般能力的学习者

这类学习者，即不经常访问 Web 的一般能力的学习者，他们有过网络学习的体验，但是积累不是很多，他们实际上是进行网络学习的最大用户群。他们掌握的计算机技术和网络技术水平介于新手和专家型学习者之间，虽然他们能较好地理解网络学习环境的运作方式，但不知道怎样有效地浏览站点。例如，他们可能在搜索相关学习资源的过程中消耗过多的时间。

这类学习者对于网络教育环境的要求更多的提供资源搜索机制和资源定位机制，以便于能够在短时间内迅速地实现资源定位和锁定资源学习。为了使这些学习者在投入网络学习环境过程中的效率提高，如在教育资源网站中应能提供网络教育资源链接地图，保持网站框架结构的一致性，从而提高他们的学习效率。

3. 专家型的学习者

与初学者相比，专家型的学习者则是那些能很好理解站点的学习者，他们又可以分为两类:经常访问站点的和不经常访问站点的学习者。他们都有共同的特点:就是能够懂得如何利用网络为他们的学习提供最佳的支持;他们之间的区别在于:经常访问站点的能力强的学习者会利用站点的高级特性如复杂的搜索,直接得到他们自己的 URL,并且可能记住站点中某个对象的位置。一个不经常访问站点的能力强的学习者尽管不熟悉站点的结构,但他们具有较强的能力,如搜索,能够浏览整个站点。显然,新手和专家型的学习者之间的差距是很大的。

这类的学习者对于网络教育环境的组成要素、导航机制、内容框架等非常熟悉,他们很少在网站中遇到难以访问的障碍。但是,并不是他们不会遇到障碍,如当网站很久没有更新时,有些超级链接就可能失效而又没有及时更新,从而使他们很难访问到相应的资源;当网站更新时,而链源地址没有作相应的改变,也会导致他们的访问失败。

(二) 学习者持有的网络设备

前面三类的网络学习者,是从网络技能的熟练程度来划分的。这里根据学习者持有的网络设备在网络设备市场上和使用者中占有的份额来划分:持主流网络设备的学习者和持非主流网络设备的学习者。根据使用网络设备产品在市场中的份额比例,可以把在市场上所占市场份额比较大的网络设备称为主流网络设备,如中高档次的 PC 机、笔记本等,和 IE、Windows 操作系统等高版本的应用软件,相反地,在市场上份额比例较小的网络设备称之为非主流网络设备,如头盔式点击设备、盲文打字机、屏幕阅读软件、Homepage 阅读软件等。

1. 持主流网络设备的学习者

持主流网络设备的学习者在进行网络学习时,遇到的易访问性问题一般很少,因为大多数网络内容的设计者和开发者都把网络应用的对象定位在使用主流网络设备的人群。当然使用主流网络设备并不能保证他们在网络学习中就不会遇到易访问性障碍,如果网页设计本身存在问题,他们将仍有可能遇到种种易访问性障碍的问题。

2. 持非主流网络设备的学习者

持非主流网络设备的学习者往往是产生易访问性问题比较多的。由于在网络环境设计过程中,都有相应的受众定位问题,多数情况下,网络环境设计者、开发者和运营者把拥有主流设备和具有较高计算机技能的用户作为他们的想象中的用户定位。从而排斥了那些使用非主流网络设备的人群。同样的,在网络教育环境设计领域,多数网络教育环境设计者、开发者和运营者把其网络教育环境的潜在学习者定位在使用主流设备的学习者。

使用非主流网络设备的学习者在网络中遇到的障碍主要分为两个方面:

（1）硬件的兼容性。如目前有很多的学习者使用移动设备（PDA、手机等数码产品）访问学习内容时，可能遇到非正常显示，从而使学习进程难以为继，虽然有些站点提供了WAP站点，但是大多数教育网站并没有提供WAP。

（2）软件的兼容性。有些学习者在使用非主流网络浏览软件，结果网页内容也很难正确的显示，从而给他们在学习过程中产生种种障碍，如使用MyIE、Lynx等；甚至有的网站明确指出"浏览本网站建议使用IE 6.0以上版本，分辨率是1024＊768"等。

根据中国互联网络信息中心2007年12月的最新统计：与2007年6月份相比，使用台式计算机上网的比例略微下降，从96.3％降到了94％，但台式机仍旧占据主流地位。同时使用笔记本上网的比例在上升，比2007年6月上升了5.6个百分点，已超过1/4（26.7％），即5607万网民选择笔记本上网，见图2-2。手机上网是计算机上网的补充，也是业界关注的热点。从绝对规模上看，手机接入的网民规模已达到5040万人，比2007年6月增加了610万人。已经有越来越多的网民为了弥补上网计算机的不易携带和设备成本昂贵的缺点，选择了手机上网，网民的上网条件在逐渐改善中[39]。

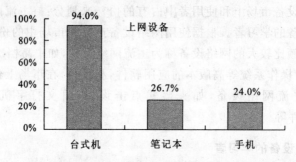

图2-2　我国上网设备比例图（2007年）

从上面的数据和图中的比例可以看出，使用设备的多元化给我们网络教育环境的设计和开发提出了严峻的挑战。

二、普通学习者和无障碍网络教育环境构建之间的关系

从上面的分析和对普通学习者的分类来看，普通学习者和无障碍网络教育环境之间的关系也是非常密切的，无障碍网络教育环境的建设并不仅仅有利于残障学习者、老年学习者，也同样使普通学习者受惠。

1. 残障的相对性

普通学习者（下面称之为学习者）虽然身心正常，似乎与网络环境易访问性之间没有太大的关系，其实不然，IMS全球学习联盟在其发布的易访问性系列规范中，指出易访问

性问题是由于网络教育环境和学习者的学习需求和访问倾向之间产生了不匹配而产生的[40]，而这种不匹配并不在于学习者自身的身心状况如何，而是取决于网络教育环境的适应性，取决于匹配学习者学习倾向和学习需求的能力，取决于网络教育环境的弹性发送学习内容的能力。因此，每一个人都有可能遇到暂时障碍的时候，特别是在进行网络学习的时候。那么对于普通的网络学习者会遇到哪些障碍呢？[41]

1）网络设备的兼容性障碍

由于网络教育环境可能存在不能兼容网络学习者使用的硬件设备或应用软件，从而产生学习者难以访问相应的网络教育环境，前面已有叙述。

2）心理认知障碍

网络学习者的心理障碍主要来自于非智力因素，包括不良或不能有效支持网络学习活动的价值观、态度、经验、自信心等。其中认知能力、水平、风格对学习者的网络学习效果的影响是很大的，例如有些网络学习内容的难度过大，难以理解；有的网络学习内容都是大块的文本，学习者学习很容易产生疲倦。

3）网络学习技能偏低

这是网络学习者普遍存在的问题，因为在我国网络教育才刚刚普及应用，所以，大部分学习者都存在网络学习技能偏低。而一般网络课程设计者、开发者的定位对象是拥有较高计算机技能的、拥有较高软硬件配置的学习者。对于网络学习技能偏低或计算机软硬件配置较低的学习者在进行网络学习时可能会遇到一定的障碍。

4）缺乏辅导教师的及时帮助

在网络化的学习环境中，学习者和教师处于一种相对分离的状态，学习者如果长期得不到教师的关注，尤其是在遇到困难时，无法从教师或学习伙伴那里得到帮助，将会产生学习上的挫折感。久而久之，这种情绪的不断堆积将会挫伤学生的学习积极性，甚至产生厌学的情绪。因此，教师及时、有效的辅导咨询将会帮助学生度过一个又一个难关，巩固信心，树立良好的学习习惯，从而使学生自觉地将整个课程的学习坚持下来。

5）教学材料的质量较差

在网络化学习环境下，学习者所使用的各种教学材料，包括教学指导书、学习手册、参考书、实验说明、作业说明、多媒体光盘等，应该按照学习者的学习特点来设计，可是目前由于课程设计等多方面的原因，没有考虑学习者的认知特点和学习需求，往往表面花哨，但却缺少真正的实用价值。还有的网络课程的内容没有经过仔细的筛选,出现诸多错误,对学习者的学习也产生一定的误导。

6)语言环境的障碍

在网络学习环境中,很多的学习者访问的网站使用的语言不一定是他们的第一语言,所以在语言理解上会产生一定的障碍。如某少数民族的学习者访问某个网站上学习信息时,就会发现该网站没有提供其母语的信息,可能在这个网站中的学习就此中断。

7)网络教学环境设计水平不高

网络学习环境是学习者进行网络学习的平台,其优劣程度直接影响到学习者的学习效果。这方面的问题主要有:网络学习的页面内容过大,导致链接速率过低,等待时间过长;有些页面中的图表不能显示时,有没有相关 alt 文本说明,导致学习内容的中断和学习进程的暂停;有的网络学习内容并不能提供多重学习进程的选择,从而导致所有学习者的学习路线是统一的,并不能体现网络学习的个性化……

综上所述,网络教育环境易访问性或者说无障碍网络教育环境,对于普通学习者来说也是非常重要的,因为对于他们来说,在网络学习过程中也存在种种障碍。易访问的网络学习环境能够使普通学习者在其中更加畅通的学习,可以根据自己的特点选择适合自己的学习材料、学习路径、学习进度、学习手段等。

2. 网络学习的绩效水平的提升

在当前网络教育环境中,影响学习者的学习绩效水平的因素很多,有研究认为,影响学习者的绩效因素主要分为两个方面:学习者自身的学习动机和学习能力以及网络教育环境的设计[42-43]。他们对于网络教育环境的研究更多的是从学习者的动机和网络学习内容设计等方面来考虑对学习者学习绩效的影响,而并没有涉及易访问性对学习者学习绩效的影响。笔者认为网络教育环境易访问性水平的高低对学习者学习绩效的影响不容忽视。

网络教育环境易访问性水平的高低对于提升学习者的网络学习的绩效水平也是有着直接的影响。在易访问的网络学习环境中,学习者更容易进入网络学习情境中,会获得较高的学习效果;在有障碍的网络学习环境中,学习者可能会遇到在前面阐述的种种障碍,从而挫伤他们的学习积极性,降低了网络学习的绩效水平。

1)网络教育环境易访问性将影响学习者的学习心理

无障碍的网络教育环境将是学习者很容易进入学习的情境,并且在愉悦的情境中学习,这将有助于学习者学习绩效水平的提高。可以想象如果学习者在网络教育环境中遇到种种易访问性的障碍,从而给学习者访问网络学习资源过程中产生一定的阻碍,将会使学习者的学习兴致不高,并对学习者的学习情绪产生一定的负面影响。

2) 网络教育环境易访问性将影响学习者的学习效率

无障碍的网络教育环境总是能够帮助学习者在较短的时间内访问到其想要的学习资源处,从而能够缩短访问时间,把更多的时间放在内容的学习上,提高了学习效率;相反地,如果网络教育环境中存在着易访问性问题的时候,学习者在访问学习资源的过程中就会浪费很多的时间,从而就会降低学习效率。

3) 网络教育环境易访问性也将影响学习者的学习效果

无障碍的网络教育环境总能满足学习者的学习偏好和学习需求,从而能够提高学习效果。如一个学习者有喜欢视频资源的学习偏好,网络教育环境可以根据其学习偏好,从而传送符合其学习偏好的学习资源,当然视频资源和主资源(其他类型的资源)在学习意义上是等值的。如果网络教育环境中存在着易访问性问题,假设一学习者使用 Lynx 浏览器(文本浏览器)浏览网页,进行学习时,他(她)就不能"看"到原网页中的图片表达的含义,可能因为该网页中的图片没有替代的文本。

构建无障碍网络教育环境的理论基础

数字鸿沟(digital divide)有两种：一种是由于经济能力在全球数字化进程中由于经济的不平衡所导致的不同国家、地区、行业、企业、人群之间对信息、网络技术应用程度的不同以及创新能力的差别，从而造成的"信息落差"、"知识分隔"和"贫富分化问题"[16]。还有一种是由于网络环境的设计导致部分人群不能访问相关资源或者访问过程中产生了障碍，称之为二次数字鸿沟（2nd digital divide)[17]。因此，无障碍网络环境的构建是消除二次数字鸿沟的唯一途径，而无障碍网络教育环境的构建是消除二次数字鸿沟的重要举措，也是建立未来和谐网络教育环境的基石。

本章主要介绍与无障碍网络教育环境构建相关理念和支撑理论，目的是为了从不同的角度阐述构建无障碍网络教育环境的必要性和必然性，并系统地探究无障碍网络教育环境构建之理论基础。首先，从影响深远的先进教育理念出发，探究无障碍网络教育环境的构建与全民教育、终身教育、学习型社会、全纳教育、多元智能等先进教育理念之间的关系，从多维度说明在 21 世纪的信息社会中，无障碍网络教育环境的构建的必要性；然后，从当前我国提倡的"以人为本、构建和谐社会"理念出发，探究了无障碍网络教育环境的建设是构建和谐社会的重要组成部分，即无障碍网络教育环境的构建是社会发展的必然趋势；最后，从与无障碍网络教育环境的构建密切相关的学科理论出发，探究无障碍网络教育环境构建的理论支撑基础。

第一节　无障碍网络教育环境构建与先进教育理论的关系

　　无障碍网络教育环境的构建并不仅仅是技术性应用方面的问题,而且还涉及相关理论支撑的问题,也即构建无障碍网络教育环境需要相应的理论为基础和指导。而正是因为无障碍网络教育环境的构建和各种教育理念之间也存在着千丝万缕的联系。本节主要论述无障碍网络教育环境构建与先进教育理论之间的关系。

一、无障碍网络教育环境与全民教育的关系

　　全民教育理论作为先进的教育理论之一,自被国际社会正式提出后,已经为越来越多的国家所接受,并逐渐发展成熟,成为很多国家制定相关教育法律的依据。其目标正如《世界全民教育宣言》指出的:全民教育"就是满足全民的基本教育要求,即向人民提供知识、技术、价值观和人生观,以满足他们能自尊地生活,不断学习,改善自己的生活并为国家发展作出贡献的要求。"这一目标不仅主导了当前国际教育改革和努力的方向,也代表了未来教育发展和进步的趋势,是世界教育最宏大的目标之一。

（一）全民教育理论的提出及发展

　　1990 年 3 月,由联合国教科文组织、联合国儿童基金会、联合国开发计划署和世界银行共同发起并在泰国召开了"世界全民教育大会"。会上正式提出了全民教育理论。全民教育理论提出后得到了国际社会的响应,在他们的努力下,全民教育理论得到了发展。1990 年 9 月,在召开的"世界儿童问题首脑会议"上,制定了儿童生存、保护与发展的行动计划,并在这个计划中规定了到 2000 年的应该达到下面的基础教育目标:
　　(1) 普及基础教育,使至少 80％的学龄儿童完成初等教育。
　　(2) 把 1990 年的成人文盲数减少一半,特别是重视妇女的扫盲工作。

（二）全民教育理论的主要内容

　　全民教育理论的主要内容包括全民教育的目的,全民教育的视野和责任,以及实现全民教育的要求。

1. 全民教育的目的

　　在《世界全民教育宣言》中指出:全民教育的目的是满足基本学习需要。使"每一个人,儿童、青年和成人,都应能够受益于旨在满足他们的基本学习需要的教育机会。这些需要包括人类能够生存、发展其全部能力、有尊严地生活和工作、全面地参与发展、改善他们的生活质量、作出有知识依据的决策以及继续学习所要求掌握的基本学习工具(如读

写、口头表达、数字、解决问题等)和基本学习内容";"这些需要的满足,使得任何社会的个人能够,并且赋予他们一种责任去尊重和依赖他们共同的文化、语言和精神遗产,改善他人的教育、促进社会正义的进程,实现环境的保护,对不同于自己的社会、政治和宗教制度抱以宽容的态度,保证得到普遍接受的人道主义和人权得以维护,以及为一个相互依存的世界的国际和平与团结而工作"。教育发展的另一个同样重要的目的,是共同文化与道德价值观的传递与丰富。个人和社会正是在这些价值观念中找到了他们的认同感和价值。此外,基本教育还是终身学习和人类发展的基础。各国可以在这一基础上系统地建立更高水平和类型的教育与培训。

2. 全民教育的视野与责任

《世界全民教育宣言》认为:满足所有人的基本学习需要,不仅仅是要求重新负起对现有基本教育的责任,而是要超越当前的资源水平、结构制度、课程和常规的实施体系,并建立在目前最好的实践之上。因此,要扩展教育的视野,包括:

(1) 机会的普及与促进公正。应为所有的儿童、青年和成人提供基本教育。为此,必须扩大高质量的基本教育设施,并采取坚持不懈的措施来减少悬殊;要使基本教育做到公正,必须为所有儿童、青年和成人提供机会以达到和保持一个令人满意的学习水平;最紧迫的优先考虑的一个方面,是保证妇女、儿童有受教育的机会,提高他们的教育质量,并消除阻碍他们的积极参与的障碍,应消除教育中的任何性别成见;必须负起积极的责任以消除教育上的差异,处境不利的群体、贫穷者、流落街头和做工的儿童、农村和偏远地区的人口、流浪者和移民工人、土著居民、种族、民族及语言卜的少数人门、难民、因战争而流落异国的人以及被占领下的人民,在教育机会上不应受到任何歧视。

(2) 以学习获得为重点。扩大的教育机会是否会转变为有意义的发展。取决于作为这些机会的结果,人民是否实际学到了东西,即他们是否掌握了有用的知识、推理能力、技能和价值观念。因此,基本教育的重点,必须是实际的学习获得和结果,而不仅仅是入学率,对有组织的计划的继续参与和达到资格要求。在保证学习的获得和让学习者发挥其最大潜能方面,主动参与方式尤其有价值,因此,有必要为教育计划确定令人满意的学习获得的水平。改善和应用评价学习成绩的体系。

(3) 扩大基本教育的手段与范围。其中包括以下部分:学习始于出生,这要求儿童的早期护理和初始教育,这些可以由包括家庭、社区和适当机构计划的安排来提供;在家庭以外,儿童的基本教育的主要实施体系是初等学校教育,初等教育必须普及;青年和成人的基本学习需要具有多样性,应通过多种实施体系来满足,扫盲计划必不可少;全部现有的手段、信息与交流渠道以及社会行动都可以用来帮助传递基本知识,向人民报道社会问题和就此向他们实施教育。除了传统的手段,可以调动图书馆、电视、广播和其他媒体,发挥它们在满足全民基本学习需要方面的潜能。这些部分应构成一个整体,它们互相补充和强化,有相同的标准,并应为创造和发展终身学习的可能性作出贡献。

(4)改善学习环境。学习不能孤立地进行,因此,为了使他们能积极参与和受益于教育,社会必须保证所有学习者获得需要的营养、健康护理和一般的物质与情感支持。能够改善儿童学习环境的知识与技能应纳入为成人制定的社区学习计划。对儿童与他们的父母及其他护理者的教育是相互支持的,这一整体应用于为所有人创造一个充满生机和温暖的学习环境。

(5)每个国家、地区和地方教育当局对为全民提供基本教育负有独特的责任,但不能期望它们能满足这一任务的每一人力、财政或组织要求。有必要在所有层次上建立起新的和重新恢复合作关系。各个教育部门和教育形式之间的合作,承认教师、管理人员和其他教育人员的特殊作用;教育与其他政府部门之间的合作;政府与非政府组织、私人部门、地方社区、宗教团体与家庭之间的合作。认识到家庭与教师的关键作用尤为重要。

(三) 全民教育与无障碍网络教育环境的关系

1) 无障碍网络教育环境为全民教育理念的实现提供一个全纳的环境

在信息社会中,人口的膨胀、知识的激增和竞争的加剧,要求人们不断地进行知识的补充和更新,要求人们以灵活的方式、持续地自我更新和进步,这就要求每一个社会人在都必须不断地进行学习,每一个人在其生活场所、工作场所和学习场所接受相应的教育。这样的全民教育并不是都发生在学校场所中,而是在各种场合下均可能发生的。这就需要一个弹性的平台,能够容纳每个人都能在其中进行学习。网络教育环境可以为所有人的教育(全民教育)提供一个弹性的、便利的、个性化的学习平台。网络发明的初衷是为了资源共享、开放式的、便于沟通的,基于网络的教育活动也秉持了网络的特征。因此网络教育的平台——网络教育环境能否被所有人访问,是保证所有人享受到网络教育权利的关键,即无障碍网络教育环境是保障网络教育机会平等和实现全民教育的基石。

全民教育理念的实施需要有相应的开展平台。在过去全民教育更多的是一种理想化的教育形态,理论上的教育模式,未能有真正的平台能够承载它,实现它。网络教育的兴起,为全民教育提供了前所未有的机遇,它以丰富的学习资源、多样化的接入方式、多层次的学习内容、多媒化的教学资源等,使全民教育理念的实现成为可能。而当前网络教育环境并没有真正的容纳所有人,也即是存在着一定的障碍,这些障碍阻碍了部分人群进行网络学习。因此,网络教育的出现为全民教育理想的实现提供了可能,但可能并不一定就是必然,只有构建无障碍网络教育环境,才可能成为实现全民教育的平台,因为无障碍网络教育环境才能真正提供一个全纳的教育环境,使全民教育理念得以实施和实现的平台。

2）无障碍网络教育环境的设计理念和全民教育的目标是一致的

全民教育，即满足所有人基本学习需要的教育。1996 年在约旦首都安曼召开的"国际全民教育咨询论坛中期会议"以及在塞内加尔的达喀尔召开的"世界教育论坛"等一系列的国际性会议对全民教育内涵进行了确认：

全民教育主张教育对象全民化，教育必须向所有人开放，人人都有接受教育的权利，所有人，无论其年龄、性别、种族、语言、肤色、经济条件、社会地位、政治主张、宗教信仰如何都要接受教育。

从中可以看出，全民教育的目的是每一个人——儿童、青年和成人都应获得旨在满足其基本学习需要的受教育机会。虽然全民教育目前停留在满足公民的基本学习需要之上，但是还要能够学会认知、学会做事、学会共处和学会生存。

虽然全民教育的内涵中没有明确提及网络教育，但是网络教育发展的进程是符合全民教育的目标的。网络教育的发展过程，从电子化学习（electronic learning，E-learning），移动学习（mobile learning，M-learning）到泛在学习（ubiquitous learning，U-learning）。从中可以看出，学习的主体范围在不断地扩大，学习方式的可选性在不断地增多，纳入到网络教育中的学习主体逐渐向全民接近。因此，全民教育和网络教育的目标取向是一致的。

（1）教育对象全民化。在信息社会中，实现教育对象的全民化，除了大力发展学校教育和继续教育之外，必须辅之以网络教育的形式，通过网络教育才能实现随时随地的学习，无处不在的学习。在各种教育形式当中，只有网络教育没有硬性设置任何接入的前提，并且网络教育的门槛最低。

（2）全民教育提倡人人均能得到相应的教育，每个人都能够融入其中。在信息社会中要实现人人都接受教育，除了通过学校教育之外，还可以通过网络教育来实现。特别是在高等教育、继续教育的领域中；由于高等教育的规模受限，并不是每个人都能够接受普通高等教育。通过网络远程教育可以进行高等教育和继续教育，由于学习主体的复杂性，接入设备的多样性，因此要求网络教育环境能够适应不同学习主体、接入设备，即是这种网络教育环境是无障碍的，全纳的，自适应的，主动地推送学习信息。

（3）全民教育还要求社会教育系统面向所有的学习者开放，而无障碍网络教育环境是面向所有人开放的，它们之间是彼此促进的。人人都有接受网络教育的权利，不论其年龄、性别、种族、语言、肤色和经济条件等都有接受网络教育的机会和权利。如何实现这样广泛的包容，是任何一种学校教育模式难以做到的，也永远做不到的，而通过无障碍网络教育环境的构建，可以在最大限度上的实现，无障碍网络教育环境的接入是没有年龄、性别、种族、语言、肤色和经济条件等先决条件的，而且无障碍网络教育环境的设计和实现来保障网络教育机会均等的实现。

二、无障碍网络教育环境与终身教育、终身学习和学习化社会的关系

(一) 终身教育、终身学习和学习化社会概述

1. 终身教育

终身教育(lifelong education),是法国著名成人教育家保罗·朗格朗(P Legrand)于1965年提出来的。他认为"人格的发展是通过人的一生来完成的"、"教育,不能停止在儿童期和青年期,只要人还活着,就应该是继续的"。他还主张,教育应当"是在人类存在的所有部门进行的"、"学校教育、社会教育等由原来的各种不同的教育活动的状况、形式所形成的相互隔绝的墙壁必须加以清除"。也即是为了促进社会发展以及人格的完善,人的一生要把教育同生活紧密联系起来,社会则应把所有的教育机会与机构统一综合起来,形成一个能够随时随地向人们提供不同教育的一体化组织。

联合国教科文组织教育研究所专职研究员 R. H. 戴维对终身教育作了如下界定:

> 终身教育应该是个人或诸集团为了自身生活水准的提高,而通过每个个人的一生所经历的一种人性的、社会的、职业的过程。这是在人生的各种阶段即生活领域,以带来启发及向上为目的,并包括全部"正规的(formal)"、"非正规的(non-formal)"及"非正式的(informal)"学习在内的,一种综合和统一的理念。[44]

2. 终身学习

终身学习是由原法国总理,前联合国教科文组织国际教育委员会主席的埃德加·富尔(Edgard Faure)及其同事于20世纪70年代初提出来的。

埃德加·富尔及其同事提出:在变化急剧的当代社会,虽然一个人正在不断地接受教育,但他越来越不成为对象,而越来越成为主体了,因此教育过程的中心必须发生转移,应当"把重点放在教育与学习过程的'自学'原则上,而不是放在传统教育学的教学原则上"。也就是说,"新的教育精神是个人成为他自己文化进步的主人和创造者。自学,尤其是帮助下的自学,在任何教育体系中,都具有无可替代的价值。"因此,"每个人都必须终身不断地学习"[45]。

1994年11月在意大利罗马举行了首届世界终身学习会议,对终身学习所采纳的定义为:

> 终身学习是21世纪的生存概念……是通过一个不断地支持过程来发挥人类的潜能,它激励并使人们有权利去获得他们的终身所需要的全部知识、价值、

技能与理解,并在人和任务、情况和环境中有信心、有创造地愉快地应用它们[46]。

3. 学习化社会

学习化社会是由美国著名教育家罗伯特·哈钦斯(R M Hutchins)在 1968 年提出。之后有很多关于"学习化社会"的阐释。

英国著名承认教育与继续教育学者贾维斯(P Jarvis)认为:

学习社会曾是依附终身教育而来的一种理想。在此社会中,提供所有社会成员在一生中的任何时间,均有充分的学习机会。因此,每个人均得通过学习,充分发展自己潜能,达成自我的实现。

英国经济和社会研究委员会(United Kingdom Economic and Social Research Council, ESRC)对学习化社会界定为:

一个所有公民都获得高品质的普通教育、适当的职业训练和在工作上个人可以终身继续参与教育和训练的社会。学习化社会讲求平等,并将使每个人具有知识、理解和技巧以保证国家经济的发展。此外,学习化社会中的个人,能够从事批判性对话和行动,以提升整个社区的生活品质,维护社会的统合及经济的成功。

美国高质量教育委员会 1983 年在《国家处在危险之中,教育改革势在必行》中对学习化社会表述:

这样一种社会的第一中心要害是"要恪守始终不渝地奉行这样一种教育制度,即让每个人都有机会充分运用他们的头脑,从幼年到成年不断地学习,随着世界本身的变化而不断地学习。这种社会的基本指导思想是教育之所以重要并不仅仅因为它对人的事业目标做出贡献,而是因为它给人的生活质量增添了价值"。而另一个中心要害则是"受教育的机会远远超过了传统的学习场所——我们的小学、中学和大学。学习机会发展到家庭、工作场所、图书馆、美术馆、博物馆和科学中心,甚至发展到工作和生活中得以发展和成熟的一切场所。"

我国台湾学者胡梦鲸认为:

学习化社会将是一个以终身教育体系为基础,以学习者为中心,人人均能终身学习的理想社会。在这个社会中,学习者的基本学习权力能够得到保障,教育机会能够公平的提供,学习障碍能够合理的去除。学习化社会构建的目的,就是要提供一个理想的社会学习环境,从而促进社会和个人的全面发展。

(二) 无障碍网络教育环境与三者之间的关系

从前面终身教育、终身学习和学习化社会的介绍中可以看出,虽然终身教育、终身学习的目标的实现和学习化社会的形成有多种制约因素,但是在信息社会中,无障碍网络教育环境的构建应是它们确立和实现的重要条件之一。

1. 无障碍网络教育环境和终身教育和终身学习的理念之间的关系

在 21 世纪的信息社会中,人的教育不可能全部在学校中完成,而是在家庭、学校和社会环境中交替进行的,在现实世界(真实世界)中与网络世界(虚拟世界)中交替共同完成。因此,网络教育环境可以成为终身教育平台的重要组成部分,终身教育需要无障碍网络教育环境的构建,因为无障碍网络教育环境将在每一个人需要的时候,在任何地方任何时间里都能以最佳的方式提供其需要的知识和技能的主要环境之一。作为承载网络教育的主体——网络教育环境要能够适应这种变化,保证每个人的网络学习都能有效进行,而无障碍网络教育环境就为所有的学习者提供了终身学习的环境。在信息社会中,要实现终身教育、终身学习的目标,离不开无障碍网络教育环境的建设,同样的无障碍网络环境的建设又依赖于终身教育、终身学习目标的确立,是支持无障碍网络教育环境建设的动力源泉之一。

正是由于无障碍网络教育环境能够为所有人提供了一个全纳的教育环境,而且在这个无障碍网络教育环境当中,每个学习者都是学习的主体,学习也是自主学习,为学习者的成长和发展提供终身教育和终身学习的平台。因此,无障碍网络教育环境与终身教育、终身学习目标在教育价值取向上有着内在的一致。

2. 网络教育环境为学习化社会的形成提供无障碍的学习环境

学习化社会坚持以学习者为中心,为满足学习者的学习需要,提供其学习环境和学习资源,从而改变了传统的以学校、教师、教材为中心的模式,见图 3-1(a)。在传统的以学校、教师、教材为中心的模式中,其学习环境多为学校实体的环境,对于一些学习者来说可能就很难进入其中,如已经工作的员工、身体残疾;其教学模式可能也把一些学习者拒之于门外,学校教育是一个系统的学习进程,而有很多人仅仅是为了获取某一学科或某一领域的知识,而不需系统的学习;其教学材料可能也使部分学习者望而却步,如视觉障碍者、听力障碍者就很难进入学校教育情景中。

无障碍网络教育环境可以弥补或修正学校教育体制存在的缺点,它对学习者的学习地点、学习时间没有具体的限制,也即在学习的时空上是自由的;它对学习者的身心状况的要求也是最低的,即只要有学习的需求,就可以满足;它对学习者的学习系统性也不做严格要求,即学习者可以自由的选择学习内容,甚至只学习某一个章节的内容,而不必系统地学习整个课程内容。

学习化社会必须能够提供学习者自由学习的情境,而且为每个学习者提供相应的学习

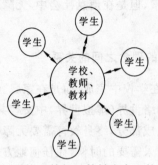

（a）以学校、教师、教材为中心的模式　　　（b）以学习者为中心的网络教育模式

图 3-1　两种教学模式的比较图

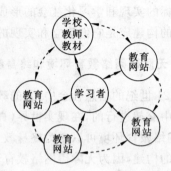

服务。因此,学习化社会和网络教育的教育理念是一致的,即以学习者为中心的网络教育模式。网络教育的灵活性、多样性、广泛性、全面性、开放性既为所有学习者提供了个性化的发展空间,也推动了学习化社会的形成。在无障碍网络教育环境中能够满足所有学习者的学习需求,当然也包括像患有残疾的学习者、老年学习者、网络学习的新手及持不同网络设备的学习者。因此无障碍网络教育环境也是学习型社会形成的必不可少的因素之一。

三、无障碍网络教育环境与全纳教育的关系

全纳教育(inclusive education)并不是新的一种教育模式,而是一种教育理念或教育思潮。起源于 20 世纪 90 年代。1994 年,联合国教科文组织在西班牙举行了"世界特殊学要与教育大会:入学和质量"(World Conference on Special Needs Education:Access and Quality),首次提出了全纳教育的概念,并指出全纳教育就是要"让学校为全体儿童服务" 现从中摘撷几个片断[47]:

（1）每个人都有其特点、兴趣、能力和学习需要,因此,要真正实现受教育权利,教育体制的设计以及教育项目的执行都应该考虑儿童各自不同的特点和需要。[48]

（2）学校应该接纳所有的儿童,不应该由于身体、智力、社交、情绪、语言或其他身体状况的问题把某部分的儿童拒于教育的门外;无论是残疾儿童或者是天才儿童、流浪儿童、边远地区的游牧民族儿童、少数民族儿童,或是来自其他弱势群体的儿童,都应该得到受教育的机会。[48]

（3）接受并满足学生不同的需要,既要采纳不同的学习方式和教学进度,也要通过恰当的课程设计、系统的安排、合理利用教学策略和资源,并与社区合作,保证全体学生都能得到高质量的教育。[48]

（4）克服歧视态度的最有效办法，是让普通学校逐步全纳化，营造一个宽容的社会氛围，建设一个全纳的社会环境，逐步实现全民教育；进而向多数儿童提供有效的教育，提高功效，最终改善整个教育体制的投入效率[48]。

全纳教育虽然提出了十几年，但至今仍没有一个统一的概念，有很多学者从不同的角度给出界定[49]：

澳大利亚学者贝利（Bailey）认为：全纳教育指的是残疾学生和其他学生一起在普通学校中，在同样的时间和同样的班机内学习同样的课程，使所有学生融合在一起，然他们感觉自己与其他学生没有差异。

英国著名全纳教育专家布思提出：全纳教育就是要加强学生参与的过程，主张促进学生参与就近地区的文化、课程和社区活动，并减少学生被排斥的过程。

英国学者汤姆林森认为：全纳教育意味着教育体系是全纳的，但学生不一定非要在一个一体化的环境内，委员会的全纳学习概念不完全与血色和能够完全纳入到主流中相一致。

我国学者黄志成对全纳教育的界定：全纳教育是这样一种持续的教育过程。即接纳所有学生，反对歧视和排斥，促进积极参与，注意集体合作，满足不同需求。

全纳教育的全新理念，得到人们的认可，但是在教育实践中难以做到真正的全纳（full inclusion），是因为现实世界中的障碍无法消除，阻碍学习者的障碍依然存在，这其中包括物理上的障碍和观念上障碍。在传统学校教育中，人们所进行的一系列的尝试，只是一种改良性的。

全纳教育提出之初，是网络教育起步的阶段，特殊教育专家并没有意识到网络教育所带来全新的教育方式和学习方式对全纳教育的影响。随着网络技术和多媒体技术的发展，网络教育大行其道，正成为实现全纳教育理念的一种现实的实践模式。

（一）全纳教育与网络教育的关系

在全纳教育领域中，全纳教育的教育理念强调尊重每一个学生个性，为他们创造全纳的教育环境，每一个学生在学习上有着其独特的特点，这其中也包含了人本主义的"以人为本"的宗旨。全纳教育工作者把满足每一个学习者的学习需求作为全纳教育的理想，特别是那些有特殊教育需要的儿童。

网络教育主要是技术条件下的一种教育形态，是在网络技术和多媒体技术在教育领域中的一种应用。其目的是要实现任何人可以在任何地方在任何时候开始学习任何内容，也即是满足所有学习者的学习需求（learning needs）。因此，从满足学习者的学习需求角度来看，网络教育和全纳教育具有很多共性，它们从不同的角度探讨如何促进所有学习者的发展。因此，我们认为在信息社会中网络教育是实现全纳教育理念的一个重要途径,也即可以在网络教育环境中可以推动全纳教育的发展。

(二) 在无障碍网络教育环境中推动全纳教育的发展

全纳教育是一个崭新的教育理念,受到人们的重视和关注,但是其理念的实施往往会遇到现实生活中的种种障碍。几十年来,全纳教育的理念的实施并不能令人乐观,很多国家根据自己实际的情况进行了实践。我国也进行了许多有效的探索,如残障儿童就近入学就读,随班跟读等措施。但是这只是解决了部分残障儿童的就学问题,还有部分残障儿童在特殊学校上学或仍在家中无法入学,另外还有大量的成人残障者,也不能获取或继续获得信息、知识,他们应该都是全纳教育的对象,而且他们的信息技术的能力也常常受到了限制和忽视。

这些残障人士(包括残障儿童和残障成人)不应该成为素质教育中的盲区,他们也是信息社会的一分子,与常人相比,更加渴望获取信息、学习知识的机会。现在和未来的社会中每个人的学习、生活和工作等与信息密切相关,让这些残障学习者能够适应信息社会的发展并能参与到信息社会中是十分必要的,也是他们获得终身学习技能的必要条件,也是形成学习型社会的必要条件。从目前来看,网络教育环境应该是创造这种机会的最佳环境,是开展全纳教育的平台。目前全纳教育的开展和试验也仅仅局限于普通学校教育中,主要形式是随班就读,这些随班就读的学生中,一般是残障程度较低,基本能够适应学校教育的教学内容、教学方法和教学节奏等,但是对于那些残障程度较严重的儿童来说,就很难适应学校教育的整体安排了,如失明的、失聪的、腿部有严重残疾的(不能行走的)等儿童。因此,从当前的现状来看,对于这些特殊儿童来说,还没有充分满足他们的特殊教育需求(special educational needs),还没有充分利用网络资源——全纳的教育资源来发挥其在全纳教育中的独特作用。而且在教育技术领域中,对于在网络教育中实施全纳教育的理念的关注相对较少。如何在网络教育环境下推动网络教育的发展?

1. 更新传统的教育观念,树立全纳教育观念

教育教学的改革,往往其核心是观念的转变。网络教育当中也是如此,虽然网络教育有着其独特的"全纳"特征,但是在当前网络教育中,很多的教育设计者仍然把网络教育纳入到普通教育体系中,在进行教学设计时,有意无意地把潜在的教学对象看成是一个(群)身心正常的学习者,这样设计出网络教学环境也就会排斥部分学习者,这部分学习者可能是由于某个(些)接收信息的通道受到限制,而很难获取相应的学习信息、资源等,很难获得教师或同伴的帮助,因而可能放弃网络学习。这样的网络教育并不是为了"所有人",所谓的五个"任何"特征也只是"水中花"而已。所以要对网络教育整个过程的参与者进行全纳教育观念的观念,即网络教育的组织者、网络教学的设计者、开发者、实施者、评价者和

管理者要学习有关全纳教育的思想,领会全纳的教育理念,在实践中贯彻全纳教育的原则,以学习者为中心的原则,真正考虑所有学习者的不同教育需求。全纳教育是一个持续的过程,所以观念的转变也是一个循序渐进的过程,不可能一蹴而就的。

2. 设计全纳的网络教育环境

在网络教育中实施全纳教育的核心在于营造一个全纳的网络教育环境,使任何人都可以从网络环境中获取其想要的信息资源、参与到各种学习活动中等,即全纳性设计(inclusive design)。全纳的网络教育环境的构建要求网络教育的设计者关注两个方面:网络教育信息的物理环境的构建和网络教育信息的内容构建。

(1)网络教育信息的物理环境的构建是指对于传送网络学习资源的物理通道多样化,充分利用网络媒体的多通道的优势传送教学内容。这就要求教学内容在通道上的冗余性,以提高网络教学信息的易访问性。所谓的易访问性是指网站的信息能够被所有的访问者同等意义上的访问,不管访问者的身心是否残障,如患有视觉残障、听觉残障、运动残障、认知障碍和神经疾病等。如何使网站内容达到易访问性的要求,具体的可对照W3C(world wide web)协会子组织 WAI(web accessibility initiative,网站易访问性推动小组)制定的《网页内容易访问性规范 1.0》及其他易访问性规范、易访问性检查要点和易访问性技术文档来进行网站设计。

(2)网络教育信息的内容构建是指网站的学习内容的逻辑性要强,学习内容组织、实施和评价要多元化。网络教育的学习内容在逻辑组织方面是否有条理、是否具有可读性、可用性。如果信息组织的有条理,就会增加学习者学习的效果,使信息的可读性增强,提高信息的可用性。相反,信息组织零乱,既降低了易访问性,又增加了学习者的认知负荷,如学习内容的导航混乱,就会降低该网页的易访问性。网络教育的学习内容组织多元化是指网络教育不能把普通教育内容的一套体系搬到网络教育中,这样也不利于全纳教育的开展。教育内容的多元化是为了满足不同学习者的不同教育需求,向学习者提供个别化学习空间,全纳教育追求教育的多元化,表现在学习内容上、教学方法上、教学评价上和教学互动模式等方面的多元化。

四、无障碍网络教育环境与多元智能理论的关系

美国哈佛大学教授加德纳博士于 1983 年提出了一种全新的人类智能结构理论——多元智能(multiple intelligence, MI)理论。MI 概念的提出引起了各国教育工作者的极大关注,对教育教学的改革实践产生了深远的影响。所谓的多元智能理论是一种全新的人类智能结构的理论。加德纳反驳了传统的智力观点——"人的智力不是以语言能力和数理逻辑能力为核心的,以整合的方式存在的一种能力"。他认为"智力不是一种能力,而

是一组能力,而且智力不是以整合的方式存在,而是以相互独立的方式而存在"。加德纳证明了人类思维方式和认识的方式是多元的,即存在多元智能:言语语言智能、数理逻辑智能、空间视觉智能、音乐听觉智能、身体运动智能、人际沟通智能、自我认识智能和自然观察智能,见图 3-2。

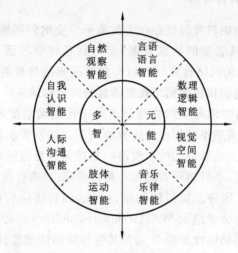

图 3-2　多元智能简图

(一) 多元智能对于个性化学习环境的设计要求

基于多元智能个性化学习的环境本质上是一种以学习者为中心的学习环境,它是通过提供互动的、可选择的、多向的、鼓励的学习活动以满足不同智能倾向的学习者的兴趣和学习需求。在当前传统的学校教育环境中,设计基于多元智能的个性化学习环境有着一定的障碍,班级群体的传统授课的环境与基于多元智能的个性化学习环境之间有待于进一步的探索协调的方式。

在网络教育环境的构建中,完全可以做到基于网络教育环境的学习与基于多元智能的个性化学习环境的融合和一致。可以根据学习者的不同的学习需求提供不同的呈现形式的学习材料,如对于有直观学习倾向的学习者,就可以通过多提供图形、图像、视频方面的资料来激发他们的学习兴趣,这同时对于盲人学习者也可以从中获益。再如,在网络教育环境中可以提供多种交流方式,如 BBS、模拟游戏、虚拟社区、聊天室、语音聊天、视频聊天、E-mail 等,让学习者相互之间进行多种形式的交流,以促进他们人际沟通能力的发展,多样化的沟通手段也为各种残障的学习者提供了选择的余地。

（二）多元智能的学生观

多元智能理论倡导的学生观是一种积极的、平等的学生观。

- 每个学生都或多或少具有 8 种智力，只是其组合的方式和发挥的程度不同。
- 每个学生都有各自的优势智力领域，人人都拥有一片希望的蓝天。
- 每个学生都具有自己的智力特点、学习风格类型和发展特点。
- 学校里不存在差生。学生的问题不是聪明与否的问题，而是究竟在哪些方面聪明和怎样聪明的问题。

多元智能理论说明了每个学习者都有其独特的能力倾向、学习倾向，学习优势领域。要求教育者在进行教育教学活动时，在选择教育媒体、教育内容、教育方法，进行教学活动设计时，要充分考虑到学习者的多样性，正是这种多样性为教育教学提供丰富多彩的形式。

（三）在网络教育中多元智能与无障碍网络教育环境建设之间的关系

多元智能理论说明了不同的学习者有不同能力倾向、不同的学习倾向以及对不同学习资源的有着不同的偏好。同样地，也说明了残障学习者虽然失去某种智能发展条件，但是可以通过其他学习方式获得其余智能的发展。因此，我们在网络教育环境的设计过程中，对于某一学习资源应当尽量提供多种格式（如文本、音频、视频、动画），便于不同学习倾向和喜好的学习者选择，同时也有利于残障学习者的选择和学习；对于有的学习内容可以提供多种学习途径以适合不同能力水平的学习者。网络教育环境中的资源的设计，由于它的对象是各类学习者，根据学习者的不同学习倾向安排学习内容和各种辅助学习的资源等。网络学习环境面向对象的不确定性（潜在的不同类型的个体），要求无障碍网络教育环境的设计还应该从教育教学的角度加以研究，使学习内容、学习方法、学习进度、学习支助等能够具有适应性（adaptability），使不同类型的学习者都能通过网络学习获得知识和帮助。

1) 在教学媒体应用上应该能考虑到不同学习者的学习需要

这就要求网络教育内容的组织者在组织教学材料时，能够考虑不同学习能力倾向和具有不同的感官能力，尽量让所有学习者能够获取等值的学习内容见图 3-3。图中的主学习资源是指作为教学内容的主体部分，它可以作为满足普通学习者的学习需求，对于图中的复制（学习）资源可以作为主学习资源的替代形式，以满足有特殊教育需求的学习者的需要。如某一段课文在使用文本呈现的同时，可以添加相应的音频资料作为辅助资源，一方面满足视力残疾的学习者访问，另一方面身心正常的学习者也可以选择使用；再如对于学习内容中的一些图片，内容简单的图片添加 Alt 文本加以说明，内容复杂的图片可以添加 Longdesc 链接加以详述。

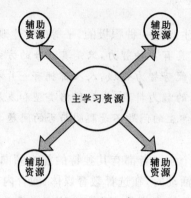

图 3-3　网络教育中主学习资源和辅助学习资源关系图[27]

2) 在教学进度上应该能满足不同学习水平学习者的要求

　　网络教育的最大特色是适合开展个别化学习,它适合不同层次、不同水平的学习者进行学习。现在大多数的网络课程的学习路径是一样的,只不过提供超链接给学习者选择学习的起点和跳转,没有根据他们真正的水平设计相应的学习路径以通达同一学习目标。因此,要让每一个学习者在适合自己学习水平网页中访问和学习,就必须对学习内容进行多层次、不同步骤、不同流程的设计,以满足不同学习层次的学习者学习,图 3-4 所示就是一种适应不同学习水平层次的学习者学习的网络课程示意图。

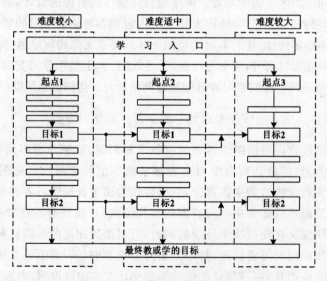

图 3-4　适合于不同水平的学习者的学习途径示意图

在图 3-4 中,学习者的学习途径主要有三种方式,即难度较小的路径、难度适中的路径、难度较大的路径。这三种方式并不是彼此独立,互不联系的,而是可以相互迁移的,如在难度较小的路径中达到目标 1 时,学习者想进入到难度适中的路径中学习,就可以通过超级链接进入难度适中的路径中学习,同样地,他(她)也可以进入难度较大的路径中学习。这里网络学习的路径的选择始终是灵活的,从一开始的路径的选择到学习中途的路径选择都是自由的。不同路径的学习并不代表学习者之间的学习结果不同,他们的学习起点相同,他们要达到的学习目标也是一致的,只不过学习路径的不同而异。

■ 第二节　无障碍网络教育环境与和谐社会的构建理论的关系

和谐社会的重要基石是公平,公平的体现在社会的方方面面,其中教育公平和信息平等访问等是其重要组成部分。无障碍网络教育环境恰好涉及教育公平和信息平等访问的两个方面:一方面教育要能够面向所有学习者;另一方面网络环境中的信息对于所有用户均能平等的访问。本节试从和谐社会构建的角度,探讨无障碍网络教育环境的构建与和谐社会构建之间的关系,从而说明无障碍网络教育环境构建的必要性和紧迫性。

一、构建和谐社会理论概述

1. 构建和谐社会的提出

社会和谐是我们党和国家不懈奋斗的目标。新中国成立后,我们党为促进社会和谐进行了艰辛探索,积累了正反两方面经验,取得了重要进展。党的十一届三中全会以后,我们党坚定不移地推进改革开放和现代化建设,积极推动经济发展和社会全面进步,为促进社会和谐进行了不懈努力。党的十六大以来,我们党对社会和谐的认识不断深化,明确了构建社会主义和谐社会在中国特色社会主义事业总体布局中的地位,作出一系列决策部署,推动和谐社会建设取得新的成效。经过长期努力,我们拥有了构建社会主义和谐社会的各种有利条件。

中国共产党的十六届六中全会,审议通过了《中共中央关于构建社会主义和谐社会若干重大问题的决定》,全会公报提出:"任何社会都不可能没有矛盾,人类社会总是在矛盾运动中发展进步的。构建社会主义和谐社会是一个不断化解社会矛盾的持续过程。我们要始终保持清醒头脑,居安思危,深刻认识我国发展的阶段性特征,科学分析影响社会和谐的矛盾和问题及其产生的原因,更加积极主动地正视矛盾、化解矛盾,最大限度地增加和谐因素,最大限度地减少不和谐因素,不断促进社会和谐。""构建社会主义和谐社会,关键在党。必须充分发挥党的领导核心作用,坚持立党为公、执政为民,以党的执政能力建设和先进性建设推动社会主义和谐社会建设,为构建社会主义和谐社会提供坚强有力的政治保证。"六中全会公报提出:"社会公平正义是社会和谐的基本条件,制度是社会公平正义的根本保证,必须加紧建设对保障社会公平正义具有重大作用的制度。"……至此,和谐社会的理论已渐趋成熟。

2. 构建和谐社会的主要内容

和谐社会,追求的是公平和正义,以人为本,和谐发展。

和谐社会的理论对于我国当前社会的改革和发展具有重大意义:

首先,和谐社会的建设是对我国传统文化中和谐价值观的继承和发展;其次,和谐社会的建设上解决我国当前社会差距日益扩大的重要举措;最后,和谐社会的建设是全体人民共享改革和发展成果的制度保障,只有通过和谐社会的建设,才能建立起科学、合理分配社会资源的制度体系[50]。

党的十六届六中全会公报关于"加强制度建设,保障社会公平正义"中与教育和公平相关的内容有:

(1) 坚持教育优先发展,促进教育公平。全面贯彻党的教育方针,大力实施科教兴国战略和人才强国战略,全面实施素质教育,深化教育改革,提高教育质量,建设现代国民教育体系和终身教育体系,保障人民享有接受良好教育的机会。

(2) 坚持公共教育资源向农村、中西部地区、贫困地区、边疆地区、民族地区倾斜,逐步缩小城乡、区域教育发展差距,推动公共教育协调发展。

(3) 加快发展城乡职业教育和培训网络,努力使劳动者人人有知识、个个有技能。保持高等院校招生合理增长,注重增强学生的实践能力、创造能力和就业能力、创业能力。

(4) 提高师资特别是农村师资水平。改进学校思想政治工作和管理工作,提高师生思想道德素质。引导民办教育健康发展。积极发展继续教育,努力建设学习型社会。

(5) 适应人口老龄化、城镇化、就业方式多样化,逐步建立社会保险、社会救助、社会福利、慈善事业相衔接的覆盖城乡居民的社会保障体系。

(6) 发展以扶老、助残、救孤、济困为重点的社会福利。发扬人道主义精神,发展残疾人事业,保障残疾人合法权益。发展老龄事业,开展多种形式的老龄服务。

二、无障碍网络教育环境是构建和谐社会的重要组成部分[51]

1. 无障碍网络教育环境是坚持以人为本、全面建设和谐社会的重要内容

在我国,现阶段构建和谐社会的一个重要内容就是推进社会公平,建立一套全社会能够认同和接受的社会公平和公正的准则,在这个准则下,各个群体和阶层能够和谐相处。我国有8000多万残障人士,他们构成了我国和谐社会的一个重要群体。残疾人工作是一项重要的社会工作,残疾人事业是社会主义事业的有机组成部分。努力发展残疾人

事业,帮助广大残疾人尽快融入社会主义和谐大家庭中,是社会文明进步的一个标志。提高残疾人适应和参与社会的能力,改善残疾人的生存状况和发展环境,让残疾人和健全人一起享受改革开放带来的物质、文化成果和全国人民共同进入小康社会,是构建和谐社会的必然要求。

信息技术的运用,为残障人群打开了平等参与的大门,极大地拉近了他们与外界的距离,为他们全面融入主流社会创造了有利的条件,从这个意义上说,残障人群能否掌握和利用信息技术和网络技术,是事关社会和谐与发展的大问题。而"信息无障碍"事业的推动,构建无障碍网络环境,能够使任何人(无论健全人还是残疾人,无论年轻人还是老年人)在任何情况下都能平等地、方便地、无障碍地获取信息、利用信息,可以弥补残疾人、老年人等身体上的不便、超越空间上的限制,极大地帮助残障人士与社会沟通和交流。这不仅体现了国家社会对残障人群的人文关怀,同时对于共同营造更加融洽的社会氛围,全面建设和谐社会具有更加重要的现实和长远意义。

2. 无障碍网络环境的构建是我国信息化建设发展的必然要求

科学技术的突飞猛进,引起了经济和社会的重大变化,信息化建设在我国现代化进程中被赋予了历史性重任,无障碍网络环境的构建是我国信息化建设发展的必然要求。

(1) 残障人群的信息素养在不断地提高,对参与网络学习和交流有着相应的要求。

残障人群的信息化事业是信息产业建设的重要组成部分,为了使残障人群能够更好地分享信息产业改革与发展的成果,就必须不断地提高残障人群的信息化水平,是我国信息化发展和实现电信强国的必然要求。

(2) 网络环境的构建必须融入无障碍理念,是信息化建设的主要内容。

除了提高残障人群的信息技能之外,另一方面,从网络环境的建设方面来看,作为网络环境的设计者、开发者和运营者要设计和开发无障碍的网络环境,能够使残障人群融入虚拟的网络世界中,从而提高他们参与社会和服务于社会的能力。

(3) 无障碍网络环境的建设也是信息产业发展的一个切入点。

庞大的残障人群对于信息技能的要求,通过网络环境与外界交流、学习等活动将极大地推动相关产业的发展,如辅助科技手段的研发对于某些信息产业的发展也是一个很好的切入点,谁能率先关注残障人士这个特殊群体的信息市场,谁能率先贯彻信息无障碍的理念,谁就可能在未来信息产业中占据特殊的战略地位。

目前,在我国相关辅助科技产品的设计、开发和销售中,大都只是单兵作战,没有形成一个规模,没有形成一个产业,没有形成一个行业,很多产品还处于模仿阶段。

3. 无障碍网络环境的建设是消除信息鸿沟、弘扬现代文明的重要途径

随着信息技术日新月异的发展,整体上促进了经济社会的发展,但信息鸿沟也在随之产生并且在逐渐扩大,所谓信息鸿沟,又被称为数字鸿沟,指的是在不同的社会——经济层面上,就接触并获取信息与通信技术的机会、就在广泛的活动中使用互联网的频率而言,个体、家庭、商业组织、地区和国家之间存在的差距。简单地说,数字鸿沟就是不同主体在电信产品和服务上的差距[16]。

数字鸿沟不仅存在于国与国之间,也体现在各国国内。在获取和使用信息技术方面,城乡之间、贫富之间、男女之间、残障人士与非残障人士之间、老人儿童与青壮年之间,也有着显著差异。信息鸿沟的这一多重性阻碍着我们建立公平和充满活力的信息社会的努力。因此,努力消除城乡、地域、人群之间的信息差距和信息不平等,尤其是推进残疾人领域的信息化建设和信息无障碍建设,就成为新时期实现电信普遍服务目标的重点之一。而残疾人的信息解放和信息进步,是人类文明发展和社会进步的一个重要标志,也是我国走向世界现代文明的重要途径,鉴于此,我们认为,要弘扬现代文明,消除信息鸿沟,就要大力推进信息无障碍事业的建设,使得信息获取的机会公平,信息技术使用的手段公平,信息应用的公平,最终实现共享现代信息文明。

各类弱势群体的学习者与其他学习者一样享有社会赋予他们的各项权利,包括信息访问权。从构建和谐社会的角度出发,为所有的学习者提供无障碍的网络教育环境是对所有学习者人性的尊重,体现的一种"以学习者为本"的人文关怀理念。无障碍网络环境的建设就为那些弱势群体学习者(如残障学习者、老年学习者、非母语学习者、使用非主流网络设备的学习者、新手)提供了良好的网络学习条件,是消除二次数字鸿沟的必要条件。让人人都能从网络上进行学习,共享优质的教学资源,体现了信息时代文明。

■ 第三节 构建无障碍网络教育环境与其他学科理论的关系

一、无障碍网络教育环境与传播学理论之间的关系

(一) 传播学基本概述

传播学理论是作为教育技术学的基础理论之一,在 20 世纪 60 年代为教育技术学理论基础的形成与发展起到了积极、重要的作用,在我国电化教育和教育技术的发展历史当中,曾经发挥着十分重要的作用。由于近些年来,教育技术学的研究者们研究的重心大都集中于教育技术应用性领域,如网络教育、教学设计等,渐渐淡却了像传播学理论在教育技术领域中的基础性地位。这从目前国内外的研究取向上,便可以略见一斑,大多注重教

学理论、学习理论、系统理论的研究与应用方面，但是，无论教育技术什么研究领域，都离不开传播学的基本理论的支撑；都必须遵循传播学的基本原理。

无障碍网络教育环境的构建是属于网络教育传播的一个组成部分，它的研究应以传播学中的一些基本内容和基本原理为指导，同时也要遵循传播学的一些基本规律。

1. 传播的概念

所谓传播，即社会信息的传递或社会信息系统的运行。这是一个描述性的定义，其实传播的定义很多，但它们的实质基本一致的，也即是传播是一种社会互动行为，人们通过传播保持着相互影响、相互作用关系。传播的基本特点如下：

（1）传播是一种社会共享活动。即是一个将但个人或少数人所独有的信息化为两个人或更多人所共有的过程。共享意味着社会信息的传播具有交流、交换和扩散的性质。

（2）传播是在一定社会关系中进行的，又是一定社会关系的体现；这也就是传播（communication）和社会（community）的英文单词有着共同的词根。也就说明了传播产生于一定的社会关系，这种关系既可以是纵向的，也可以是横向的，它是社会关系的体现，传、受双方表述的内容和采用的姿态、措辞等，无不反映着各自社会角色和地位。通过传播，人们保持既有的社会关系，并建立新的社会关系。

（3）从传播的社会关系性而言，它又是一种双向的社会互动行为。即信息的传递总是在传播着和传播对象之间进行的。在传播的过程中，传播行为的发起人——传播者通常处于主动地位，但传播对象也不是单纯的被动角色，他也可以通过信息反馈来影响传播者。双向性有强弱之分。

（4）传播成立的重要前提之一，是传、受双方必须要有共同的意义空间。信息的传播要经过一个符号化和符号解读的过程。符号化即人们在进行传播之际，将自己要表达的意思转换成为语言、声音、文字或其他形式的符号，而符号节度使之信息接受者对传来的符号加以阐释、理解其意义的活动。共同的意义空间，意味着传、受双方必须对符号意义拥有共同的理解，否则传播过程本身就不成立，或传而不同，或导致误解。广义上，共同的意义空间还包括人们大体一致或接近的生活经验和文化背景。

（5）传播是一种行为，是一种过程，也是一种系统。行为、过程、系统是人们解释传播是的三个常用概念，它们从不同角度概括了传播的另一些重要属性。传播是一种行为，是把传播看作是以人为主体的活动，在此基础上考察人的传播行为与其他社会行为的关系；当把传播看成是一个过程时，是着眼于传播的动态和运行机制，考察从信源到信宿的一系列环节和因素的相互作用和相互影响关系；把传播看成是系统的时候，是把社会传播看成一个复杂的"过程性集合体"，不但考察某种具体的传播过程，而且考察各种传播过程的相互作用及其引起的总体的发展变化[52]。

2. 教育传播

教育传播是教育者按照一定的目的要求,选择合适的信息内容,通过有效的媒体通道,把知识、技能、思想、观念等传送给特定对象的一种活动,是教育者和受教育者之间的信息交流活动,它在认识教学传播现象和规律的基础上,为改善教学过程各要素的功能条件,追求教学过程的最优化提供了理论支持。

传播学理论对教育技术学理论发展的贡献——从静态的媒体论走向动态的过程论传播理论的成果被引进视听教学领域以后,使视听教学运动向一个崭新的方向发展,使人们的眼光从静态的、一维的工具手段的方面转向了动态的、多维的教学过程方面。这就从根本上改变了视听领域的实践范畴和理论框架——由仅仅重视教具、教材的使用,转为充分关注教学信息怎样从发送者(教师),经由各种渠道(媒体),传递到接受者(学生)的整个传播过程。具体地说,视听传播从如下几方面应用了传播学的观点和方法:

(1) 应用传播过程的观点,把教师、学生、教学内容、教学媒体都置于整个教学过程之中,纠正了传统视听教学理论对视听媒体进行孤立研究的错误倾向。

(2) 把传播学中信息(message)的结构、处理方式、内容引入视听传播领域,这是教育技术设计范畴中教学设计的理论基础之一。

(3) 视听传播接受了传播学中多种感官的思想,使视听媒体扩展为多种媒体,解决了视听教学"眼和耳"的局限,同时也为以后提出学习资源的概念打下基础。

(4) 反馈和控制是传播学的重要内容,教育传播过程中信息的流向是双向的、互动的。传统的视听教学只注重信息的单向传递,而不研究学生的反应,具有很大的局限性。因此,为了观测教育的效果,视听传播开始重视师生间的双向信息交流活动。

3. 网络传播的概念

随着多媒体技术和国际互联网的迅猛发展,网络媒体正在得到飞速发展。所谓网络媒体是指通过计算机网络传播信息(包括新闻、知识等信息)的文化载体。这种以数字化的方式存储、处理和传播,以比特为计量单位的电子媒体被人们称为"第四媒体"。

网络媒体的出现,极大地改变了信息传播的模式,影响着人类知识的组织、传递与获取,提高了人们获取知识、进行学习的效率。网络媒体作为一种新兴的传播媒体,具有多种与其他媒体不具有的特征:数字化、网络化、多元化、全球化、多媒体化、实时化、交互性、及时反馈等。

4. 网络教育传播的概念

网络教育传播是指在教育领域以网络为平台进行的教育传播活动。网络教育传播不同于以往的媒体传播方式,给当前的教育教学现有的教育传播理论没有很好地描述网络媒体这些新特点,也就是说,现有的教育传播理论正面临挑战和新的发展机遇。关于这方面的研究,国内外还处于起步阶段,系统深入的研究成果并不多见,研究如何把这种突出及时反馈、互动效应的网络媒体用于教育传播的理论也并不多见。教育技术迫切需要这方面理论的支持,从而能够对如何开展网络教学,如何在设计和开发网络教育环境以适应各种学习者的访问等一系列问题,做出合理的回答。

(二) 传播学与无障碍网络教育环境构建的关系

传播学理论是教育技术学基础理论之一,因此,在教育传播领域中,应当用传播学的理论指导教育传播活动。网络教育是当前教育领域研究的一个热点,由于网络教育的诸多优点,也使人们忽视了网络教育环境当中还存在很多无形的障碍,这些障碍阻碍了学习者访问相关学习内容、与他人进行交流、搜索和查询等学习活动的展开,也即是网络教育环境中存在的障碍对学习者的学习进程产生了负面的影响。如课程中的图片未能正常的打开,而且没有 Alt 文本予以相应的解释,结果学习者就很难获知图片的相关信息,导致学习中的不愉快的体验。有的失聪者不能够访问到网络课程中的音频内容,使其获得的学习信息不完整等。

从传播学的角度来看,也即是学习者在网络教育环境中学习的时候受到了外部因素(包括网络教育环境中的易访问性问题)的干扰,作为网络教育环境的设计者、开发者和管理者应该能够在网络传播的流程中尽力消除这些障碍,见图 3-5。从图中可以看出,学习者的网络学习是通过网络教育资源、网络学习导航机制和网络学习支助等来进行的,网络教育环境的设计者、开发者和管理者为学习者设计和开发各种网络教育资源、提供和设计导航机制,以及提供学习过程中的各种帮助。学习者在网络学习中可能遇到各种易访问性的问题,而网络教育环境的设计者、开发者和管理者应当及时地消除这些易访问性的问题,以防干扰学习者的学习进程。因此,传播学中的一些基本理论可以作为无障碍网络教育环境建设时的指导理论。

(1) 运用传播学的受众分析的相关原理,对网络教育对象——学习者进行分析。传播学对于受众的分析,主要包括以下几个方面的内容:受众的需要和期望、受众的理解能力、受众的接受能力、受众的所处的环境等。在网络教育中,由于潜在的学习者的不确定性,因此,要求我们尽可能从多方面因素考虑学习者的情况,如学习者的访问动机、学习者的认知能力、学习者的感觉通道的接受能力、学习者访问网络环境时所处的环境等。如果网络教育环境的设计和开发的定位就是身心正常的,拥有主流网络设备和拥有较高计算机技能水平的学习者,那么这就排斥了很多的学习者,如残障学习者、拥有非主流网络设备的学习者、网络新手等。

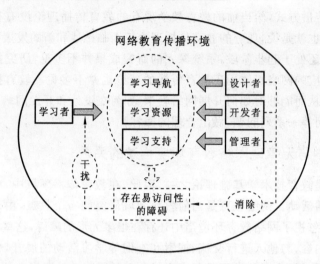

图 3-5　网络教育传播过程中各要素与易访问性障碍之间的关系示意图

通过对学习者的分析,可以极大地考虑到各种学习者的网络学习需求和偏好,通过对网络教育资源的组织,导航机制的安排等措施,尽量减少学习者可能在网络学习过程中遇到的障碍。

(2)运用传播效果理论来指导网络教育传播的传播方式。传播学中对于传播效果的研究表明,传播效果取决于传播主体、传播技巧、传播对象等几个方面的因素。在网络教育传播中,作为网络教育的传播者,他们对教育信息的采集、筛选、加工,以及网络教育传播者的态度和权威性等对传播效果的影响很大;在网络教育传播中,网络教育资源的设计者、开发者在传播手段和传播技巧的选择上,对学习者的影响很大,这就要求网络教育资源的选择应尽可能考虑不同学习者的学习偏好和学习需求。

二、无障碍网络教育环境与人本主义学习理论之间的关系

人本主义形成于 20 世纪 60 年代,它强调人的自主性、整体性和独特性,认为学习是个人自主发起的、使个人整体投入其中并产生全面变化的活动,学生内在的思维和情感活动极为重要;个人对学习的投入涉及认知方面,还涉及情感、行为和个性等方面;学习不只是对认知领域产生影响,而且对行为、态度和情感等多方面发生作用。在教学方法上,主张以学生为中心,放手让学生自我选择、自我发现。人本主义学习理论强调人的潜能、个性与创造性的发展,强调自我实现、自我选择和健康人格作为追求的目标。

人本主义心理学其创始人为马斯洛和罗杰斯。罗杰斯(C R Rogers)是美国著名心理学家,当代美国人本主义心理学的主要代表人物之一。人本主义心理学(Humanistic

Psychology)是 20 世纪 60 年代在美国兴起的一个心理学流派。罗杰斯认为,人类有机体有一种自我——主动学习的天然倾向。人天生就有好奇心、寻求知识、真理和智慧以及探索秘密的欲望。学习过程就是求知或学习的潜能自主发挥的过程。罗杰斯认为当学习者对所学的内容感兴趣或者看出它与自己的目的有关时,学习的时间可以缩短 2/3 或 4/5。而且所学的东西保持效果好,有利于发展自我。他还指出,如果在教学中让学生自主地选择和确定学习的方向和目标,自己提出问题,自己发现和选择学习材料,并亲身体验到学习的结果,这将收到最好的学习效果。

(一) 人本主义学习理论研究的主要内容

人本主义心理学对于教育领域中的学习研究和看法,显示出与众不同的异彩,让人耳目一新。与传统的注重研究学习的性质、动机和学习后的迁移、保持等内容的学习理论不同,人本主义的学习理论并不认为上述内容是值得研究的,因为在它看来,进行上述内容研究的学习理论都是站在第三者的位置上的。而人本主义学习理论的一个根本看法是认为学习理论应是从学习者本身立场和意义出发,而不是以任何观察者的立场来描述学习的。也就是说只有对个人有意义的学习材料进行学习,学习才是真正的学习,而一切与学习者个人意义无关的学习,只相当于艾宾浩斯实验中的对无意义音节的背诵[53]。

人本主义学习理论的主要观点有:

(1) 人本主义学习理论认为学习是一个情感与认知相结合的整个精神世界的活动。人本主义学习理论对教育的一个主要认识就是:在教育、教学过程中,在学生的学习过程中,情感和认知是学习者精神世界的不可分割部分,是彼此融合在一起的。学习不能脱离儿童的情绪感受而孤立地进行。

(2) 人本主义学习理论认为学习过程是学生的一种自我发展、自我重视,是一种生命的活动,而不是为了生存的一种方式。

人本主义心理学强调学生的自主学习地位,以及学习中的情感因素和个人的自我价值与自我实现,特别强调以发展创造力为核心,让学生在民主、自由、平等、宽容的环境中去获取知识,发展创造力,以满足个体和社会的需求,充分地发展与实现个性化学习,这正好弥补了建构主义理论的不足。

(二) 人本主义学习理论与无障碍网络教育环境构建的关系

网络教育环境不仅为学生再现或模拟了真实的情境,提供了大量前沿的、即时的、综合的学习资源,而且构建了人机、师生、生生交互的立体协作环境,使网络不仅具有"教学工具"特征,更成为学生情感体验、自主学习、师生共同探讨的认知工具与学习资源。学生可以以教材为基本内容,独立地或合作地拓展运用网络信息,根据自身需要,对各种信息自由地进行检索、选优、分析、运用和评价。这样,不仅满足了不同层次学生的需要,更重要的是学生可以在这种立体的交互式的学习环境中得以自主地参与探究知识的形成、发展过程,学到了科学处理信息的方式,真正学会学习。

从前面的讨论可知,网络教育是一种以学习者为中心的教育模式,网络教育环境的构建也应该是以学习者为中心。网络教育的对象——学习者是多种多样的,因此,在网络教育环境的设计和开发中,应当考虑到不同的学习者的不同需求,尽最大努力设计无障碍网络教育环境以最大限度的容纳所有的学习者,让他们每一个人都能在无障碍的网络教育环境中获得愉快的网络学习体验,使每一个学习者都能从网络教育中获得知识、自我完善和自我发展。

三、无障碍网络教育环境与信息伦理学之间的关系

信息伦理学是信息科学和伦理学等相关学科交叉形成的一个新的研究领域。其主要研究对象是社会信息生产、组织、传播与利用等信息活动中的伦理要求与伦理规范,以及在此基础上新城的新型伦理关系[54]。罗格森和贝奈姆把信息伦理学分为广义和狭义两种,狭义的信息伦理学称为信息技术伦理学(information Ethics, IT Ethics, information and communication technology Ethics, ICT Ethics);广义的信息伦理学则包括更加广泛的意义,主要是探究与信息相关的所有方面的伦理问题,而不仅仅局限于信息技术的范围。

(一) 信息伦理学的研究内容

美国的管理信息科学专家曼森(R O Mason)提出信息伦理学有 4 个主要伦理议题:

(1) 隐私权(privacy):指个人拥有隐私之权利及防止侵犯别人的隐私。

(2) 信息准确性(accuracy):指人们享有获得准确信息的权利即确保信息提供者有义务提供准确的信息。

(3) 信息产权(property):指信息生产者享有对自己所生产和开发的信息产品和服务的产权。

(4) 信息资源的易访问性(accessibility)或信息资源的无障碍:指人们享有平等地访问或获取所应该获取的信息的权利,包括对信息技术、信息设备及信息本身的获取。

曼森所提出的 4 个议题又通常被称作 PAPA 理论[55]。可以从其提出的四大议题中看出,其中两大议题是和信息无障碍联系在一起的,即信息的准确性和信息资源的易访问性。

在信息时代,信息访问权(access to information)已经被认为是人们的基本权利之一。在第三届中国信息无障碍论坛会议上,国务院扶贫办公室信息中心副主任任铁民做主题

发言时指出：信息无障碍（information accessibility）是残障人士、贫困人口等弱势群体的基本发展权[56]。

对于信息无障碍的现状和前景，存在着截然不同的两种观点。

乐观主义者认为，随着以多媒体技术和网络技术为核心的 Internet 普及和发展，人们有理由相信公众将获得平等地访问信息的机会，共享社会发展和进步的文明成果；然而悲观主义者认为网络技术的发展和应用加大了信息富有者（haves）与信息贫穷者（havenots）的分野，以及发达国家和发展中国家之间的信息差距将进一步的扩大，也即是人们所说的数字鸿沟。我们认为，这两种观点都有其正确的一面，但也有其极端的地方，一方面，由于一些人群由于身心残障、语言的不同、计算机技能水平较低或持有非主流网络设备，他们在访问网络时，还存在着种种的障碍；当然应该看到随着多媒体技术和网络技术的发展，以及人们渐渐认识到数字鸿沟的存在，逐渐在不断的完善和发展无障碍网络环境，使得任何人都能无障碍访问网络上的任何信息成为可能。

（二）信息伦理学和无障碍网络环境构建的关系

信息伦理学研究的领域主要是围绕信息伦理的发生和应用领域，也即信息活动的整个过程展开的。人类信息活动的整个过程（周期）主要包括：信息生产、信息组织、信息传播与信息利用（消费）四大部分，见图 3-6。那么信息伦理也就主要发生在这四个领域当中。

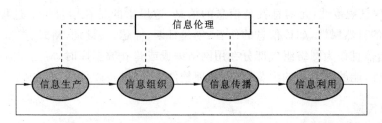

图 3-6　信息伦理发生的领域与信息活动周期的关系

1. 信息生产

信息生产指以脑力劳动为主导生产信息、信息技术及其产品的活动。在信息生产中涉及无障碍相关的伦理活动主要有：

（1）信息生产的动机：即人们从事信息生产的原因或要企图达到的动机。信息生产的动机是无障碍网络环境构建的前提，因为无障碍网络环境主要是由各种信息资源有机组合的结果，如果设计者、开发者的动机或设计、开发的目标受众当中没有考虑学习者的多样性，没有考虑学习者中可能有身心残疾的人士，则会产生易访问性问题。

（2）信息生产质量：这里主要是指信息产品、信息服务的可靠性与生产者或提供者的道德伦理等。构建网络环境的目的是为了向访问者提供相应的信息产品或信息服务，并从中获取利益。因此，作为信息产品和信息服务的提供者应该遵循产品和服务的相关标准，即产品和服务不能存在歧视某些消费者，也即是在构建网络环境的同时，应该考虑为所有人提供同等意义的信息产品或信息服务。

2. 信息组织

从广义上理解，信息组织（information organization）包括信息获取（acquiring）、信息处理（processing）和信息存储（storing）等几个环节。在这个环节中，与信息无障碍网络环境构建相关联的伦理因素有：

（1）信息相关的知识产权：信息生产者应该具有重视知识产权的意识。在网络信息组织和信息生产过程中，很容易发生涉及知识产权的问题，如信息作品的来源、应用、授权等。否则，很容易给访问者以该信息就是这个网络供应商的产品和服务。知识产权虽然和无障碍网络环境之间没有直接的联系，但是也有间接的联系，因为在无障碍的网络环境构建中，其提供的信息产品或服务是否规范将影响到访问者的使用。

（2）信息的准确性：就是指信息在组织过程中应确保客观准确，不能出于某种目的或营为格式、类型的变换而使其产生语义错误或大的信息损耗。这方面与无障碍网络环境构建联系密切，因为信息的准确性将直接影响到访问者访问到的信息与原信息的一致性。

（3）元信息规范性：元信息就是信息的信息，这里指的是在信息组织过程中，一方面要注意信息的自然属性，如该信息的作者、创建日期、标题、关键词、格式、类型、大小等；另一方面，是指信息作为网络组成部分在用网络编成或建立数据库时，应当注意这些信息的编码的规范性，能够被不同的浏览软件、代理软件、不同设备硬件所访问或显示。

3. 信息传播

信息传播（information communication）是指将信息管理机构经过组织的信息、信息产品或信息服务提供给用户，以满足用户的信息需求的过程。在这个环节中，与信息无障碍网络环境构建相关联的伦理因素有：

（1）信息的平等访问（获取）：信息的平等访问，就是要做到信息资源、信息产品或信息服务能够满足全社会每一个成员的信息需求，因为他们都有平等的访问信息的权利；

（2）传播的内容的多样性：信息内容的多样性，就是要求信息的内容应该尊重人们在语言上、种族上、宗教上、性别上、身心上的差异，提供丰富的内容，以满足不同差异的人们都能获取相应的信息。

4. 信息利用

信息利用（information using）使之人们通过接受信息服务，吸收和消费信息，从而改变自己的日常生活、学习和工作的过程。这是信息活动的目的和归宿。对于这个环节与无障碍网络环境构建的伦理因素很少。因为这个环节主要涉及学习者（终端）的信息行为。不过，作为网络环境的设计者、开发者可以从终端——学习者了解网络教育环境是否存在障碍。

构建无障碍网络教育环境不仅需要技术本的演进，而且更需要新的技术伦理理念，包括技术价值观、技术伦理观、技术批判与建构意识。

（1）要认识到和谐的技术价值负荷，倡导多元价值的对话与协商，基于在不同的语境中，技术优先负荷的价值有所不同，寻求学习者的利益最大化。

（2）要树立和谐的技术伦理观，扬弃人类中心主义，以人为本，尊重自然，呼唤道德，追寻美德。

（3）技术批判与建构和谐，实时意识到技术进步可能产生的异化，积极建构服务于和谐社会的技术。

四、无障碍网络教育环境与人机界面设计理论之间的关系

人机界面的含义可以从两个方面去理解，广义的人机界面是指：在人机系统模型中，人与机之间存在一个相互作用的"面"，称之为"人—机界面"，人与机器之间的信息交流和控制活动都发生在人机界面中。如工人操控机床的面板、驾驶员操控的面板等。还有人认为人机界面就是主体——人和外界进行信息交流的中介，这样人与外界任何客体进行信息交流时都存在着中介，即人机界面。

另一个方面，狭义的人机界面是指计算机系统中的人机界面（human-computer interface，HCI），又称人机接口、用户界面（user interface）等。狭义的人机界面更多的是指人与计算机系统之间的信息交流中介系统，它可以分为硬件人机界面、软件人机界面、前两者的结合。

从以上两个概念来看，本书中更多的是指后者，即存在于人与计算机系统之间，是人们与计算机之间传递、交换信息的媒介，是用户使用计算机系统的综合操作环境。从图3-7可以看出人机界面的组成情况。

（一）人机界面设计理论研究的主要内容

人机界面的设计是一门综合性、边缘性学科，涉及众多学科的内容，人机界面设计理论主要是两大学科——计算机科学和认知心理学相结合的产物，同时还涉及人机工程学、

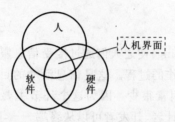

图 3-7　人机界面的组成示意图

哲学、生物学、医学、语言学、社会学、设计艺术学等。它的研究覆盖很广的领域,从硬件界面、界面所处的环境、界面对人(个人或群体)的影响到软件界面,以及人机界面开发工具。概括的分类,可分为背景、文法、设计经验与工具构成。人机界面主要包括下列主要研究分支和内容:

1）认知心理学

认知心理学主要是研究人的高级心理过程,主要是认识过程,如注意、知觉、表象、记忆、思维和语言等。从认知心理学的观点研究人机交互的原理和人机界面设计时所应遵循的人的认知规律,该领域研究包括如何通过视觉、听觉等接受和理解来自周围环境的信息的感知过程。

2）人机工程学

人机工程学是运用生理学、心理学和医学等有关科学知识,研究人、机器、环境相互间的合理关系,以保证人们安全、健康、舒适的工作,提高整个系统工效的新兴边缘科学。软件人机工程学研究软件和软件界面,侧重于运用和扩充软件工程的理论和原理,对软件人机截面进行分析、描述、设计和评估等。

3）计算机语言学

人机界面的形式定义中使用了多种类型的语言,包括自然语言、命令语言、菜单语言、填表语言或图形语言等。计算机语言学就是专门研究这些语言,以实现人机界面和人机交互活动的实现。

4）艺术设计

艺术设计主要从美的需求出发,研究人机界面以何种形式呈现,包括硬件界面和软件界面设计。艺术设计已经成为人机界面评价的重要领域,人机界面的艺术性往往给用户以美的享受,在交互活动过程中以愉悦的体验,对提高人的作业效率有着正面的影响。

5）智能人机界面

智能人机界面包括：用户模型、智能人机界面模型、智能 UIMS 专家系统、智能对话、智能网络界面、帮助和学习等内容。这方面主要涉及如何使人机界面更加智能化，以减轻用户对界面的认知负荷，密切用户与机器之间的关系，实现人机的最大协同状态——融合。

6）社会学和人类学

人机界面设计要研究人类的文化特点，审美情趣以及个人，群体的爱好偏向等。人机界面的设计核心的内容是如何使人机界面适合人类的需求。而人群的社会性、多样性、复杂性，要求人机界面的设计必须考虑到人的因素。

（二）人机界面设计思想与无障碍网络环境构建的关系

1. 人机界面的以人为本设计思想[57]

在人机操作系统中，计算机按照机器的特性去行为，人按照自己的方式去思维和行为。要把人的思维和行为转换成机器可以接受的方式，把机器的行为方式转换成人可以接受的方式，这个转换就是人机界面。使计算机在人机界面上适应人的思维特性和行动特性，这就是"以人为本"的人机界面设计思想。

20 世纪 80 年代以后，人们根据人操作计算机时的知觉特性，开始研究什么样的人机界面能减少用户记忆负担，能减少学习操作的时间，能简化操作方法。从此以后，相继出现了直接操作的图形对象、鼠标和窗口等。

在人机界面的设计中，需要两方面的知识：计算机技术知识和用户心理学知识。对人机界面设计而言，计算机技术知识是后台知识，用户心理学是前台知识。用户心理学主要包括用户的认知心理学和行为心理学。通过认知心理学中关于人脑力劳动的特性，如记忆、理解、语言交流等方面的研究，使所设计的计算机的人机界面能尽可能地减少人的认知负担。通过行为心理学研究人的行为特性，将人、机器、环境看成一个行动系统。从人的行动特性去设计计算机的操作，使计算机的操作符合人的心理特性。

在无障碍网络教育环境构建过程中，根据人机界面设计的思想和基本原则，然而，当前不论是计算机的技术知识，还是人机设计能力，还不能满足这种人机界面设计的需要，还无法真正做到使计算机的行为适应人的行为方式。因此，在考虑人机界面设计时，大多采用了折中功能的设计方法，即尽可能在设计过程的开始就兼顾功能设计和操作界面设计两方面。

2. 人机界面设计的可用性原则

对于可用性的概念,研究者们提出了多种解释。Hartson 认为可用性包含两层含义:有用性和易用性。有用性是指产品能否实现一系列的功能。易用性是指用户与界面的交互效率、易学性以及用户的满意度[58]。Hartson 的定义比较全面,但对这一概念的可操作性缺乏进一步分析。Nielsen 的定义弥补了这一缺陷[59],他认为可用性包括以下要素:

(1) 易学性:产品是否易于学习。

(2) 交互效率:即用户使用产品完成具体任务的效率。

(3) 易记性:用户搁置某产品一段时间后是否仍然记得如何操作。

(4) 出错频率和严重性:操作错误出现频率的高低? 严重程度。

(5) 用户满意度:用户对产品是否满意。

Nielsen 认为产品在每个要素上都达到很好的水平,才具有高可用性。国际标准化组织(ISO)在其 ISO FDIS 9241211 标准(Guidance on Usability,1997)中认为,可用性是指当用户在特定的环境中使用产品完成具体任务时,交互过程的有效性、交互效率和用户满意度。

人机界面的可用性设计在网络教育环境设计中有着非常重要的影响,网络教育可以认为是网络教育的运营者向学习者提供的一种特殊的产品和服务,因此网络教育环境的设计必须满足可用性设计的相关标准。人机界面设计的重要原则之一以用户为中心的原则(user centered design, UCD),同样对于网络教育环境的设计应当也以学习者为中心的原则(learner centered design, LCD)。

3. 通用设计思想与无障碍网络教育环境的构建

通用设计思想在提出之初是为了残疾人群使用相关产品、参与社会等方面的考虑。在 1998 年美国通过《辅助科技法案》(Assistive Technology Act)中对"通用设计"的概念作了明确的解释[60]:

术语"通用设计"意指设计和分发能够为最大范围内不同能力的人们所使用的产品与服务的一种观念或哲学,包括可直接使用(不必借助辅助科技)的产品与服务,以及与辅助科技并用的产品和服务。

梅斯等人概括出通用设计的七条原则,被普遍认为是反映了通用设计核心思想的原则:

(1) 使用的公平性:设计应能够适合各种不同能力的人使用;为所有使用者提供同样的使用方法,或相应的替代方法;不应把某些使用者排除在外;对使用者的隐私权、安全性、人身安全一视同仁;使设计对所有使用者都有吸引力。

　　（2）弹性的使用方法：设计应能适应不同个体的喜好与能力；提供多种使用方法的选择；适应习惯左手或右手的使用者；能帮助使用者准确而清晰的使用产品；适合不同使用者的步调。

　　（3）简单易学：无论使用者的经验、知识、语文能力及当前的注意程度如何，使用方法应该都很容易理解；减少不必要的复杂性；与使用者的期待和直觉相符合；适合多种文字语文能力；提供必要而充分的指导性信息；提供有效的反馈。

　　（4）易觉察的指导性的信息：无论周围环境或使用者的感官能力如何，使用者都能够有效地理解设计的相关信息；使用多种方式（图像、声音、触觉）提供必要信息；所提供的信息与周围环境对比明显；增加相关信息的可识别性；分步骤呈现指导性信息，以便于理解；为感觉缺失的人士提供多种辅助或技术，以协助操作。

　　（5）容错设计：设计应尽量降低意外或不注意引起的危险或负面影响；适当安排各种因素，降低危险或错误的产生；发生错误或危险时予以警示；降低误触报警机关的可能性。

　　（6）省力设计：设计使用起来应该高效、舒适且不费力。使用者能保持正常的身体姿势；运用合理的操作动力；降低重复动作；降低持续的生理耗能。

　　（7）便于使用的体积和空间：不论使用者身体、姿势或行动能力如何，设计都提供适当的体积和空间以便于使用者进入、操作或使用；对坐着或站着的使用者，都提供明确的视觉指引；对坐着或站着的使用者，都提供合适的操作高度；适合不同手部尺寸；提供足够空间以适合使用辅助科技者的需求。

　　虽然以上的通用设计原则始自建筑设计，但也适用于网络教育环境的设计和开发，如教育网站中多媒体、导航、结构等方面的设计；同时，也适用于网络教育中的教育教学内容方面的设计。如何使网络教育环境适合于不同的学习者，在网络教育环境设计和开发中应以通用设计原则为根本。从整个教育技术的研究和实践来看，教育技术的使用，不仅是用来克服在教育教学中已存在的障碍，更应该去创造没有障碍的学习环境。特殊教育的领域致力于开发辅助科技手段用来帮助身心残疾的学习者进行学习，而当前的主流教育所发展的网络学习则是针对身心正常的学习者而设计，如果能够将这两条平行线汇合到一条线上，把网页易访问性与通用设计的理念结合在一起，那么网络教育将真正实现其梦想。

五、无障碍网络教育环境与人机工程学的关系

　　人机工程学[61]是一门研究人、机、环境如何才能达到最佳匹配，使人—机—环境系统能够适合人的生理和心理特点，以保证人安全、健康、高效、舒适地进行工作和生活的学科。人机工程学是一门多学科的交叉学科，研究的核心问题是不同的作业中人、机器及环境三者间的协调，研究方法和评价手段涉及心理学、生理学、医学、人体测量学、美学和工

程技术的多个领域,研究的目的则是通过各学科知识的应用,来指导工作器具、工作方式和工作环境的设计和改造,使得作业在效率、安全、健康、舒适等几个方面的特性得以提高。

人机工程学从不同的学科、不同的领域中发源,又面向更广泛领域的研究和应用前进,这是因为人机环境问题是人类生产和生活中普遍性的问题。正是其发源学科和地域的不同,也引起了学科名称长期的多样并存,在英语中主要有:欧洲称之为 Ergonomics、美国则是 Human Engineering 等。在汉语中,则还有"人类工效学"、"人类工程学"和"人体工学"。我国一般把"人类工效学"作为这个学科的标准名称,比较起来,前者指明人类和工效的研究是学科的主要内容,但后者更能抓住问题的核心在于人机关系,也更适合学科目的的丰富内涵。

在人机工程学中,人与计算机以及网络环境之间的交互操作是重要研究领域之一。在计算机的硬件的设计、开发过程中,从人机工程学原理来研究产品的形状的设计和开发,如鼠标、键盘的各种形状的设计和开发;在软件的设计和开发中,各种窗口、菜单、按钮等各种对象的设计都必须考虑人机工程学的原理和规律,如各种软件中的颜色设置、文字大小、菜单大小等。

(一) 人机工程学发展的趋势

从人类与计算机交互方式的演变历史,从一开始利用穿孔纸带输入计算机程序,到后来面对终端机上的字符操作界面,再到个人计算机上的图形界面和多媒体,继而是网络和虚拟现实,界面的日益"友好"或者说计算机技术的日益"人性化",其实质也就是人机工程特性的不断提高。交互操作对于用户来说任务相对越来越简单,穿孔纸带输入程序,一般只有等待程序运行结束才知道计算的结果;对于字符界面的操作来说,用户必须掌握大量的运行命令,通过这些大量计算机命令才能与计算机进行交互;而对于图形用户界面来说,用户只需对图形界面熟悉和理解相关标示术语就可以了,即是一种再认加工,用户只要能够再认出各种菜单、按钮、滚动条的意义就能够与计算机交互,这样就降低了用户的认知负担,这样有利于用户工作更快、更舒适、更高效,不容易有挫折感和疲劳感,更易于自学和探究,学习到更多的能力。

人机工程学一直致力于人与技术之间的协调,分开来讲,则有技术的人性化和人的技术化两个方面。

从信息技术的发展来看,21世纪技术人性化的最大体现将在于计算机虚拟现实技术的实用化。回顾人与计算机交互方式的演变,从利用穿孔纸带输入计算程序,到面对终端机上的字符操作界面,再到个人计算机上的图形界面和多媒体,继而是网络和虚拟现实,界面的日益"友好"或者说计算机技术的日益"人性化",其实质也就是人机工程特性的不断的提高。比尔·盖茨的《未来之路》和尼葛洛庞帝的《数字化生存》都向公众介绍过虚拟现实的有关概念和前景,从人机工程学的角度来说,虚拟现实技术把人类的空间感、行走等感觉和行为功能纳入到人机交互之中,使得人与信息的交流变得更加自然和没有阻碍。

在人的技术化方面,一方面人自觉和主动地进行学习、接受训练和选拔,从而获得更大的能力;另一方面也会被动地和不自觉地接受技术的约束,和形成对技术的依赖,后者例如使用计算器后心算能力的减退,继而使用电脑记事后记忆力的减退。

英国科学家霍金曾经指出:由于人类社会和技术环境的复杂性的不断提高,使人类作为一种生物所具有的有限能力和复杂性日益难以适应,因而利用基因技术来改造和提高人类的素质将成为必然的选择。这个观点意味着人类这个认识和改造的主体,将自觉地将其所发展的技术手段应用于对自身的根本性改造,这将对人类未来的演进带来复杂和深远的影响。

(二)人机工程学的研究内容与无障碍网络教育环境构建之间的关系

人机工程学的理论和实践可以作为无障碍网络教育环境建设的基础,人机工程学的主要研究内容包括。

1)人机系统中人的特性的研究

人机系统中的人的特性是指人的生理特性和心理特性。在无障碍网络教育环境建设中,也应该考虑学习者的生理特性,如:人体的形态机能,静态及动态人体尺度,人体生物力学参数,人的信息输入、处理、输出的机制和能力,人的操作可靠性的生理因素等;同时,也要考虑到不同学习者的心理特性,如:人的心理过程与个性心理特征,人在学习时的心理状态,与学习相关的心理因素等。

2)研究人机功能合理分配

这方面的主要研究内容有:人和机各自的功能特性参数,适应能力和发挥其功能的条件,各种人机系统人机功能分配的方法等。这方面的理论在无障碍网络教育环境构建时,要求应该考虑到学习者和网络系统的各自的特点,适应能力,以及如何使得网络环境更加人性化,使得网络教育环境能够根据学习者的不同学习偏好和学习需求以发送适合于其学习的材料。

3)各种人机界面的研究

这一部分的内容涵盖在人机界面的设计内容之中,前面也已经详细论述,这里就不一一赘述。

4）作业方法与作业负荷研究

·人机工程学另一个主要研究内容如何提高人的作业效率和如何减轻作业负荷的研究。人的作业方法研究包括作业的姿势、体位、用力、作业顺序、合理的工作器具和工卡量具等的研究，目的是消除不必要的劳动消耗。

在作业负荷方面的研究主要侧重于体力负荷的测定、建模（用模拟技术建立各种作业时的生物力学模型）、分析，以确定合适的作业量、作业速率、作息安排以及研究作业疲劳及其与安全生产的关系等。

在作业方法和作业负荷方面的研究为我们无障碍网络教育环境构建过程中提供了另一方位的思考，即在构建无障碍网络教育环境时，我们应该从学习者的角度出发，如何使学习者在网络教育环境中的学习过程的学习效率得到最大的提升，同时消除学习者在学习者遇到的一些不必要的障碍，减轻学习过程中的负担，包括认知负担和体力负担。

5）人机工程学关于作业空间的分析研究

这方面的主要研究内容为保证人的高效作业所需的空间范围。包括人的最佳视区、最佳作业域等。这些方面的研究内容在无障碍网络教育环境的建设中也有极大的参考价值，即在设计中应当把最重要的教学信息和教学内容放在学习者的最佳视区之内，有关交互性操作内容、按钮的设计应安排在显著的区域内。

人机工程学的设计理念是以用户为中心的设计原则与无障碍网络教育环境构建的原则之一——以学习者为中心的设计原则是内在的一致。人机工程学的设计理念是为了使用户在人机操作环境中达到最大的绩效水平，而无障碍网络教育环境的构建是为了让学习者在其中获得最大的学习效果，以及学习效率的提升，也即是提高学习者的网络学习绩效水平。人机工程学的主要目标是使人、机、环境得到和谐的统一，而无障碍网络环境的构建是为了学习者、学习环境、学习内容达到和谐的高度一致，从而有助于实现网络教育的目标。

第四章

网络教育环境无障碍的
现状与存在的问题

基于网络的教学超过传统教学的一个优点是：任何时间、任何地点的学习。就是说，学习者不会因为受到个人时间和空间的限制而不能参加课程学习……然而，如果课程对学生来说不可访问，那么所有教师和设计者进行的设计工作和需求评估都是无效的。我们已经看到一些学生问题可能影响无障碍的访问，如计算机功能和技术能力。如果完成了适当的需求评估，这些问题通常是可见的或者至少是可检测的。还有一些教师和课程设计者一定要关心的问题是那些可能影响易访问性的更加隐蔽的因素，包括学习和身体的残障。[1]

本章主要对网络教育环境的无障碍现状进行了阐述。首先，从国际背景下，对国外的相关研究进行了梳理，并对国外网络教育环境无障碍现状进行了分析；然后，在国内的视阈内，对我国的网络教育环境的现状进行了分析，主要是通过对我国大、中、小学的学校网站主页进行了测试，对我国高效网络精品课程无障碍的调查进行了研究；最后，对网络教育环境无障碍问题进行了分析，并对产生问题的原因进行了探究。

为了研究国内外网络教育环境无障碍现状，首先必须清楚网络教育环境包括哪些部分，然后再分别研究它们的无障碍现状。

第一节 网络教育环境的分类

根据不同的分类依据,得到的分类结果也不尽相同。在对于网络教育环境的划分,一般地,有如下几类分类方法:按物理作用范围的角度进行分类;从教育传播学的角度进行分类;从教育哲学的角度进行分类;还有从提供的资源类别进行分类。

(一) 从物理作用范围的角度进行分类

就教学的物理作用范围划分,网络教学环境可分为教室网、校园网、Internet 三大类教学环境。它们之间既有区别也有联系,构成了多种层次上的教学环境。

1) 教室网教学环境

教室网是典型的局域网。在教室网环境中,主要开展计算机网络支持的课堂教学活动,师生之间的交流更多的是通过网络的相互交流。在教室网的集中环境下,学生可进行集体、个别化、小组等教学活动,教师可随时控制学生的学习活动。教学资源不丰富但是能明确的组织起来供学生课堂学习,适合同步教学。利用教室网,还能有效地实现多媒体网络教学的优势。

2) Internet 教学环境

Internet 教学环境中的信息资源非常丰富,可为全球的学习者建立一个有效的学习环境。但 Internet 的信息资源是一个比较分散和混乱的体系,人们还无法真正将各种信息很好地组织起来。而教学是一种有组织、有规划的社会活动,教学目标非常明确,教学的内容分类也非常标准。所以,目前的 Internet 和 WWW 还不适合作为教育信息系统支撑平台和环境。

3) 校园网教学环境

利用因特网技术建立的局域网络,称为 Intranet(局域网),在一个局域网中的用户能够以一致的操作方式和知识结构共享信息。目前校园网大多采用 Intranet 结构,能把学校内部的各种资源共享起来,并提供了支持管理和教学的一些专门的应用;Intranet 还提供了与 Internet 类似的通讯手段,能够提供丰富的教学环境。

4) 外联网教学环境

外联网是一种专用网络,它不等于简单地将多个 Intranet 连接起来,而是将采用相同的计算模式和信息结构的 Intranet 网络，利用分布式的计算技术（DCOM，CORBA），让各个 Intranet 之间能够进行相互操作（在一定的权限下）和共享资源。

（二）从教育传播学的角度进行分类

计算机网络是一种高效的、多功能的信息传播媒体。它提供的电子通讯工具可以支持多种传播模式。根据学习活动的参与者与其他参与者或环境之间的信息互动方式将这些学习传播方法划分为四个类型，从而形成四种类型的网上教学环境。

1）自主的传播环境

学习者主要从在线的学习资源中获取信息，基本上在不与教师或其他学习者发生交流的情况下达到学习目标。

2）一对一的传播环境

典型应用是教师与学生之间，或者学习者之间通过电子邮件这样的一对一传播方式完成学习活动。

3）一对多的传播环境

典型应用是一人通过电子公告牌或电子邮件列表等通讯工具向多人进行模拟课堂的教学过程。

4）多对多的传播环境

最具魅力同时也最具挑战的网络学习环境，其典型应用如利用电子会议系统实施的合作化学习、利用多用户空间技术实现的协同实验室等。

（三）从教育哲学的角度进行分类

我国著名教育技术专家祝智庭从教育哲学的角度对网络教育环境进行了分类。

教育哲学分类框架从两个不同维度考察网络教育环境，一是认识论维度；二是价值观维度。从认识论角度来看，存在着两种比较对立的观点：客观主义与建构主义；从价值观维度来看，同样存在着两种比较对立的观点：个体主义与集体主义。

客观主义认为世界是实在的、有结构的，而这种结构是可被认识的，因此存在着关于客观世界的可靠知识。人们思维的目的乃是去反映客观实体及其结构，由此过程产生的意义取决于现实世界的结构。由于客体的结构是相对不变的，因此知识是相对稳定的，并且存在着判别知识真伪的客观标准。教学的目的便是将这种知识正确无误地转递给学生,学生最终应从所转递的知识中获得相同的理解。教师是知识标准的掌握者,因而教师应该处于中心地位。

建构主义认为每一个人的世界都是由其自己的思维构造的,不存在谁比谁的世界更真实的问题。由于人们对于世界的经验各不相同,人们对于世界的看法也必然会各不相同。知识是个体与外部环境交互作用的结果,人们对事物的理解与个体的先前经验有关,因而对知识正误的判断只能是相对的;知识不是通过教师传授得到,而是学习者在与情景的交互作用过程中自行建构的,因而学生应处于中心地位,教师是学习的帮助者。

个体主义价值观在教育中表现为普遍采取个别化的教学计划,鼓励学生个人间的竞争。集体主义价值观在教育中表现为普遍采取集体化的教学计划,鼓励学生之间相互帮助和发扬团体精神。这两种不同价值取向的极端化在教育实践中都是有害的。过分依赖集体化教学方式会妨碍学生个性的发展,过度使用个体化教学方式会对学生的情感发展和社会技能产生不利影响。

将两个维度交叉,就得到了一个网络教育环境的二维分类模型。据此可将网络化学习分为四类:OI(客观主义、个体主义)、CI(建构主义、个体主义)、OC(客观主义、集体主义)、CC(建构主义、集体主义)。在网上教学环境系统中,教学信息资源系统成为各类应用的支持部件。实际上就形成了 OI、CI、OC、CC 四种类型的网上教学环境。

(四) 从网络教育环境所提供的主要资源进行分类

从涉及的主体来看,网络教育环境中的主体,一方面是网络教育信息、产品和服务的提供者,包括网络教育环境的设计者、开发者、运营者和教师等;另一方面是这些信息、产品和服务的消费者。学习者主要是针对要获取的知识和需要解决的问题进行学习,其他的如导航机制、支撑工具、交流工具等是辅助或增强学习者学习的效率和效果。因此,根据网络教育环境提供的资源种类的不同可以分为:

1) 基于网络的课程(web-based course)

课程是指在学校的教师指导下出现的学习者学习活动的总体,其中包含了教育目标、教学内容、教学活动乃至评价方法在内的广泛的概念。网络课程,顾名思义即是基于网络的课程。一个完整的网络课程包括两个部分:按一定教学目标、教学策略组织起来的教学内容和网络教学支撑环境[62]。

2) 数字图书馆(digital library)

数字图书馆是一个虚拟的、没有围墙的图书馆,是基于网络环境下共建共享的可扩展的知识网络系统,是超大规模的、分布式的、便于使用的、没有时空限制的、可以实现跨库无缝链接与智能检索的知识中心。数字图书馆的特征是信息资源处理数字化、信息资源呈现多媒体化、信息检索智能化、信息资源传送网络化等。数字图书馆对学习者的学的作用越来越重要。

3）教育网站

教育网站是网站的一个类别，主要用来传播教育教学信息，是教育者、学习者在访问过程中获得教育信息、相关学科知识、解决教或学中遇到的问题、交流教或学的经验等的一个平台。从广义上来说，教育网站和普通网站的界限并非是泾渭分明，区分是相对的，因为普通网站也有教育功能的体现。严格意义上的教育网站与普通网站是有区别的，主要表现在：网站的受众、网站的目标、网站的内容、网站实现的功能以及网站承担的责任等。

4）网络教学资源库

本节的网络教学资源是指在 Internet 上以各种数字化文件格式存在的、可用于学习者的学习进程中的各种信息资源。网络教学资源库主要是指以数据库为基础把各种教学资源按一定的主题、学科、标题、格式等进行集成，供教师和学习者在教或学的过程中而服务。它是网络教学的重要组成部分之一。这类的资源主要有：学科教学资源库、项目库、案例库、电子书籍（E-books）、电子期刊（E-periodicals）、网上各类数据库、虚拟软件库和新闻组等。

本章将以第四个分类方法来讨论网络教育环境无障碍的现状。

■ 第二节　国外网络教育环境的无障碍现状

国外对于网络无障碍的关注远比我国早。他们在法律法规、理论研究和实践应用中在不断地拓展无障碍理念。

在网络教育领域，网络教育环境无障碍的研究也是人们关注的热点之一。下面以几个研究来说明国外网络教育环境无障碍的现状。

一、美国艾奥瓦州(Iowa)高级中学学校网站无障碍的调查[63]

（一）调查背景

在美国，人们对残障人群的关注日趋重视，从美国制定的多部法律就可以看出，如《残障个体教育法案》（Individuals with Disabilities Act，IDEA）、《康复法案》（the Rehabilitation Act of 1973）、《美国人残疾人法案》（the Americans with Disabilities Act of 1990)等法律。这些法律要求各类公共机构能够为所有的残障人士提供同等的生活、学习和工作上的服务。同样地,这些法律也要求公立学校能够为所有的残障学习者提供一视同仁的教育服务,包括它们通过网络提供的各种形式教育服务。根据美国人口统计署的调查数字,在美国残障人数约占全美人口的1/5(美国统计残障人数包括老年人),另外,在学校教育领域中,每12个在校学生中就有一个儿童带有一定的残疾。因此,网络教育环境无障碍情况对于残障学习者进行在线学习是非常重要的。

M A David Klein 等人于2001年12月～2002年5月对整个艾奥瓦州159个高级中学学校教育网站进行了技术上的无障碍情况检测。其中,检测样本中来自于艾奥瓦州所有公立中学中,占公立学校总体的52%。

(二)调查方法

David Klein 等人的研究共评估了艾奥瓦州159个高级中学学校教育网站,评价的对象是这些中学网站的主页,其中有两个网站的主页没有获得检测结果,有效检测网站主页数是157个。采用的方法有:

(1)采用 Bobby 进行自动化的检测,它主要以万维网联盟开发的《网络内容无障碍规范》来对网页进行自动的检测。

(2)采用 WAVE 在线检测,它也是一款在线自动检测软件,它主要用来辅助 Bobby 检测的,如对网页中的表格、图片等,还能对网页中文本在屏幕阅读软件中阅读顺序进行检测,这些 Bobby 是无法完成的。

(3)人工统计。如 Alt 标签、超级链接、文本超级链接、表格、图片等数字统计。

通过这些方法综合测评这些网站的主页无障碍情况。

(三)Bobby 的调查结果

1. 第一优先权等级的检测结果

在调查结束之后,发现在157个有效测试中只有7.6%艾奥瓦州高中网站的主页通过了 Bobby 的 WCAG 的第一优先权等级(Priority 1)的检测,即只有12个网站主页。然而,在进行进一步的人工检查发现这些网站中又有3个网站主页中图片没有 Alt 文本。

Bobby 反馈信息代码如下:

1A——"为所有的图片提供替代性的文本";

1B——"为每一个的 Applet 程序提供替代性的文本";

1C——"为表单中的所有图片类型的按钮提供替代性的文本";

1J——"为所有的图像地图中的热区提供替代性的文本";

CA——"为每个框架提供一个标题"。

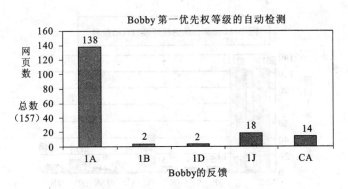

图 4-1 Bobby 第一优先权等级自动检测各类信息结果图

从图 4-1 中可以看出,最为普遍的第一优先权等级的错误就是图片没有提供 Alt 文本,以帮助使用文本浏览器或者语音浏览器把相应的文本转换成声音,或者在图片传输失败时,也能够为普通学习者提供图片的大致内容,而不至于使之学习产生中断。共有 140 个网站主页均有这样的错误,占检测样本的 89.2%。

其他的错误率依次为:未能"为所有的图像地图中的热区提供替代性的文本"占 11.5%,共 14 个网站的主页;未能"为每个框架提供一个标题"的网站主页占 8.9%。如果把 Bobby 检测到的所有替代性文本的错误给修复的话,将使这些检测样本中的学校网站主页通过 Bobby 第一优先权等级检测率提高到 91.1%。

2. 第二优先权等级的检测结果

Bobby 反馈信息代码如下:

3C——"网页中应该有 DOCTYPE 声明";

3E——"使用相对定位而不是使用绝对定位";

3F——"正确的使用巢状标题";

6F——"当使用框架时,也提供无框架部分";

7C——"避免使用 Marquee 元素创建滚动文本";

9C——"确保不需要鼠标操作也能够处理各项事情";

CF——"清晰地把表单控制和它们的标签用 LABLE 元素联系起来"

DA——"在脱离情境的时候,创建有意义的链接短语";

DD——"在链接指向不同的 URLs 的时候,不要重复使用同样的短语";

DF——"文档应该有一个标题"。

在图 4-2 中可以看出,在所有的 157 个主页中只有 1.9% 通过 Bobby 的第二优先权等级的自动检测,也即是 3 个主页通过了检测。在违反第二优先权等级的错误中,主要是

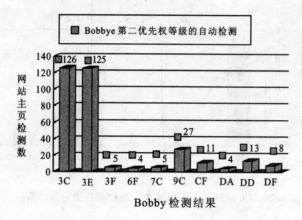

图 4-2　Bobby 第二优先权等级自动检测各类信息结果图

违反了"网页中应该有 DOCTYPE 声明"和"使用相对定位而不是使用绝对定位",分别有 126 个网页(占 80.3％)和 125 个网页(占 79.6％)。

如果网站设计者和开发者能够纠正这两个错误,那么能够通过 Bobby 第二优先权等级自动检测的网站主页数将提升到 98 个(占 62.4％)。违反第二优先权等级自动检测的位于第三的是"确保不需要鼠标操作也能够处理各项事情",27 个(占 17.2％)。

3. 第三优先权等级的检测结果

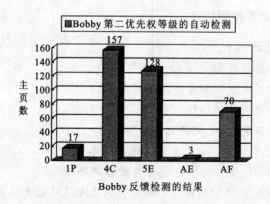

图 4-3　Bobby 第三优先权等级自动检测各类信息结果图

Bobby 反馈信息代码如下:

1P——"网页中,客户端影像地图中的超级链接必须在网页中有额外对应的超级链接";

4C——"明确网页中所使用的语言类别";

5E——"对表格应提供一个概述";

AE——"在网页文字输入区中须有默认值";

AF——"不要仅以空白间隔分开相连的超级链接"。

在 Bobby 的第三优先权等级的检测中,没有一个网页能够通过该软件的检测。在第三优先权等级的错误当中,"明确网页中所使用的语言类别"和"对表格应提供一个概述"违反的主页数最多,分别达到 157 个和 128 个,见图 4-3 所示。

(四) WAVE(web accessibility evaluation tool)检测结果

该工具的报告主要是用来检查表格的设计情况的。表格在网页中的设计用途多样,一般的,可以分为格式化排版、装载内容或者是混合使用。格式化排版主要是使用表格来固定网页中的图片、文本或其他对象的位置而使用的。在正常情况下,在网页中其单元格线条是不可见的,但是,它确实存在于网页的源代码中。装载内容主要是某些数据表格的使用。在网页中这些表格是可见的,这些表格的元数据也必须按照规范化设计,才能被各种浏览器或设备正确的显示出来。混合使用的情况也比较常见,经常看到一个图像被分割成若干个小块,用一个表格固定每一个小块,从而形成一个整体。

WAVE 检测的结果实:有近 2/3 的主页(66.7%,106 个)至少使用了一个以上的表格来排版网页;使用表格来装载内容的网页占 24.5%(39 个);混合使用表格的网页占 26.4%(42 个)。

WAVE 还能够检测这些表格是否能够被语音浏览器以正确的顺序进行阅读。在 130 个有表格的网页中,有 73.1%(95 个)的网页能够被语音浏览器"有意义的"阅读,"有意义的"阅读,即是读出来的语句能够被学习者所理解;有 16.9%(22 个)的网页被语音浏览器阅读出来之后感到"有点迷惑";有 6.9%(9 个)的网页被语音浏览器阅读出来之后难以理解。

(五) 人工检测

许多网页使用了图片却没有提供任何的 Alt 属性标签。在 150 个含有图片的网页中,有 61.3%(92 个)的网页中的图片根本没有使用 Alt 属性标签。只有 7.3%(11 个)的网页中每个图片都有 Alt 属性标签。有 31.3%(47 个)的网页中的图片使用了 Alt 属性标签,但是并不是每一个图片都有。而且有的网页中的图片即使使用了 Alt 属性标签,但是部分 Alt 属性标签没有任何意义,实质上与没有 Alt 属性标签的图片无异。

还有很多图片用于导航,但是这些图片用来导航的时候却没有相应的 Alt 属性标签。

（六）检测分析

从此次检测的结果来看，尽管美国是在信息无障碍领域走在世界的前面，但是网络教育环境的无障碍现状仍然不容乐观。但是如果从网页中的设计方面来看，很多网页（站）可以做简单的修正就可以达到 WCAG 的第一优先权等级，如给所有的图片添加 Alt 属性标签，给所有的图像按钮添加 Alt 属性标签等。

二、其他类似研究

（一）Holly Yu 对加利福尼亚社区学院的调查[64]

Holly Yu 使用的检测工具同样是 Bobby 单机软件，他检测的对象是加利福尼亚社区学院的各个部门的主页，共 108 个，检测的依据也是网络无障碍推动小组开发的《网络内容无障碍规范》1.0 版本。调查结果如表 4-1 所示。

表 4-1　Bobby 检测加利福尼亚社区学院网站的结果（总数各 108 个网页）

加利福尼亚	大学教育			图书馆			远程教育			DSP&S		
社区学院	Pass	Fail	N/A	Pass	Fail	N/A	Pass	Fail	N/A	Pass	Fail	N/A
通过或失败数	42	65	1	39	64	5	22	58	28	43	45	20
北部	8	7		7	8		1	9	5	5	7	3
Bay 地区	9	13		8	12	2	5	15	2	9	10	3
中部	8	4	1	2	10	1	3	5	5	4	6	3
南部	17	41		22	34	2	13	29	16	25	22	11
比例	38.9	60.1	1.0	36.1	59.3	4.6	20.4	53.7	25.9	39.8	41.7	18.5

其中，Pass 表示通过检测；Fail 表示未能通过；N/A 表示不可用或未能检测到，主要是指网页中嵌入了使 Bobby 无法访问的程序，从而导致检测中断；DSP&S 是指针对残疾学生的计划和服务（disabled student programs and services）。

从表中可以看出，尽管通过 Bobby 自动检测的各个部门的网页比例分别只有 38.9%（42 个）、36.1%（39 个）、20.4%（22 个）、39.8%（43 个），但是同时也说明美国在网络教育环境无障碍的层次在不断地提高。

（二）Marty Bray 等人的调查[65]

1. 检测背景

在美国，关于网络教育环境无障碍的研究很多，研究的结果大同小异，表现在网络教育环境无障碍的问题上是差不多的。下面就 Marty Bray 等人所做的中学网站无障碍的调查和研究作简要介绍，并从纵向发展上来看美国网络教育环境无障碍的发展趋势。

Marty Bray 等人的检测样本是从网络上中学网站的类别中抽取了 165 个网站首页地址进行检测。评价的工具采用了 Bobby 3.2 版本，并且评价的依据仍然是万维网联盟的子组织网络无障碍推动小组开发的《网络内容无障碍规范》1.0 版本。

2. 检测结果

在评价的 165 个网站中大约有 58％的网站至少有一个易访问性错误（accessibility error）。关于无障碍错误的分布详见表 4-2。

表 4-2　根据 Bobby 检测的违反优先权等级错误分布表

程度	无障碍错误		潜在的无障碍错误	
	平均值	标准差	平均值	标准差
第一优先权等级	0.76	0.803	6.49	2.55
第二优先权等级	1.64	1.68	12.46	3.13
第三优先权等级	1.35	0.62	11.53	2.19

其中，在第一优先权等级的自动检测中发现，主要错误有：很多中学的主页仅使用颜色来表示信息；没有为传递重要信息的图像提供更多地信息；没有为图片提供可替代性文本（Alt 属性标签）。在第二优先权等级的自动检测中发现，主要错误有：在前景色和背景色之间缺乏足够的对比度；链接没有提供相应描述性的信息等。在第三优先权等级的检测中发现网页中使用 Tab 键时，缺乏逻辑性顺序，从而使学习者切换主题时产生混乱；另外还缺少常用快捷键功能的使用。

从与前面的调查相比较，可以发现随着时间的推移，人们对于无障碍的重要性的认识，以及技术的进步和标准的推进等内外动力的推动下，中学教育网站的无障碍程度在不断的改善和提高。

三、英国的网络教育环境无障碍现状[66]

（一）调查背景

英国在 2001 年修订通过了 SENDA 法案（the Special Educational Needs and Disability Act 2001）之后，网络环境的无障碍已经通过法律的形式固定下来，要求网络环境的内容组织者或提供者必须向公众提供无障碍的访问。为了了解人们在网络环境无障碍的了解,网络无障碍的现状,Sara Dunn 等人做了一个相关的调查,并公布长达一百多页的调查报告。

调查的对象是英国远程教育和高等教育机构中的虚拟学习环境,即这些机构提供的在线学习环境的无障碍状况。调查方法是采用文献调查、在线问卷调查和访谈等。本书只对关于网络环境无障碍状况的调查进行分析。

(二) 调查结果

1. 虚拟学习环境的重要性的调查

在调查问卷中的第 12 个问题,主要是针对教育机构对无障碍的地位的认识,无障碍对于残障学习者的意义。调查结果见图 4-4。

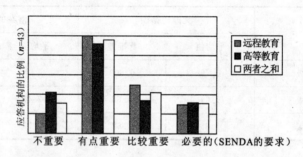

图 4-4　虚拟学习环境的无障碍的重要性认识的比例图

2. 虚拟学习环境是否进行过无障碍的评价

这是问卷调查中第 13 题和第 14 题的调查目标,调查结果见图 4-5。从图中可以看出,大部分远程教育机构和高等教育机构能够对其提供的虚拟学习环境的无障碍进行检

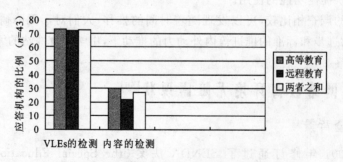

图 4-5　检测无障碍的教育机构的比例图

查,但是对于其提供的内容方面的检查却很少。内容检查,主要是针对网络教育环境所提供的信息、资源和其他内容是否适合学习者的理解和学习。

3. 虚拟学习环境中课程无障碍的问题产生的原因

虚拟学习环境种课程无障碍产生的原因如图 4-6 所示。

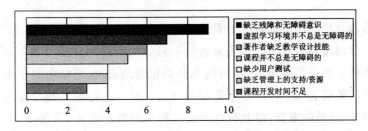

图 4-6　虚拟网络学习环境无障碍问题产生的原因($n=46$)

- 课程开发时间不足。
- 缺乏管理上的支持/资源。
- 缺少用户测试。
- 课程并不总是无障碍的。
- 著作者缺乏教学设计技能。
- 虚拟学习环境并不总是无障碍的。
- 缺乏残障和无障碍意识。

四、总结

通过对上面各例的研究可以看出,虽然都是个案研究,但是它们都具有典型性和代表性,可以清晰地看出国外在网络教育环境无障碍方面的发展进程。

首先,在无障碍问题的认识上,无论从网络教育环境的设计者、开发者和运营者都对无障碍的问题认识越来越清晰,同时作为网络教育环境的使用者——各类群体的学习者对于自己的信息平等访问权利也积极地争取并参与到无障碍网络教育环境的营建当中,更重要的是国家行政机关制定约束性非常强的相关法律作为支撑网络教育环境无障碍建设的法律基础。

其次,随着网络技术的发展,无障碍的问题在逐渐的改善,无障碍网络教育环境的质量在不断的提高,这也得益于相关网络技术标准的推出和实践应用,如 WAI 的《网络内容无障碍规范》等系列规范,IMS 的 Access For All 系列规范等。标准的建设为无障碍网络环境提供了最佳的实践范例。

最后,虽然国外在网站无障碍建设上有了很大的进步,但是随着网络技术的不断进步,新的网络设备(包括硬件和软件)不断地应用,无障碍问题并没有消除;反而在不断地变化,而且还将长期存在。

第三节 我国大、中、小学教育网站的无障碍调查

我国网络教育环境建设的状况主要体现在教育类网站的建设上面。因此我们对国内部分大、中、小学网站的主页或入口网页进行了易访问性检测。使用 Bobby 3.2 单机版,在网络连接条件下进行在线测评,网站的选择是根据 Yahoo 网站中的学校类别,分别在各省、市、自治区随机选择学校网站来进行测评的。实际进行测试的教育网站 460 个,由于有的学校域名、地址的更换,以及软件测试过程中的意外中止,只获得 436 所学校的测评结果。对于台湾地区和香港特别行政区的相关检测已经有人做过相应的检测和评估,本书这里不进行重复测试。

一、Bobby 自动检测的结果及分析

应用网站易访问性测试软件 Bobby 对我国 65 所大学和 371 所中、小学网站的主页或入口网页进行了测试,其结果见表 4-3。

表 4-3 我国部分教育网站易访问性测试

检测结果		符合 WCAG * 第一优先权等级(Level A)的检测		符合 WCAG 第二优先权等级(Level AA)的检测		符合 WCAG 第三优先权等级(Level AAA)的检测	
		通过数	通过比率	通过数	通过比率	通过站数	通过比率
大学	65	6	9.23%	0	0	0	0
中、小学	371	3	0.81%	0	0	0	0
总 计	436	9	2.06%	0	0	0	0

在检测的 436 所大、中、小学网站中,能够通过 Bobby 软件的第一优先权等级测试的网站仅有 9 个,平均通过几率为 2.06%,通过第二优先权等级和第三优先权等级测试的网站数均为零。表 4-2 中的数据充分地说明了我国教育网站易访问性现状令人担忧,应该引起从事网络教育的工作者、教育网站的设计者、开发者和评价者的重视。下面就大学

---

* WCAG 1.0 版是由网站易访问性推动小组开发的规范,具体内容可访问 http://www.w3.org/wai。

和中、小学网站分别进行了统计和分析。

1. 大学网站的测试结果

从表 4-3 中可以看出大学的网站易访问性要好于中、小学教育网站,但是大学网站易访问性的水平也极低。在所检测的 65 所大学网站主页易访问性当中,只有 6 所大学网站主页通过了 Bobby 软件的第一优先权等级(Level A)的自动检测,易访问性第一优先权等级通过几率为 9.23%,而能同时通过人工检测的网站则更少,通过第二优先权等级(Level AA)和第三优先权等级(Level AAA)的网站为零。大学网站违反 WCAG 1.0 相应优先权等级的总次数和平均数见表 4-4。

表 4-4 我国部分大学网站主页易访问性检测结果

检测类别 检测结果	第一优先权等级检测结果				第二优先权等级检测结果				第三优先权等级检测结果			
	自动检测		人工检测		自动检测		人工检测		自动检测		人工检测	
	项目	错误数	项目	错误数	项目	错误数	项目	错误数	项目	错误数	项目	错误数
累计违反项目数及错误次数	138	1493	710	7068	275	5104	870	9371	230	2017	567	765
平均数	2.1	23	10.9	108.7	4.2	78.5	13.4	144.2	3.5	31	8.7	11.8
易访问性结果	6 个通过 WCAG 的 Level A				Level AA 通过的网站数为 0				Level AAA 通过的网站数为 0			

2. 中、小学网站的测试结果

从表 4-5 中,可以看出中、小学网站易访问性检测未能通过的网站数、三个优先权等级的各项违反次数都大于大学网站的相应数据。其中通过网站易访问性第一优先权等级测试的网站只有 3 个,占被测中、小学网站的 0.81%。出现这种差距也同时说明了中、小学网站的设计者、开发者的技术力量远比大学要弱,大学一般都有专门的网络中心和专门的网络技术人员从事设计、开发、维护工作,也有专项资金保障。而我国中、小学网站的设计者、开发者和维护人员往往是由一些教师承担,他们在完成日常的教学工作之外,还要维护学校网站,从专业水准、投入的精力和学效的财力投入来看,中、小学网站易访问性现状是可以理解的。当然,这不应该成为维持现状的理由。我国中、小学网站的易访问性现状令人担忧,这样的教育网站怎能满足"任何人"的学习需求呢?怎能扩大网络教育规模和提高网络教育教学效率?

表 4-5 我国部分中、小学学校网站主页易访问性检测结果

检测类别 / 检测结果	第一优权等级检测结果				第二优权等级检测结果				第三优权等级检测结果			
	自动检测		人工检测		自动检测		人工检测		自动检测		人工检测	
	项目	错误数	项目	错误数	项目	错误数	项目	错误数	项目	错误数	项目	错误数
反项目数及错误次数	18931	18073	4244	83569	1973	58802	6850	117973	1329	21918	4101	4220
平均数	51.03	48.71	11.44	225.25	5.32	158.50	18.46	317.99	3.58	59.08	11.05	11.37
易访问性结果	3 个通过 WCAG 的 Level A				Level AA 通过的网站数为 0				Level AAA 通过的网站数为 0			

综上，在网站设计中出现的主要问题以及统计数据见表 4-6。

表 4-6 Bobby 检测的一些结果统计表

序号	Bobby 的检测点	错误比率
1	图片需要加上 ALT 文本以说明图片内容	97.3%
2	对于 applet 提供替代文本以说明内容	78.2%
3	对于 Object 提供替代文本以说明其内容	85.6%
4	对于网页中的图形按钮要提供 Alt 文本说明	94.2%
5	对于影像地图需要加上 Alt 文本说明	11%
6	在 doctype 标签中，应使用标准规范的叙述以识别 HTML 版本类型	95.6%
7	网页中的元素定位要使用相对定位（如百分比）而不要使用决对定位（如像素）	94.2%
8	对于数字表格要提供表格的摘要说明和单元格的行标题和列标题	100%
9	应该加上网页的标题	2.5%
10	网页的作者、关键词、网页内容的基本描述（这些并不显示于网页中）	97%
11	网页文件过大（以 56Kbps 的链接速度测定超过 10 秒的网页）	31%

3. 从技术的角度分析网站易访问性问题

Bobby 软件测试的是被测对象——网页的源码，通过将源码和标准的语法相比较进行判断。这类易访问性问题主要集中在两个方面：

1）网页中媒体元素的易访问性

网页中的媒体主要包括文本、声音、音频、图形、图像、视频、动画等。由于各种媒体对于学习者来说，有着不同偏好和不同接受通道。在此次检测中出现的主要问题主要有：

（1）图片、图像、图像地图、图片按钮等元素没有添加 Alt 文本或 Longdes 说明，以说明对象的含义和内容，这类占第一优先权等级错误中的第一位。

（2）对于视频、音频、applet 小程序没有添加 Alt 文本或 Longdes 说明，视频媒体制作时字幕的添加等；对于文本的字体、大小、颜色设置也是出现问题较多的。

2）网页中元数据易访问性

网页中元数据对一些辅助科技手段有着一定的辅助作用。在测试的网页中，有很多网页中的标题、关键词、描述、发布日期、更新日期、超级链接的 Alt 文本、表格的数据、框架网页等设计的不标准（与 HTML 4.0），这给屏幕阅读软件的正确阅读带来一定的障碍。一些网站不能够很好地支持其他种类的浏览器，如 Opera、Mozilla、MyIE、Lynx 及一些屏幕阅读软件（IBM Home Page、JAWS）等。还有一些网站的文件过大，给学习者学习造成了太多的等待时间，按照普通的调制解调器的上网速率来计算，近一半网页文件过大，检测中发现一个网站的主页竟超过 2M，见图 4-7。

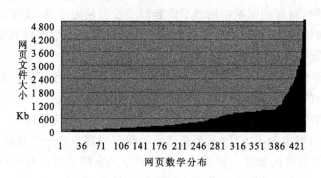

图 4-7　网页文件大小分布图

以上仅仅是从技术角度来对教育网站易访问性进行的检测，在通过 WCAG 1.0 的 Level A 检测的网站中，笔者还发现有的网站并不能够通过人工检查，如有的网站中的图片的 Alt 文本用"这是一幅图片"这样的文字描述，这根本不能够给学习者以任何有用的信息等。

另外，在调查中发现，有的网页中的音频资料没有附加相应的文字说明以供失聪者阅读；一些视频资料也没有附加字幕，如 Flash 小短片、教学录像等。这些问题都会给一些残疾学习者带来易访问性的障碍。由于 Bobby 软件对于网页内容的检测还存在缺陷，因此，我们对于部分网站的教学网页中的教学内容进行了调查，发现一些教学网页设计中也存在着逻辑方面的问题。例如，有的学习内容的语言过于深奥、晦涩难懂，有的有语法错误；有的组织无条理，使可读性降低；有的网页内容信息呈现较多，产生信息过载；有的导航系统紊乱，容易导致迷航。

二、人工检测的结果及分析

在运用软件对这些网站进行自动检测和分析之外,我们还对一些教育网站中教学内容进行了人工检查,检查的重点是教育教学内容的组织方面和部分元信息的设计方面等。发现教育教学内容组织和元信息存在以下问题。

1. 在教育教学内容的组织方面存在的主要问题

(1)教育网站中教学信息呈现方式单一性。一些网站中的教学内容呈现方式单一,如:只提供文本信息,这种网络学习非常单调,容易使学习者失去持久学习的兴趣,也给一些视觉残疾者带来障碍。

(2)教育教学信息的正确性。网络上的学习资源鱼龙混杂,有的没有经过仔细的审查就复制或链接到学习内容中,给学习者在网络学习中产生误导,甚至产生错误的理解。

(3)教育教学信息的科学性。这里的科学性是指教学内容的表达及运用等方面都不可出现科学性错误,而有的网站中的教学内容似乎没有精心准备,文字、词语、语法等表达上有诸多错误,如错别字、不当的网络词汇以及在拷贝别人的学习资料时没有注意和自己的网站上内容的衔接等。

(4)教育教学信息的深度。深度指学习者要找的学习内容与学习平台的距离。有的网站教学内容要在点击三四个网页之后才能到达相应的页面。

(5)教育教学信息的长度。长度是指学习者要进行学习的页面中学习内容长短。有的网络教学内容组织者为了方便,甚至把整章的教学内容放在一个页面中。

(6)教育教学信息的密度。密度是指单屏教学信息的容量。有的网页中的教学信息非常满,这很容易给学习者带来心理压力和理解上的难度。

(7)教育教学信息的难度。难度是指教学内容的选择和学习者的学习水平相比的难易程度。在一些网站中,一些教学内容的难度超出了一般学习者承受的范围,而有没有其他途径继续学习该部分内容,这样容易使他们学习信心遭到挫折。

(8)教育教学信息的区分度。这里的区分度是指教育教学信息和网页中的其他非教育教学信息之间的辨认的难易。在访问一些网站中的教学网页时,发现一些网页的前景色(文本、图片的颜色)和背景色(背景图片、颜色)之间相似或和某些视觉残疾(色盲、近视)的学习者产生一定的障碍。

2. 元信息的设计方面存在的问题

(1)网页的创建、更新日期、作者、引用来源等。在很多的网站中,对于网页的创建日期、更新日期、作者姓名以及引用来源都没有给出或者不够具体,这样对于一些时效性很强的内容,学习者就很难做出判断。另外,这也是对原创者的知识产权的一种漠视和侵犯。

(2) 教育教学信息的容错性。容错性是指学习者在学习过程中,如果出现误操作或非标准数据,网页能判断出来而不发生浏览器弹出解析内部错误。有的网站在交互上容错性较差,常出现错误。

(3) 网页中的多媒体元素的打开和播放。在现在很多网站中,提供了很多音频、视频等多媒体下载或流媒体播放,84%的网站没有提供相应的播放软件或插件下载,而学习者的终端不可能同时安装所有音频、视频多媒体播放软件。因此,就使得有些学习者放弃了一些音频、视频学习资料访问。

(4) 网站的导航、搜索、链接等。导航是一个学习者在网站中学习的罗盘,搜索是学习者寻找学习资源的钥匙。在检测的网站中,大学网站基本上都有搜索的功能,而中、小学网站中有搜索功能的网站不足 8%;导航在中、小学网站中,有的较为混乱,前后网页不一致;链接也是设计者容易忽略的问题,80%左右的网站中都有失效的链接(有的网站失效链接的数目多达 10 个);鼠标悬停、点击、点击后的颜色并不符合一般设计习惯;链接的文字不明确,如有的是"Click here"、"点击这里"等,给学习者以不明确的目标定位。

三、对 Web 运营者、网站设计人员的调查和分析

所谓 Web 建设主体,是指有网站(或其他形式的 Web 系统)建设需要、已经或正在实施建设过程的组织和个人,这实际上涵盖了信息社会中的绝大部分公营或私营机构,以及相当一部分个人。Web 建设主体是实施无障碍建设的中坚力量,一方面把宏观层面的无障碍目标具体化,形成本组织的无障碍建设目标和方案;另一方面规范和督促其在微观层面(设计者)的实现。我们认为,Web 建设主体至少需要做好以下几方面工作。

1. 明确本组织的 Web 无障碍建设策略

无障碍策略(policy)是 Web 建设主体公开表明本站在无障碍建设方面所履行义务的重要文本,通行的做法是在一个独立的页面中声明策略内容并在首页的显著位置提供链接。从一些优秀网站的实践来看,无障碍策略一般包括以下内容:

(1) 网站无障碍建设所遵循的法律依据、技术标准。

(2) 网站拟实现的无障碍目标(比如准备达到 WCAG 的哪一级认证)。

(3) 对网站无障碍设计方法、效果的概括性描述,如使用了哪些工具,着重考虑了哪些用户的需要,支持哪些辅助产品等。

(4) 实现了哪些重要的无障碍特征,用户应怎样使用这些特征。

（5）尚未实现的无障碍特征。无障碍策略的作用，一方面是表明本站建设主体对无障碍建设所持的基本态度和立场，以及为此付出的努力；另一方面则是起"用户指南"作用，引导访问者使用相关的无障碍特征，获得更好的访问体验，这对特殊用户是非常有价值的。有些设计规则的实施效果会因站点不同而有差异，如为了方便依靠键盘操作的用户，一般要求站点设置完善的快捷键（Access Key），但具体设置方案不见得一致，同样的快捷键在不同站点中可能实现不同的功能，这时清晰明了的叙述对需要使用这些特征的用户就至关重要了。

2. 建立有效的用户反馈机制

要尽可能广泛地听取用户（特别是残疾和老年用户）意见，鼓励他们就无障碍设计方面存在的问题与网站建设者交流。在网站首页提供电话、E-mail 等联络方式，方便访问者反馈意见。更重要的是建立起回复、处理用户意见的程序，及时把有价值的意见转化为改进措施。

3. 为设计者提供必要的协助和支持

要确保设计者（不管是本组织技术人员或是外聘的设计团队）充分理解本组织的无障碍建设目标，并且掌握了必要的设计方法。如果技术准备不够，要尽可能使设计者获得必要的培训。

4. 建立长效的无障碍维护机制

凡是保持动态更新的网站，都有可能在使用过程中产生新的问题，因此无障碍设计必须伴随网站服务周期而长期持续下去。最好能建立周期性的监测机制，对网站的无障碍程度保持动态的评估和改进。

网站设计人员的作用首先在于通过技术层面的努力促进无障碍设计思想、理念的普及和成熟。其次是对无障碍实现技术的研究和推广。在这个过程中，要着重掌握好引进和创新的关系，一方面依托国外丰富的技术资源和经验，并可采取国际技术合作等方式，使我国获得较高的起点；另一方面深入考虑我国的现实需要。同时，作为无障碍技术推广的中坚力量，应该承担起向众多的 Web 开发设计人员传授、培训无障碍设计方法的责任，提供技术资料，接受咨询等。Web 本身就是推广的最佳渠道，以专题站点为平台，提供无障碍设计方面的技术培训，整合各种可用技术资源，提供在线答疑，而目标只有一个，即尽可能降低设计者采用无障碍设计方法的技术门槛。

开发设计人员是实现 Web 无障碍设计中最基础而又举足轻重的环节。以上谈到的

种种策略,都需要通过设计环节转化为现实的效果。为此,Web 设计人员需要从以下几方面努力:

(1) 更新思想,树立科学的、人性化的、充满关怀的 Web 设计理念,始终把用户的需要(尤其是特殊用户的需要)放在设计过程的中心位置。

(2) 积极学习,掌握符合无障碍要求的设计方法,充分利用网上丰富的资源(国外关于 Web 无障碍的网站、论坛、邮件讨论组十分丰富)保持技术上的更新,并加强与国内外同行业者的交流沟通,共享 Web 无障碍设计经验。

(3) 勇于否定,努力摈弃过去不合理的设计方法,如盲目追求视觉效果等较普遍的问题,牢记一切设计手段都要以良好的可用性和易用性为前提。

(4) 深入实践,在具体设计过程中体会"无障碍"与"有障碍"的根本区别,通过经验的积累而加深对 Web 无障碍建设的体会。况且,随着 Web 应用日趋普及,越来越多参与 Web 设计的人员并非专业技术人员,而是需要建设网站的组织或个人自身,为使他们接受、掌握无障碍设计方法,渐进式的技术推广十分必要。这方面同样有来自香港 IProA 的经验,他们在 2001 年制定的《建立无障碍网站简易指南》,只针对困扰残障用户最显著的问题提出了 9 条操作简便的对策,事实证明这有力地促进了香港各机构对网站无障碍的认同和尝试。

第四节　我国网络课程无障碍的调查和分析

我国网络课程资源非常丰富,国家对于网络课程的开发一直给予很高的关注。从中央到地方都投入大量的人力、物力和财力支持网络课程的设计、开发和应用。本节将注重介绍王佑镁对我国教育部批准和建设的高等学校网络精品课程的无障碍现状进行的调查[67]。

一、调查的背景

为了改善和提高高校的教学质量,教育部计划用 5 年时间(2003～2007 年)建设 1500 门国家级精品课程,强调各建设单位利用现代化的教育信息技术手段将精品课程的相关内容上网并免费开放,以实现优质教学资源共享,提高高等学校教学质量和人才培养质量。随着网络的日益普及,网络资源利用率的日益提高,精品课程网上资源共享的需求将越来越突出,某种意义上说,精品课程网上资源建设及其评估将成为实现优质资源共享的重要平台。相对于普通网站的内容架构,精品课程网上资源有必要考虑不同使用者的需求,应该加注重考虑无障碍的设计。因为内容使用者以及使用环境各异。而实际上,精品课程实现优质共享的对象正是差异巨大、需求各异的使用者,网上资源和内容更应让所有人方便使用。参照由 WAI 提出的网络内容无障碍的标准 1.0,将从内容无障碍的维度(accessibility)探究国家精品课程网上资源建设架构和评估指标,希望由评估结果检视已有精品课程网上资源和内容的无障碍的,并提供精品课程网络资源建设提供建议,以形成更为完善的评估体系和评审机制,以促进精品课程建设与网上资源共享。

二、研究设计

1. 无障碍的检测依据和工具

同样的,该研究以 W3C 开发的《网络内容无障碍规范》为理论依据和基础,以 Bobby Online 工具对所选取的对象群进行一定程度的相应测试和分析,找出其中的优势与劣势,并提出一定的改进建议来促使所有共享的网站信息对所有人都是可及的、可理解的。检测的方式有自动检测与人工检测两种。其中,自动检测是运用 Bobby Online 所提供的网上检测来进行获得结果,较侧重于量性的评价分析,而对于人工检测,本文中将对照 WAI 的 14 条规范条款,对所选的 10 个对象进行评价分析,侧重于对样本的质性评价分析。

2. 样本描述

该研究选取了 2003～2005 年评选出来的各省市各高校的国家级精品课程中的 10 门作为评选对象,在选择样本对象时,研究者尽量选择不同学科的课程,考虑样本的类型(学科)、性质(重点非重点)、分布(中央地方)、地址等因素,使评价涉及各个课程领域中。这里需要指出的是我国的精品课程总数一千多门,而这里只选取了 10 门课程作为样本,在样本容量上显得不足。虽然样本容量小,调查结果并不具有绝对的权威性,但是从这个 10 门课程的无障碍调查中,也可以作为个案研究说明我国高校网络课程,特别是精品课程的无障碍的现状。

三、研究结果

1. 自动检测数据统计

该研究根据 14 条规范,只对对象进行第一等级相关内容无障碍的评价。研究者用 WebXACT 检测了每个样本的第一优先等级情况。样本的出错表示该项不符合无障碍的规范中的条款。通过统计我们得出,各样本的错误率有着较大的差距,为了能有个明白的说明以及相互间有个清楚的比较,表 4-7 罗列出了各样本的出错统计(注:表格中的出错总数是指被检测网站中不符合相对应条码的错误处之总和)。

表 4-7　网络课程无障碍自动检测繁荣各样本出错统计

样本序号	出错总数（次）	所占比率（%）	样本序号	出错总数（次）	所占比率（%）
1	11	10.6	6	12	11.5
2	9	8.7	7	14	13.5
3	8	7.7	8	12	11.5
4	4	3.8	9	14	13.5
5	15	14.4	10	5	4.8

2. 自动检测结果分析

对照无障碍的规范，从表 4-7 所列的数据中和检测结果中，我们可以清楚地了解到所选取的 10 个样本在检测码 1（即第一优先级）无障碍的方面的工作做得是很不够的。在这 10 个样本中，只有两个精品课程的网站达到了检测码 1——为非文本信息内容提供等效的内容替换，它们是北京大学的"人体生理学"（样本 4）和华南师范大学的"学习论"（样本 10），而其他 8 个精品课程都未将这方面的工作做到位。而这一项是网站无障碍的核心，是最基本的要求。大部分的精品课程网站还未明确地指出网页内容中语言的转换，在表格中未提供结构化的标记，而且网页内容还不能做到简单易懂。但这些精品课程网站在提供给影像地图相应文字说明，及时地更新动态内容的等价信息方面的工作还是值得肯定的。

再从精品课程自身的角度来看，无障碍的工作做得相当不足的有华东政法学院的"外国法制史"、黄河水利职业技术学院的"水力学"、顺德职业技术学院的"家具设计"、中国人民大学的"企业战略管理"、同济大学的"高等数学"及北京交通大学的"信号与系统"。从第一等级的检测码标准来看这些课程的无障碍的建设还很不够，存在着很多的不足，需要建设者们进一步的努力去改进和完善网站无障碍的评价，从而让更多的人更加便利地获取、利用具有优秀特点的精品课程网络资源。

3. 人工检测分析

在人工检测过程中，该研究归纳了 WAI 所提出的 WCAG 1.0（web content accessibility guideline 1.0)14 点原则为基础，选出 17 项作为无障碍的评价指标对所选的 10 门精品课程样本进行评价分析。第一部分在调查网站基本资料，包括评估日期、评估网站、网站地址、开场页的设计，只有开场页设计部分会列入评比；第二部分为网站内容评估项目共分为 7 点原则 16 个小项。连同开场页设计为评估项目之一，共计 17 项评估指标。

在对每一个样本的分析上，将对每个评价指标给予[0]或[1]的分数，前者表示[否]，后者表示[是]。[0]代表未犯该项错误，或者未提供该项设计，为好的设计。相反地，[1]则代表发现相关错误，为不好的设计。因此，得分愈高的网站代表其网站的无障碍的愈差，反之则愈接近 0 分的网站其无障碍的设计理念愈佳。此种评分设计是为了减少评估者主观认定的影响以及增加整体评估的可信度。因此，各院校网站无障碍的最佳得分可能为 0 分，而最差可能高达 17 分。

表 4-8　网上资源无障碍的评估统计

样本　　　项目	外国法制史	外国法制史	方剂学	人体生理学	水力学	高等数学	家具设计	信号与系统	企业战略管理	学习论
1. 首页设计	0	1	0	0	0	0	0	1	1	1
2. 按钮式选项、复杂图表、影像地图、图片、动画等未提供 Alt 文字说明	1	1	1	0	1	1	1	1	1	1
3. 服务器端设计的影像地图未提供文字链接	0	0	0	0	0	1	1	1	0	0
4. 多媒体、动画未提供听觉方式	0	0	0	0	0	0	0	0	0	0
5. 多媒体如动画、电影等，未提供同步呈现画面的替选方案	1	1	0	1	1	1	1	1	1	0
6. 表格栏与列的标题不清楚	0	0	0	0	0	0	0	0	0	0
7. 表格的栏、列、内容判读顺序不正确	0	0	0	0	0	0	0	0	0	0
8. 未使用串接式排版样本	0	0	1	1	0	1	0	0	1	0
9. 动态性数据未有替选网页	0	0	0	0	0	1	1	1	0	0
10. 替选网页未随时更新	0	0	0	0	0	0	0	0	0	0
11. 外挂程序未提供替选文字版本链接	0	0	0	0	0	1	0	0	0	0
12. 时效性设计未提供替选性的版本	0	0	0	0	0	0	0	0	0	0
13. 使用者未能控制或停止时效性设计	0	1	0	0	0	1	1	1	0	0
14. 未提供 W3C 不支持的文档的替选链接	1	1	1	0	0	1	0	0	0	0
15. 未提供依照 W3C 原则设计的替选网页	0	1	1	1	1	1	1	1	1	1
16. 分割窗口的标题不明确	0	0	0	0	0	0	0	0	0	0
17. 网页信息以颜色划分	1	1	1	1	0	0	1	1	1	1
总　计	5	8	5	6	4	11	10	10	6	6

研究调查结果如表 4-8 所示，没有一个门户网站获得 17 分，也没有一个网站得到 0 分。所有的网站得分数介于 4～10 分之间。按照正态分布规律，我们把 0～4 分视为无障碍的优良的网站，5～7 分视为无障碍的一般的网站，8～17 分视为无障碍的偏差的网站。

经过统计发现,本次评估中 4 分以下的优良样本有 1 个,占 10%;5~7 分的一般样本有 5 个样本,占 50%;8 分以上的较差样本有 4 个,占 40%。网站无障碍的最好的当属"人体生理学",而最差的为"高等数学"、"信号与系统"、"家具设计"等三门课程,这与 WebXACT 自动检测的结果基本一致,并且与其分布、类别、属性无直接的关系。需要说明的是,该研究只代表其在无障碍的方面的结果,不代表精品课程及网站总体建设水平。总体上来说,这 10 个网站的无障碍的设计并不理想,它们的情况也可以从侧面或者说从一定程度上反映出我国网络课程无障碍的设计情况。

第五节 我国网络教育环境无障碍方面存在的问题及原因

网络教育环境无障碍建设的最直接的受益者是残疾和老年学习者群体。他们是最可能从网络教育环境中得到实惠的人群,也是最容易为网络教育环境设计者、开发者及使用者所忽视的群体。而对于普通学习者而言,无障碍的网络教育环境将会提高他们的网络学习效果和效率。在网络学习的普通人群当中,有的学习者是刚刚开始网络学习的网络新手。而网络新手进行网络学习的时候,对网络教育环境导航、搜索、信息组织等方面易访问性提出了较高的要求。另一方面,还有的学习者使用的网络设备(包括硬件、软件)可能是非主流的,也会造成网站访问的困难。因此网络教育环境还应该能够适应不同的软件、硬件和不同网络设备的连接等。

以上这些说明网络教育环境的无障碍建设涉及很多方面的问题,下面对各方面会产生的问题进行分析。

一、我国网络教育环境无障碍方面存在的问题

1. 缺少图像元素的替代文本

与国外几乎所有调查结果类似,缺少图像替代文本同样也是我国网络教育环境普遍存在的最突出的缺陷之一。受其影响最显著的是借助读屏软件等辅助设备上网的视觉残疾者。对于这部分用户,所有视觉信息都是无效的,这其中包括构成 Web 页面主体内容的文字和图像。他们能否顺利获得页面所呈现的信息,关键就在于,这些视觉化的信息能否以非视觉的形式传递,由用户通过眼睛以外的其他感觉器官获得。读屏软件所扮演的正是视觉信息到听觉信息的转换者角色,视觉残疾者用户通过读屏软件能够实现对页面视觉内容的"间接"访问。但这里有个前提,即视觉内容本身必须能够为读屏软件所捕捉。换言之,原始信息到格式转换者之间的传递渠道必须要畅通。在这方面,以文本格式存在的信息内容基本没有什么问题,能够无损耗[68]地为读屏软件获取并加以转换,而图像信息则不然,至少在现有的技术条件下,计算机软件还无法直接获取并向用户表达图像的语

义内容。而解决问题的唯一途径是，为图像提供文本格式的表达，这一表达或者在内容上、或者在功能上可以基本代替原有图像，使视觉残疾者用户获得图像承载的信息。这是提供"替代文本"的原因所在。

值得注意的是，不是所有图像都需要提供替代文本，因为并非每个图像元素都表达了有价值的信息，需要传递给非视觉方式访问 Web 的用户。从用途上看，Web 页面中的图像主要包括以下几种情况：

(1) 图像是页面信息内容的组成部分，如在政府门户网站首页中经常用到的新闻图片。

(2) 图像是实现某种特定功能的必要工具，如用于导航链接、图像地图、表单按钮等情况。

(3) 单纯用于修饰页面的视觉效果，这种情况最为普遍。

实际上，只有在前两种情况中，图像才表达了真正有意义的"信息"（特定的内容或者功能），而在第三种情况中，图像虽然也发挥特定的功能，也可认为传递了"信息"，如优化页面布局、使内容的显示清晰合理，或增强视觉美感、改善页面访问的舒适度等，但这些"信息"只对视觉正常的访问者有意义，对以非视觉方式访问的用户是没有价值的。因此，一般认为只需要为前两种用途中的图像提供 Alt 文本，而后一种则应提供空 Alt 值。

此外，对于图像的过分依赖是一种不良倾向，而这种倾向在国内 Web 资源建设中表现得越来越明显。设计者大量使用图像来做页面导航、图像地图、表单按钮等，很多本来只是纯文字的信息内容也以图片的形式提供，这不仅会增加页面发生访问障碍的可能，为视障用户使用 Web 资源造成严重困扰，同时也很容易导致页面加载缓慢（特别是在目前国内并不完善的网络硬件条件下）、布局花哨、信息内容主体不突出等弊端，损害页面可用性，影响到每一个普通用户的访问体验。因此，在强调为图像元素提供替代文本的同时，合理、适当地使用图像也是一个值得重视的问题。

2. 键盘独立操作性能差

调查所反映的另一个突出问题是，脚本程序对鼠标操作的依赖，这带来的直接后果是那些只能操作键盘的用户无法使用一些页面功能。在页面的脚本程序中，事件处理器（event handlers）的基本功能是响应用户的操作，并根据操作类型调用对应的程序，实现特定的功能。用户操作的最主要渠道是键盘和鼠标，常见的操作类型包括移动鼠标、单击鼠标、双击鼠标以及键盘输入等。并不是每个用户都能正常操作鼠标和键盘，尤其是两类残障者面临着比较明显的困难：一类是盲人，因为无法定位鼠标而只能依靠键盘操作；另一类是部分上肢残障者，他们不能运用鼠标，甚至连键盘输入都要依靠辅助设备的支持。对于这些用户，如果事件处理器只能由鼠标操作来触发，他们就使用不到相应功能。因此，独立于特定的输入设备（device-independent）是 Web 页面交互设计的重要原则，同一功能应该同时支持鼠标、键盘两种操作方式，这要求在脚本编制过程中提供冗余的事件处理器。例如,同时提供 nmousedown 和 nkeydown 两个处理器并指向同一段响应程序。实际上,优异的键盘操作支持不仅可以显著降低残障用户的访问困难,同样也能直接提高页面可用性,使所有用户受益。

3. 链接文本表意模糊

链接文本表意模糊是在我国网络教育环境设计中出现频率较高的另一个问题,这对盲人访问者来说意味着很大的困难。视觉残疾者使用 Web 资源的典型方式,是在读屏软件的提示下,通过操作 Tab 键,从一个链接跳转到下一个链接,逐一判断每个链接(准确地说是链接所指向的目标内容)是否有价值,是否有必要点击使用,这体现了视觉残疾者用户"线性"访问的特点。由于判断的主要依据是读屏软件读出的链接文本,当这一文本在上下文环境中被读出时,能否迅速而且准确地为盲人用户理解,就显得十分关键。因此,高质量的链接文本应该简要而突出重点地描述目标内容,为视觉残疾者用户判断链接的价值提供足够的信息,同时不会因为冗长的描述而造成不必要的负担。此外,还要避免同样的文字用于两个不同的链接。

4. 其他非文本元素的替代内容

OBJECT 元素常用于在 Web 页面中内嵌多媒体内容,而提供冗余的文本描述是大多数设计者忽略的问题。对于视觉残疾访问者来说,这与忽略为图像元素添加替代文本的影响类似。此外,视觉正常用户在所使用的浏览器不支持 OBJECT 元素,或不支持内嵌的媒体类型时,也会因为缺少文本描述而无法了解相应的多媒体内容。

类似的情况还出现在 Java Applet(Java 小程序)方面。盲人用户以及那些浏览器不支持 Java 的用户,都可能无法访问 Java 小程序提供的信息,而只能通过 Alt 属性值或包含在 HTML 中的文字描述来了解相关内容。

5. 表单控件的组织方式不明确

表单控件的合理组织也是一个被大多数设计者忽略的问题。同样,受其影响最明显首先是盲人访问者,在面对由多个控件组成的复合表单时,很可能因为组织混乱而无法判断焦点所在控件的准确含义,导致错误的输入。通过 LABEL 标记把控件与对应的文本标签一一关联起来,对帮助他们掌握每个控件的用途,理清控件之间的逻辑关系,有着重要的作用。此外,也能使普通用户操作起来更直观。

6. 不合理使用框架页面

在我国政府网站建设中,广泛使用框架页面技术,这成为障碍发生的另一个重要源头。最突出的问题是没有提供框架标题,从视觉访问的角度来说这没有任何影响,但对视觉残疾访问者就意味着困难。在读屏软件支持下的非视觉访问,在处理框架页面时,再次表现出"线性化"的特征。与基于视觉的访问不同,视觉残疾者不可能在同一时刻并行地看到页面中多个框架的内容,并迅速判断要首先阅读或操作哪个框架。相反地,他们只能在读屏软件提示下逐一了解各框架的内容,并选择合适的访问起点。框架标题是他们判断的最重要依据,一个适当的标题应该简要描述该框架的主要内容和功能,使视觉残疾者用户尽快决定哪些框架需要访问,以及多个框架间以怎样的顺序访问。从调查结果看来,忽略框架标题仍是很普遍的现象,这使得视觉残疾者用户只能通过深入阅读每个框架的具体内容,才能对框架的整体组织形成认识,这无疑会严重阻碍信息的有效获取,加重负担,降低效率。从本质上看,框架标题与信息组织的基础技术—目录异曲而同工,由标题所构成的信息线索,对视觉残疾访问者有效使用框架结构的 Web 页面意义重大。

关于框架的另一项自动检查,即"每个框架都必须指定到一个 HTML 文件",本次调查中报告错误的情况极少。

7. 普遍使用绝对的尺寸和定位

另一个显著的问题是,所有样本站点都基本没有采用相对的、有弹性的尺寸和定位,而仍然使用绝对的、固定的方法。这首先表现在固定的字体大小。有许多原因使用户可能需要在阅读页面内容时调整字体大小,包括用户本身有视觉疾患或者因为年老而视力退化、使用超大显示终端或高分辨率导致文字显示过小、页面本身使用的字体偏小等,因此适度放大字体实际上是人们在利用网络信息资源过程中一种非常普遍的需要。但如果用绝对单位[如像素(pixels)]来指定字体大小,那些使用 Internet Explorer 浏览器的用户就根本无法缩放字体(目前,Opera 等部分浏览器能够实现对绝对单位字体的缩放,但处于主流地位的 IE 不具备这一功能,也就意味着大多数 Web 用户将受到绝对字体的限制)。

这方面更进一步的问题是,仍普遍使用绝对值来对页面元素进行布局,如在设定表格(及其中各单元格)、框架的尺寸和位置时,这将使页面放大后(目前许多 Web 浏览器都提供网页整体缩放功能,如 Opera、The World 等)在水平方向上溢出浏览窗口的可视范围,必须频繁地进行水平滚动才能看到完整的内容,这对操作键盘或鼠标有障碍的用户来说又将是一层负担。而如果使用相对的布局方式,页面放大后能自动调整,适应浏览器窗口大小,避免给用户造成额外的负担[69]。

同时,一些网站使用的字体偏小,使老年人和有视觉疾患的用户阅读起来感到吃力。由于许多文字本身也是链接,这就可能进一步给用户使用站内资源的导航机制造成不便。

二、我国网络教育环境无障碍问题的主要原因

从我国网络教育环境易访问性评价过程中,可以发现网站无障碍问题产生的主要原

因有：

1）网络教育环境设计者、开发者和评价者的观念影响

这个主观因素是影响网络教育环境无障碍建设的最大障碍。网络教育环境设计者、开发者和评价者的观念决定了网络教育环境的受众群体，大多数网络教育环境设计者、开发者和评价者把网络教育环境的受众定位在身心正常、使用主流网络设备的、有一定计算机技能水平的学习者群体，排斥了那些可能受益于网络教育的其他群体。在对网络教育环境易访问性的测试过程中，我们曾对原先通过易访问性最低等级检测的网站进行再测时，发现该网站已不再能够通过 Bobby 易访问性最低等级的检测了，说明网站易访问性在不断的发生变化，通过检测也只是随机的，并不一定代表其设计者、开发者对无障碍建设的重视。

2）对无障碍网络教育环境约束的法律和法规的欠缺

这是对网络教育环境无障碍建设影响最大的客观因素。国外对信息资源无障碍建设的立法相对比较完备，因而对各类网站的设计和开发有着强有力的约束。而我国在这方面的立法比较模糊，没有明确的界定，对于网络教育环境的设计、开发和评价也就无章可循，对于网络教育环境的设计和开发过程中的无障碍建设也就没有相应的保障。

3）网络教育环境开发中并没有按照标准来开发

大部分网络教育环境的开发是委托一些公司设计和开发的，有的网站是由学校自己的教师或相关人员设计和开发的，从开发质量上没有相应的标准来参照，没有按照 W3C/WAI 开发的一系列的规范来进行，并且大部分网站根据某个网站的模板来进行开发，或者运用一些所见即所得的网页编辑软件来开发的，随意性较大，同时缺乏相应的标准来参照。

4）网站评价中网站无障碍建设内容的缺失

网站的评价是对网站的设计和开发的结果的认可，是对网络教育环境预设功能的鉴定。现在的网络教育环境的评价中，虽然都涉及无障碍方面的内容，但是无障碍并没有作为一个整体目标放入网站评价中，也就不能保证网络教育环境无障碍建设达到相应的程度。因此，网络教育环境评价中无障碍评价内容的缺失，也是使网站无障碍建设失去相应的保证措施。

第五章

■ 无障碍网络教育环境的设计

　　网络教育环境的障碍并不是学习者的自然属性产生的，而是由于学习者所处的社会赋予学习者的一种不公正的社会属性。产生这种障碍的原因是因为网络教育环境的调适能力与学习者的学习偏好和需求不能匹配而产生的。无障碍网络教育环境设计的核心就是如何使得网络教育环境发送的教育信息、资源与学习者的学习偏好和需求相一致、匹配。

　　本章主要从设计理念、设计原则、设计模式和流程等几个方面来阐述无障碍网络教育环境的设计。设计理念主要有以学习者为中心的设计、通用设计、全纳设计等；设计原则主要有无障碍性和教育性、艺术性、技术性等一般原则；设计模型是在一般网络环境设计模型的基础上，添加无障碍思想，实现无障碍功能，达到无障碍要求；设计流程如同一般的网络环境开发采取的"自顶向下"的 Web 开发方式，不同的是把无障碍网页设计理念贯穿于整个网络环境设计的四个阶段。

第一节　无障碍网络教育环境的设计理念

　　网络教育是现代远程教育的主要形式,它为学习者的学习服务。网络教育的质量就是取决于网络教育服务的质量,网络教育的服务对象群体决定了网络教育规模的大小,包容在网络教育服务对象之中的群体越多,被排斥的学习者就越少,网络教育的服务面就越宽。

　　通过上面的分析,如何提高网络教育的质量和效益,一方面取决于网络教育服务的质量;另一方面取决于网络教育的规模。近年来国内外出现了许多设计概念,如:全民设计(design for all)、全纳设计(inclusive design)、通用设计(universal design)、通用可用性(universal usability)等,这些概念本质上是一样的,都是为了设计出产品和环境能被所有人使用,包括对残障人群、老龄人群等使用者不存在障碍。以下将介绍几种设计理念。

一、以学习者为中心设计

　　以学习者为中心的设计(user-centered design):这种设计理念其目的主要是针对某种产品的特定学习者的特点而设计。以学习者为中心的设计包括了解学习者、分析任务、架构原型和学习者测试四个部分,它是一个循环迭代的过程,原因在于学习者的需要会随时间有所改变,另外还在于出台可处理多种需要的设计解决方案本身就具有复杂性。因此以学习者为中心的设计过程是个动态的过程,需要设计人员随时调整需求,更新任务,修改设计原型,反复测试,以此类推,从而达到动态中平衡,反复中的完美。

1. 以学习者为中心设计流程

　　以学习者为中心设计对无障碍网络教育环境的设计特别重要,只有当设计人员把学习者作为设计中心的时候,考虑使用者的需求,进行人性化的改良和修改,才能真正为使用者所用,被使用者接受和喜欢。残障人群也是学习者之一,他们的需求也应被考虑和重视,将他们作为学习者为中心之一,了解他们的需求,进行任务分析,架构原型,再对他们进行学习者测试,以确定无障碍网络教育环境是否与设计相符,存在哪些问题,从而进行第二轮任务。图5-1是以学习者为中心设计的流程图,以下将分别阐述每个部分。

图 5-1　以学习者为中心设计的流程图

1）了解学习者

产品设计不是给自己来用,不是为满足自己的需求或符合自己的习惯而设计,而是为目标或者潜在学习者设计。因此无障碍网络教育环境的设计应该了解学习者的需求,包括普通学习者的无障碍需求和残障学习者的无障碍需求,了解他们可能存在的困难和潜在的渴望,如视觉残疾、听觉残疾、肢体残疾等学习者的生理特征和网络学习障碍,从而确定设计目标。因此了解学习者是无障碍网络教育环境设计的重要的步骤。

2）分析任务

分析任务是了解学习者、确定设计总体目标后的一个极其重要的步骤,它是通向成功开发出符合设计目标产品的唯一途径。分析任务可以是从了解学习者阶段直接观察、总结得到,也可以是从常识和已有研究中分析得到,总之是要得出比较详细和具体的设计任务。例如,观察残疾学习者在非使用电脑的状态下怎样完成任务、他们的情绪波动、与任务相关的概念、物体、手势、操作习惯等。设计出的网络教育环境必须能符合这些需求,但不是机械的复制,一味的满足这些设计任务,忽视设计原则和技术实现等方面。

3）架构原型

在完成学习者目标和任务分析之后,使用这些关于任务及其步骤的信息构建草图,进而发展成产品原型。这个过程是无障碍网络教育环境设计的核心部分,这个步骤与其他网络教育环境的设计本质上没有区别,只是必须将之前残障学习者的需求和设计目标作为原型开发的依据,将两者联系起来。如果将设计需求和原型实现独立起来,则只会成为"以设计者为中心"的方面实例。将设计需求和原型实现联系的过程是开发的难点,必须能在一定程度上了解和感受到这些特殊学习者的网络困难和需求,并找到相应的技术解决方案,形成可操作、可评价、可修改的网络教育环境原型。

4）学习者测试

完成产品原型之后,可以请一些目标学习者试用,观察他们的反应。仔细地观察、倾听学习者在执行特定任务的时候的反应,是否与设计定义的一致。对于无障碍网络教育环境的设计,学习者测试是非常必要的。无障碍网络教育环境与一般网络教育环境根本不同的就是包容了更多了学习者,包括残疾人、老年人等信息弱势群体,因此学习者测试的意义在于开发出来的网络教育环境原型是否符合了无障碍设计原则,实现了无障碍设计目标,满足了这些残障人群的特殊需求等。如果还存在不足,则需要反复修正,尽可能达到无障碍目标。

2. 以学习者为中心设计方法

以学习者为中心的设计方法有很多，主要有卡片分类、情景访谈、焦点小组、启发式评估等。表 5-1 列出了设计的 13 种常规方法，具体介绍了这些方面的内容。

表 5-1　以学习者为中心的设计方法

方法名称	方法内容
卡片分类（card sorting）	观察学习者是如何理解内容和组织信息，使设计的网络环境更合理的组织信息
情境访谈（contextual interviews）	走进学习者的现实环境，让设计者了解学习者的工作方式、生活环境等情况
焦点小组（focus groups）	组织一组学习者进行讨论，让设计者更了解学习者的理解、想法、态度和想要什么
启发式评估（heuristic evaluation）	可用性的检查方法，让一些行内专家对网络环境产品进行指导
单独访谈（individual interviews）	一对一的学习者讨论，让设计者了解某个学习者是如何工作，使设计者知道学习者的感受、想要什么及其经历
平行设计（parallel design）	对同一个网络环境进行分开的设计，从而比较选择一个最佳方案
角色模型（personas）	构建一个虚构的人来代表大部分学习者，设计团队围绕这个虚拟人物设计开发产品
原型（prototyping）	利用简单网络环境原型进行相关的测试，从而节约后期大量的成本
问卷调查（surveys）	利用网上或纸张的问题清单对学习者进行发放填写，从而收集学习者对网络环境的反馈意见
任务分析（task analysis）	通过任务分析了解学习者使用网络环境时的目标和操作方式习惯
可用性测试（usability testing）	请学习者来试用网络环境，有任务性的完成测试。从而得到所想要的东西
用例（use cases）	描述某个学习者使用网络环境时的情况，包括目标和行动
内容优化（writing for the web）	对网络环境进行内容上的整理、优化，让学习者更清晰容易的了解设计者所表达的内容

以上以学习者为中心设计的方法只是一个粗略的设计方法，无障碍网络教育环境的设计时，应将它们细化成具体的方法和过程，将残障学习者列入网络环境设计的考虑因

素。例如,卡片分类:观察残疾学习者、老年学习者是如何理解内容和组织信息,使设计的网络环境更合理的组织信息;情景访谈:走近残疾学习者、老年学习者的现实环境,让设计者了解他们的学习、工作方式,生活环境等情况,确定他们的无障碍需求;焦点小组:组织残疾学习者、老年学习者进行讨论,让设计者更了解他们的理解、想法、态度和想要什么,这些将是设计的重要直接依据,更为具体和生动;单独访谈:了解某个残疾学习者是如何使用网络,如何进行网络学习,使设计者知道学习者的感受、想要什么及其经历。

以上这些加入残障学习者的以学习者为中心设计的方法只是一些例子,设计和开发中可以结合实际情况,选择合适的一种或几种方法进行设计,尽可能的考虑更多学习者的需求,对他们进行访谈、调查、测试,从而得到也适合他们使用的无障碍网络教育环境。

二、通用设计

1. 通用设计的内涵与原则

通用设计始于 20 世纪 50 年代,当时人们开始注意残障问题。日本、欧洲及美国等发达国家为身体障碍者除去了存在环境中的各种障碍。70 年代,欧洲及美国一开始是采用"无障碍设计"(accessible design),针对在不良于行的人士在生活环境上的需求,并不是针对产品。当时一位美国建筑师麦可·贝奈(M Bednar)提出:消除了环境中的障碍后,每个人的功能都可获得提升。他认为建立一个超越无障碍设计且更广泛、全面的新观念是必要的。也就是说无障碍设计一词并无法完整说明他们的理念。

通用设计(universal design)的概念由美国建筑师马赛(R L Mace)于 20 世纪 80 年代初期提出,指无须改良或特别设计就能为所有人使用的产品、环境及通讯。最早的应用也是在建筑领域,目的是让每个人都能使用人行道和建筑,既方便障碍人群,也方便正常人。美国卡罗莱纳州大学通用设计中心为产品和环境的设计定义了通用设计的七个原则:

1) 使用的公平性

设计应能够适合各种不同能力的人使用;为所有使用者提供同样的使用方法,或相应的替代方法;不应把某些使用者排除在外;对使用者的隐私权、安全性、人身安全一视同仁;使设计对所有使用者都有吸引力。

2) 弹性的使用方法

设计应能适应不同个体的喜好与能力;提供多种使用方法的选择;适应习惯左手或右手的使用者;能帮助使用者准确而清晰的使用产品;适合不同使用者的步调。

3) 简单易学

无论使用者的经验、知识、语文能力及当前的注意程度如何，使用方法应该都很容易理解；减少不必要的复杂性；与使用者的期待和直觉相符合；适合多种文字语文能力；提供必要而充分的指导性信息；提供有效的反馈。

4) 易觉察的指导性的信息

无论周围环境或使用者的感官能力如何，使用者都能够有效地理解设计的相关信息；使用多种方式（图像、声音、触觉）提供必要信息；所提供的信息与周围环境对比明显；增加相关信息的可识别性；分步骤呈现指导性信息，以便于理解；为感觉缺失的人士提供多种辅助或技术，以协助操作。

5) 容错设计

设计应尽量降低意外或不注意引起的危险或负面影响；适当安排各种因素，降低危险或错误的产生；发生错误或危险时予以警示；降低误触报警机关的可能性。

6) 省力设计

设计使用起来应该高效、舒适且不费力。使用者能保持正常的身体姿势；运用合理的操作动力；降低重复动作；降低持续的生理耗能。

7) 便于使用的体积和空间

不论使用者身体、姿势或行动能力如何，设计都提供适当的体积和空间以便于使用者进入、操作或使用；对坐着或站着的使用者，都提供明确的视觉指引；对坐着或站着的使用者，都提供合适的操作高度；适合不同手部尺寸；提供足够空间以适合使用辅助科技者的需求。

以上通用设计的七个原则为产品和环境提供了设计指导，它不只是为障碍人群提供便利，使每个人都能使用才是其精髓。由于通用设计具有通用性、公平性、灵活性、容错性等特点，其应用领域也越来越广泛，从原来的建筑已衍生到其他许多领域，如教学、多媒体、通讯、图书馆、网页、工作站等[70]。

2. 通用界面设计

通用界面设计（universal interface design）是通用设计思想在界面设计的应用。它为使学习者使用起来能够建立起精确的心理模型，使用熟练了一个界面后，切换到另外一个界面能够很轻松的推测出各种功能,还能降低培训、支持成本,不用费力逐个指导,同时给学习者统一感觉,不觉得混乱,心情愉快,支持度增加,使页面上的文档、菜单、图片、视频等呈现的信息能被所有人理解,无论是否残疾、年龄、信息技术能力、语言等因素[71]。通用界面设计如:

- 屏幕呈现:整个网络环境保持简单、标准的页面布局,按钮、导航链接等应该出现在相同地方;
- 背景:保持简单的背景,背景色、文字颜色和超链接之间遵循对比;
- 按钮:确保按钮足够大以防使用者肢体障碍而使用可选输入设备;
- 格式:使用一般设备都能识别的格式,如 HTML 语言;
- 图像:提供可选的呈现方式,如文字、声音等格式;
- 链接描述:为链接提供屏幕阅读或同步发声;
- 声频:为声频提供字幕和文字描述;
- 测试:使用其他浏览器测试网页。

以上只是通用界面设计一些方面,真正的通用界面设计包含更多,无论是控件使用、提示信息措辞,还是颜色、窗口布局风格,都要遵循统一的标准,做到真正的一致,让页面内容被所有人,包括残疾学习者、老年人学习者都能理解和操作。

3. 通用学习设计

教育环境的主要用途是教学,因此网络环境的教学内容也是无障碍网络教育环境设计的重要组成部分。通用学习设计理念将为无障碍网络教育环境的内容设计提供依据。通用学习设计(universal design for learning)是通用设计思想在教学方面的应用。美国特殊技术应用中心(CAST)结合大脑研究的最新成果和计算机及网络通信技术,提出了通用学习设计。通用设计是指精心设计教学资源和活动,以使在听、看、说、读、写、行动、记忆力、理解力等方面有差异的学生都能够达到学习目标,这是通过提供给这些能力不同的学生选择灵活的课程资源和活动来实现的,其选择途径是嵌入在教学设计和教育资源的运行系统之中。这一最新的教学设计趋势同多元智力、成功智力和自我调节学习理论等一样,为因材施教、区分教学开辟了新的前景。

CAST 提出了通用学习设计的三个原则:①提供多元的、灵活的呈现方法;②提供多元的、灵活的表现方法;③提供多元的、灵活的参与方法。其核心思想就是"减少学习障碍和增加学习机会",提倡用特别的教学方法帮助各有差异的学生[72]。

1) 支持识别学习,提供多元的、灵活的呈现方法

呈现的灵活性允许我们用各种方法、媒体和资源讲授同一概念。学生可以用不同的

方法学习。有些学生喜好用视觉材料,有些学生喜好用听觉材料,用不同的媒体呈现教学内容,所有的学生都会受益。

2) 支持策略学习,提供多元的、灵活的表现方法

不应当限制学生用一种方法完成学习任务。教师可以使教学内容与每个学生的学习优势相匹配。以往学生都用纸质文本展示自己学到的知识,但是利用无障碍网络教育环境的多媒体资料,我们有各种方法表达与交流。学生把艺术作品、照片、音乐等加入纸质文本中能更好地表达观点。对那些不能使用传统书写工具的学生来说,计算机多媒体工具提供了良好的表达环境。

3) 支持情感学习,提供多元的、灵活参与的选择

不同的学习任务或教学方法对激发学生的学习动机和参与热忱的效果是有差异的。利用无障碍网络教育环境的多媒体教学资源可以允许教师调整任务的难度水平,提供多种可能性,适应不同学生的技能水平、兴趣和喜好确保每一个学生都能达到教学目标。例如,学生可以选择他们喜欢的学习方法学习新材料。如一个学生可能用与时间竞赛的方法学习词汇,其他的学生可能编创一个故事来学习新单词。

通用学习设计为无障碍网络教育环境的内容设计提供了指导思想,不仅要达到网络环境界面设计、交互设计等达到无障碍,网络环境内容也要达到无障碍,使访问者易于访问教育环境,易于理解网络环境内容。

三、全纳设计和全民设计

1. 全纳设计

全纳设计——inclusive design,inclusive 本身的含义为包容的、全部包括的,因此全纳设计的目的是为了所有人而设计,其最终产品或服务必须能够被所有人使用和获取。确保环境或产品能够为各种人群服务,通过简单的界面让人们使用。在很多文献中,对全纳设计和通用设计概念可以互用并不加以区分,因为它和通用设计的目标基本上没有区别,只不过通用设计更为实用、具体,全纳设计更为理想化,因为任何一种产品、服务很难做到为所有人所访问和使用。

2. 全民设计

全民设计(design-for-all),简称 DFA,国内对这个外来词汇的翻译各不相同,如"一体适用的设计"、"为所有人的设计"、"通用设计"等。但其主要意思大致都是指,不需增加附件或特别改良设计,就能成为所有人使用的产品。最初是在建筑领域,为了在任何场所均

应让肢体障碍、视力障碍、听力障碍、老年人、孕妇、幼儿以及一般大众都能够顺利到达及使用而设计。

总的来说,看似设计理念繁多,且各地各专家翻译和理解各部相同,但是透过这些设计理念可以看出,我们对障碍人群和其他信息弱势群体是非常重视的,只是提法、表达方式和阐述角度稍有不同,但是都能体现无障碍思想,以及相通的设计思想,即为了使包括残障人群在内的所有人使用网络产品,得到网络教育的机会。另外,虽然以上的设计原则大部分都始自建筑设计,但也适用于教育环境的设计,如教育环境中多媒体、导航、结构等方面的设计;同时也适用于教育环境中的教育教学内容方面的设计。如何使教育环境适合于不同的学习者,教育环境设计中应以通用设计原则为根本。我们使用各种技术和理论来设计无障碍网络教育环境的时候不仅是用来克服在教育教学中已存在的障碍,更应该去创造没有障碍的学习环境。特殊教育的领域致力于开发辅助科技手段用来帮助身心残疾的学习者进行学习,而当前的主流教育所发展的网络学习则是针对身心正常的学习者而设计,如果能够将这两条平行线汇合到一条线上,把无障碍网络教育环境与各种设计的理念结合在一起,那么网络教育将真正实现其梦想——所有人的教育和学习。

■ 第二节　无障碍网络教育环境的设计原则

无障碍网络教育环境的设计时除了应遵循一般网络环境的设计原则,还要遵循教育的特性,具有教育性和科学性等,最重要的是遵循无障碍网页设计原则,如多媒体信息的无障碍、网页结构和呈现处理的无障碍、网页开发和输入输出设备相关技术处理的无障碍以及网络环境浏览机制的无障碍的设计原则。

一、无障碍性原则

从无障碍网页内容指南 1.0 版本(WCAG 1.0)可以看出,网页开发人员在规划网络环境的架构、资源内容的整理和呈现的处理、网页相关技术的取舍等相关因素时,应该依循下列四个无障碍网页无障碍设计原则:

无障碍网页无障碍设计四项原则是告诉网络环境设计者在规划一个公众网络环境时,应该考虑四个重要层面的无障碍因素,包括内容(content)、结构(structure)、技术(technique)、和浏览(navigation)等。在内容因素上,应该考虑网页的文字信息和多媒体信息的内容无障碍设计;在结构因素上,应该考虑网页内的版面规划和内容结构上的无障碍设计;在技术因素上,应该考虑处理网页内容的、文件语言技术、程序语言技术、媒体技术、和输出入设备技术等的无障碍设计;在浏览因素上,应该考虑网络环境内各网页间的浏览结构的无障碍设计。

　　网页设计的四个无障碍因素可以对应无障碍网页无障碍设计四项原则,如图 5-2 所示。

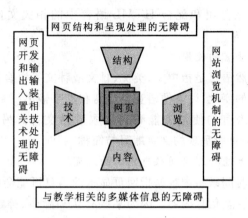

图 5-2　网页四个无障碍因素

1.　多媒体相关信息的无障碍

　　本原则的处理主轴是针对网页内各种信息内容的处理和呈现应该考虑无障碍的设计。在此处信息内容是指可能包括各种自然语言(例如,英文、中文繁体、中文简体、日文、韩文)的文字信息和多媒体信息(包括影像、图形、语音、音乐、影片等),应加入替代或等值的文字以提高这些信息的无障碍。因为这些替代文字可以让屏幕阅读机、点字显示器等各种特殊输出设备做进一步处理,让视觉障碍者或听觉障碍者可以使用其他替代方式获得其信息内容。至于针对认知障碍或神经疾病人士而言,应该在网页的重要信息上避免使用炫光、快速动态影像等媒体效果,以免造成其在使用网页时的不适。

　　有关此原则的详细内容包括在规范一、二、四、七、十四中,分别说明如下:

　　规范一　对于听觉及视觉的内容要提供相等的替代文字内容

　　视觉的内容包括图像、图表、动画等,而听觉的内容则包括音乐、语言和各种音讯。在网页设计上,HTML 语言中和多媒体相关的卷标设计,包括＜img＞、＜applet＞、＜object＞、＜embed＞等标签在设计时应该规划使用 alt 属性和替代文字内容,以补助说明多媒体的信息内容。规范一所指的同等内容是指能描述视觉或听觉内容的一段文字叙述。例如,一个连接到下一页的向右箭头的图像,"下一页"是适当的替代性文字;一个烟火的动画,"有烟火声效的烟火场景动画",则是适当的替代视觉与听觉的内容。

　　规范二　不要单独靠色彩来提供特殊信息

　　许多信息网络环境喜欢使用各种颜色来强调信息内容,如我们习惯用红色来表示重要的信息;不同物品的叙述使用不同颜色来代表。这样的设计对于视觉障碍者而言,完全无法理解,色盲者可能也无法分辨颜色的差异,以致误解信息内容。因此若是要使用颜色来强调信息内容时,应该善用和配合 HTML 语言中的相关文件结构或呈现卷标,如<em>、<h1>、<h2>等。

规范四 阐明自然语言的使用

本条规范所指的自然语言是指中文、英文、日文或韩文等语言。网页设计者应该在文件里标示自然语言使用的变化,以方便语音合成器和点字输出机来处理,以自动地将其转换成新的语言,让不同语言的使用者能顺利读取这份文件。另外可以使用 ABBR 及 ACRONYM 标签表示网页中呈现的文字缩写与简称。

规范七 确保使用者能处理时间敏感内容的改变

在网页信息中所谓时间敏感内容是指网页显示的信息可能会以可移动、闪烁、或滚动条等方式来呈现或自动更新信息内容。因为某些有认知障碍、神经疾病人士在阅读快速移动的文字或闪烁的图形会造成其注意力分散或者身体不适的现象。因此在网页设计时避免使用 marquee 卷标移动文字、避免使用 blink 卷标闪烁屏幕、避免使用动态 gif 图片、不要让网页每隔一段时间自动更新。

规范十四 确保简单清楚的网页内容

网页开发者应确认文件的内容和用词是清楚和简易的,避免使用文言文或复杂的文句,让认知障碍者或手语使用者可以更容易地理解网页内容。

2. 网页结构和呈现处理的无障碍

网页结构的设计很容易因为网页呈现美观的考虑而牺牲无障碍设计。例如,网页设计者可能因为考虑网页文字对齐和美观,而采用表格和页框做排版功能,这样网页就可能具有许多无任何信息意义的表格和页框而混淆了特殊输出入设备的处理功能;网页设计者可能因为要凸显信息内容的对照关系而采用不同颜色的区域,这可能造成特殊输出入设备无法辨识的状况。以上设计的方式都可能破坏网页的无障碍设计,因此在规划网页结构和呈现时应同时考虑无障碍的因素,适当的使用网页的结构卷标,忠实地利用结构和呈现卷标原先设定的功能,毋贪一时的便利或美观而混用不当的标签。

有关此原则的相关详细内容包括在规范二、三、五中,分别说明如下:

规范二 不要单独靠色彩来提供特殊信息

网页设计者不要单独利用色彩来做网页排版的依据,应该配合使用 HTML 语言内的文件结构卷标。

规范三 适当地使用标记语言和样式窗体

网页设计者使用标记语言时,须严格遵守 HTML 语言对文章结构卷标和呈现卷标的原本设计的目的,以避免身心障碍者在浏览网页时所使用的特殊软件解读标记时产生误解。例如,非表格信息使用表格卷标<table>来产生呈现编排效果、如使用标题卷标<h>来产生大字体的效果、如使用保留文字编排卷标<pre>来产生类似表格的编排呈现效果,都是一些常见的错误使用范例。

规范五　建立编排良好的表格

表格是网页信息的一种特殊数据架构,其包括的行、列、和数据格都有特别的信息含义,因此浏览器在碰到网页的表格卷标<table>时,都提供可以适当呈现表格的相关功能。但是许多人在网页开发时,因为表格呈现在各行和各列的整齐划一特性让许多人非常喜欢用来做网页信息的呈现排版功能。如此使用对于一般浏览器使用者而言,并不会造成任何问题,而且网页呈现也整齐美观。但是这种处理方式对于使用屏幕阅读机或点字显示器等各种特殊输出设备的视障人士而言,非表格结构的信息以表格卷标来处理时,网页内容会被切割成顺序错乱且无法理解的信息。因此在处理非表格的信息时,应避免使用<table>卷标来做排版功能。

3. 网页开发和输出入设备相关技术处理的无障碍

网络和多媒体的相关技术的进步日新月异,随时会出现许多新的技术,包括新的输出和输入设备、Script 语言、网页内的程序对象、网页排版语言以及特殊媒体技术等。网页设计在融入这些技术时,应考虑提供给身心障碍人士的特殊上网设备可能尚不支持此项技术,因此在新技术引入时,应该考虑网页信息在不支持此技术时的各种无障碍替代方案,让身心障碍人士可以在不支持此技术时,仍然可以使用此网页的信息内容。例如,网页设计应考虑网页使用者可能无法使用鼠标,因此必须考虑使用替代键盘人士操作网页的相关需求;网页设计在使用到网页内的程序对象时,必须考虑特殊上网设备可能无法执行此程序对象,因此应该提供替代网页或相关措施让使用网页者可以获得其信息内容。

有关此原则的详细内容包括在规范六、八、九、十、十一中,分别说明如下:

规范六　确保网页能在新科技下良好地呈现

Internet 的技术日新月异,网页开发者往往在设计网页时,会使用新科技来强化其网页运作功能,因而忽略使用旧浏览器来处理信息的人士可能发生的种种问题。因此网页开发者应该要确认在较新的科技不支持或关掉的时候,网页仍然具有无障碍,仍然可以让使用者处理网页内的信息。例如,网页开发者在使用 HTML 语言以外的网页技术时,如使用 CSS 样式表、Script 语言时,应该考虑不支持此技术时的处理情况。另外也应考虑身心障碍者使用的浏览器可能不支持复杂的办法。

规范八　确保 HTML 卷标,如 Frame 卷标等。因此使用这些功能时,要指定不支持这些功能时的处理嵌入式使用者接口具有直接无障碍网页开发者在设计师使用者接口时功能和操作使用应该考虑到网页使用者可能无法使用鼠标操作,因此网页的使用者接口的操作设计应该具有键盘可操作化。例如,窗体组件<form>考虑提供键盘快速键的操作,或者设计可自行发声等特性。

规范九　设计设备独立网页

设备独立网页所代表的意思是指网页使用者可以使用他们偏爱的输入(或输出)设备——如鼠标、键盘、声音输入、头杖,或者其他输入设备来和其使用的浏览器互动。例如,如果一个网页内输入功能的控制只能以鼠标或其他的点选设备来启动,那么对那些无法使用一般浏览器而必须以声音输入、或者以键盘或其他非点选设备来使用网页的人而言,将会无法使用这个网页。因此,网页设计者应该在网页输入设计时除了鼠标之外,也要提供键盘操作功能。

规范十　使用过渡的解决方案

该规范所指的"过渡的"是指网页语言内有新技术出现时,可能因为厂商发展的浏览器所实作的功能还不完备,无法充分提供无障碍考虑时,网页开发者在使用此新技术时,应该额外设计和提供无障碍的解决方案,使运用辅助科技和较旧版的浏览器仍能正确的操作。例如,较旧版的浏览器不允许使用者浏览至空的编辑对话框(empty edit boxes)。较老的屏幕阅读器在阅读连续的一串链接时,会将其视为只有一个链接。这些网页内功能强大的主动组件因而变成存取困难或根本无法存取。同样地,网页内的超级链接操作产生改变现有的窗口或突然出现新窗口的动作时,对于无法看到这些状况的使用者来说,也可能会是非常迷惑的。因此网页设计者应该避免随便开启一个新窗口,在网页文字输入区中须有默认值等设计,以方便一些功能不足的浏览器来操作。

规范十一　使用国际制定的技术和规范

网页开发者在设计网页时,应该尽量使用广泛被采用的国际制定的技术和规范,避免使用单一厂商开发的特殊网页技术。因为许多国际订定的技术和规范会考虑技术的开放性和各系统的互通性,而且也往往有比较多的无障碍考虑。例如,有些网络环境提供的文件是以最新版本的软件制作而成,其格式并无无障碍设计,也不被身心障碍者使用的浏览器所支持。因此,网页文件应该尽量使用 HTML 格式,避免使用单一业者开发的最新版软件制作的文件。

4. 网络环境浏览机制的无障碍

网络环境内各网页的浏览机制应考虑无障碍操作的需求。身心障碍者因为其障碍的差异,在使用特殊上网设备浏览网页时,其浏览操作不如市面上一般浏览器那么方便和灵活,因此网络环境浏览机制的设计应力求简单、清楚,让网页使用者可以依其需求来浏览网络环境。例如,有些肢体障碍者只能做小区域的操作,网页信息的安排和设计应考虑其限制,让使用者仍然能够浏览网络环境信息。

有关此原则的详细内容包括在规范十二、十三中,分别说明如下:

规范十二　提供内容导引信息

网页开发者应该要注意到一个网络环境内网页各部分之间的复杂关系,对于有认知障碍的和有视觉障碍的人要做解读可能会相当困难的。因此应该要考虑他们的困难,提供详细的内容导引信息。其做法为定义每个页框的名称、把太长的选单项目群组起来、尽可能将网页内容有相关之元素聚集在一起。

规范十三　提供清楚的浏览网络环境机制

一个网络环境具有清楚和一致的浏览机制对于认知障碍或视觉障碍者是非常重要的。这种规划考虑不仅可让身心障碍者获益,而且可让所有使用者在使用网络环境信息时不会迷失。因此网页开发者可以规划各种引导信息、浏览棒、网络环境地图等,以提供清楚和一致的浏览机制,如此可增进使用者在网络环境上快速而精确地找到特定信息;并对网页标题应该适当地命名,使用 metadata 卷标来记载计算机可以了解运用的网页信息。

此外,最新发布的无障碍网页内容指南 2.0 版本(WCAG 2.0)内容则更为复杂,无障碍设计原则不仅仅是技术方面,而是鼓励开发者通过无障碍概念化过程进行思考,主要有四个原则:可感知原则、可操作原则、可理解原则、稳健原则。

- 可感知原则(perceivable)　网页内容必须是可感知的;
- 可操作原则(operable)　网页中的交互组成必须是可操纵的;
- 可理解原则(understandable)　网页的内容和控制必须是可以理解的;
- 稳健原则(robust)　网页应足够稳健来适应当前和未来的浏览器(包括辅助技术)。

无论是无障碍网页内容指南 1.0 版本(WCAG 1.0)的四个无障碍原则,还是最新发布的无障碍网页内容指南 2.0 版本(WCAG 2.0)中新的四个无障碍原则,虽然在表述方式和内容上稍有区别,但是其本质是相通的,都是为了设计无障碍网络环境提出了最基本的建设性原则。

二、其他原则

1. 教育性原则

网络教育环境的主要目的是为教育教学或培训而服务的,其主要服务对象是从事网络教或学的用户,具体包括教师、学生和企业培训的学员等。因此,无障碍网络教育环境同样如此,必须具备教育性,保证主题鲜明,教学内容明确,让学习者能够通过访问网络环境获取知识,增长经验;同时,也方便教师使用和管理无障碍网络教育环境,始终围绕着教育这个主旋律设计。如果偏离了教育这个主题,将达不到教育教学的目的,甚至会误导学

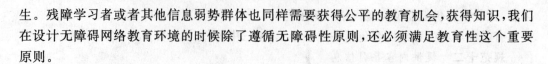

生。残障学习者或者其他信息弱势群体也同样需要获得公平的教育机会,获得知识,我们在设计无障碍网络教育环境的时候除了遵循无障碍性原则,还必须满足教育性这个重要原则。

2. 艺术性原则

任何事物都需要美,无障碍网络教育环境同样如此,这样才能吸引访问者,提高学习者的学习兴趣。一般来说,应该从提高网络环境的色彩搭配、整体布局、趣味性和信息量等着手,遵循美学要求,但是这没有严格的标准,仁者见仁,只要符合大多数人审美标准就可以了,无需一味追求美,而忽视了网络环境的其他原则。这是由于目前的我国网络状况参差不齐,有些地方网络连接较差,不能为了片面追求页面的美观而忽视页面的下载速度,这样会失去一大批浏览者,大家不会为了看一幅美丽的图片而等上半天。网页中的图片应当是起到画龙点睛的作用,除非特殊需要,一般不要在网页中大量使用图片,在网页中的图片要经过适当的压缩处理,使它在保证质量的前提下尽量小。一些用 Java 程序设计的页面也非常美观,但下载速度慢,一般要慎重使用。

3. 科学性原则

对于一个网络环境,如教育网站,尤其是内容较多的网站,其栏目设置是否清晰、合理、科学,往往在很大程度上影响网站的访问量。一个栏目设置合理的网站,学习者会很容易地找到需要的东西,这样的网络环境才能让学习者喜欢。对于初学者来说,常犯的错误就是网络环境结构设计不合理,内容编排杂而乱。因此,在设计网络环境之前,一定要规划好栏目的设置。同时要注意网络环境的开放性,教学内容的开发性是指教学内容应该体现各个知识领域的相关性,无障碍网络教育环境的教学资源、教学内容的开放性,能给学习者提供所需的资源和新的知识,同时也便于教师等课程建设者能随时补充新的内容。教学活动的开放性,是指教师可以根据学习者的情况来调整教学策略和教学设计。随着信息化进程的推进,知识的更新速度愈加快,网络教学的动态特征才能使课程内容跟上知识更新的步伐。无障碍网络教育环境的设计和开发要重视教学内容的动态化设计原则,随时可以扩充新的教学内容,方便对网络课程体系和结构进行修改,保证知识的先进性。以上这些方面都是设计无障碍网络教育环境时应把握的原则。

第三节 无障碍网络教育环境的设计模式

无障碍网络教育环境应遵循一定的设计模式,主要分为无障碍目标和需求分析、无障碍分级、选择需求、确定无障碍解决方案、分析子任务、无障碍网络教育环境原型设计、实施无障碍方案、无障碍评价等阶段。图 5-3 所示是无障碍网络教育环境的设计模式，以下将分别讨论。

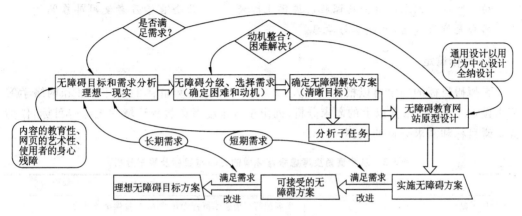

图 5-3　无障碍网络教育环境的设计模式

一、无障碍目标和需求分析

调查发现，许多教育环境的设计给各种障碍学习者，甚至对身心正常的学习者的访问都存在障碍。为了了解他们哪些方面存在障碍，有必要对使用者进行需求分析，并以此得出设计目标。因此无障碍网络教育环境设计模式的第一步骤就是对教育环境的学习者进行调查和研究，得出无障碍目标和需求分析。无障碍目标可以参考网页无障碍规范指南（WCAG 1.0）和网页无障碍规范指南（WCAG 2.0）草案等，然后通过学习者问卷、调查、访谈、测试等方式获取无障碍设计目标和需求。

1. 需求分析

因为网页是视觉媒体，视觉残疾人是最容易产生无障碍问题的人群，从而方便这些使用者访问网络课程成为重点。现在网络教学中音频素材越来越多，所以对于听觉残疾的人群来说，不能获取媒体素材中的内容是他们的障碍。肢体残疾参与网络学习时最主要困难就是在网上与人的交流或与网络环境的交互等。认知残疾是网络课程设计者最容易忽略的。如此一来，无障碍网络教育环境的设计必须分析他们的需求，确定无障碍目标。以下是全盲的网络学习需求分析举例：

全盲是指视力经矫正后未达 0.03 的视觉残疾。由于全盲学习者无法从视觉得到非语言信息，听觉和触觉成为视觉障碍学习者认知的主要途径，形成了视觉障碍学习者与正常人不同的感知特点，这使得视觉障碍学习者的听觉和触觉较正常人发达。由于全盲几乎看不到事物，屏幕和鼠标对他们来说毫无意义。但并不是全盲就不能移动和点击鼠标，只是他们不知道移向何处，什么时候移动。所以我们在设计网络课程时遵循无障碍原则，让全盲学习者使用屏幕阅读器和无障碍键盘，也能参与学习。

2. 目标设定

无障碍目标的确定可以根据残疾人、老年人等信息弱势群体的生理特征和网络学习需求设定。表 5-2 根据以上的需求分析，列出全盲角度考虑教育环境的无障碍目标，作为无障碍目标和需求分析的实例。

表 5-2　从全盲角度考虑教育环境的无障碍目标及需求分析

全盲使用者的学习困难	设计目标及策略
不能使用鼠标	不要编写只能使用鼠标操作的脚本，提供键盘替代
无法看到图像、照片和图解	提供同等的替代本文进行文本描述
经常使用屏幕阅读器听网页内容	允许学习者跳过导航菜单、长项目清单、ASCII art 等可能难以听懂或听得晦涩的内容
经常使用 Tab 键跳过链接	确保链接在上下文以外有意义
框架不能被马上理解，可能导致迷航	尽量不要使用框架，如果必须的话，提供框架
	标题（如"导航框架"、"主要内容"）
全盲学习者无法确定什么时候听表格什么内容	提供行和列得标头，确保每行的读都是从左至右
复杂的图片和表格很难被描述和解释	提供摘要和文本描述
不是所有屏幕阅读器支持图片地图	为图片地图上提供随即地文本链接
无法识别色彩	不要只依靠颜色传递信息
希望链接到其他地方	不要给链接赋予没有真正目的的脚本（如到"这里"）

二、无障碍分级、选择需求

我们在确定无障碍目标和需求分析以后，必须对将要开发的教育环境做个二次定位，目标设计要达到哪个级别，并对需求进行筛选，从而选择合适、合理的无障碍网络教育环境的设计策略。

1. 无障碍分级

根据网页内容无障碍规范 1.0 版（WCAG），该规范共分为 14 条规范（Guideline）、65 项检测点（Checkpoint）。对于这 65 项检测点，再根据网页达到的无障碍要求的程度，把无障碍的网络环境分为三种优先级等级。达到第一优先级(Priority 1)为满足无障碍的基本要求,是所有的网络环境和网页都应该要达到的最低标准。达到第二优先级(Priority 2)是满足无障碍要求的建议标准,是建议所有的网络环境和网页尽可能地达到的标准。而达到第三优先级(Priority 3)是满足无障碍要求的最高等级。能通过第三优先级中各项检验标准的网络环境和网页,是真正的无障碍网页,优先级等级是递进式的,达到低等级目标是可能达到高等级目标的前提。在无障碍网络教育环境设计时,最好是先定位好无障碍级别。当然是越好级别越好,但是要考虑到实际情况,如开发技术的条件、研发人员的无障碍素养、开发的时间和经费等。因此要综合考虑,给出一个合理的定位,这样才能有的放矢,事半功倍。建议开始定位为初级水平,经过反复评价和测试,并提高无障碍软硬条件,逐步修改程序,最后达到高级无障碍优先权。

2. 选择需求

根据各种残疾人、老年人等信息弱势群体的生理特征进行无障碍需求分析后,将得到一系列无障碍需求,如为了低视力学习者着想,必须限制或不将文字制成图片、尽可能地使用真实文本,而不是图片、减小水平滚动条的尺寸,使用相对尺寸单位等;为了认知障碍学习者考虑,需要考虑文本放大、为文本配上图像、避免使用滚动文本、减小速度带来的阅读压力、确保阅读者能查看自己的风格,需要的话关掉色彩和图片等;为听力障碍学习者考虑,需要为音频提供文字记录、为视频提供同步字幕和文字记录等。

综上可知,实现无障碍需求,存在以下几个问题:

(1) 无障碍需求重复,许多无障碍需求重复出现在几种障碍人群的需求中,如不能只靠颜色传递信息,需要减轻学习者的认知负荷,避免误操作等。

(2) 无障碍需求矛盾,因为每种障碍的需求不同,很可能造成需求的矛盾,如为了认知障碍了解文本信息,需要给文本配上图像,来帮助理解。但是视觉障碍和网络带宽考虑,尽量不使用图片来表达信息。

(3) 无障碍需求超前,有些需求是一种理想目标,能不能实现,能不能起到很好的效果都是未知,所以应结合实际情况,选择合适的无障碍需求。

总之,无障碍网络教育环境的设计需要重新选择需求,制定不重复、不矛盾、能达到的无障碍需求。

三、确定无障碍解决方案

无障碍网络教育环境的设计目标和需求分析后,必须确定无障碍设计策略,即无障碍解决方案,如何达到这些目标,采取何种技术方法等。以下是无障碍网络教育环境的解决方案举例:

- 字体大小适中,提供可选字体大小
- 页面风格可选
- 按钮美观,尽量用动画图标,生动表示意思,且位置统一
- 模块与模块要有区分,用颜色和文字区分
- 为按钮、链接设置替代文本,提示语言
- 文字和背景保持至少 5:1 的对比度
- 声音、视频等要有开关按钮、声音大小可以控制
- 链接描述准确,没有歧异
- 页面框架使用标题,说明页面内容
- 使用 CSS 样式表,规范格式
- 重要的内容用高亮显示,解释说明
- 使用规范的 HTML 语言
- 表格、图像等属性使用相对单位,如"em"或者"%"
- 表格提供摘要说明
- 所有内容使用同一文本格式,以便能被文本语音合成器识别,内容只用简单的格式(如 HTML)
- 每页不能很长,尽可能分页

　　以上只是无障碍网络教育环境解决方案的一些例证,开发中可以根据开发者的经验和实际情况,制定无障碍网络教育环境的解决策略。

四、无障碍网络教育环境原型设计

　　无障碍网络教育环境原型的设计是无障碍设计的实现过程,也是一个无障碍设计的修正过程。无障碍网络教育环境的原型设计是确定软件的总体风格,包括界面形式、导航策略、素材规格等。无障碍网络教育环境开发技术主要分为静态页面开发技术和动态页面开发技术,静态页面的制作可以通过网页制作软件来实现,如动态页面可以通过 ASP、PHP、CGI 等程序编写而成。通常网页制作中还经常用到脚本编辑语言,如 JavaScript、VBScript。除了网页制作技术外,开发中经常使用的相关技术还有流媒体技术、虚拟现实技术、智能代理技术等。嵌入网页中媒体素材主要是制作图形图像、视频、动画、音频等媒体素材技术。无障碍教学网络环境具体的设计开发见第六章。

五、实施无障碍方案

　　利用网页开发技术实现无障碍网络教育环境原型设计以后,还必须实施无障碍方案,这时需要利用到相关无障碍开发技术的支持。无障碍网络教育环境与普通网络环境的开

发技术一样,不同的是多媒体素材的制作技术,除了常规的技术,还有字幕技术、检测技术、评价技术、修复技术等,主要有字幕制作工具:MAGpie 和 Hicaption;测试工具:在线色彩对比测试、色盲检查、屏幕大小测试、测试色盲的类型、浏览器兼容测试、CSS 检查、链接测试;评价工具:BOBBY、HiSoftware、AskAlice、WebThing、WebXACT;修复工具:A-Prompt、LIFT、WAVE、AccVerif 和 AccRepair、Deque Ramp。这些特殊的技术是为了实现无障碍设计和评价的,实施好坏程度取决于网络环境开发人员对以上技术的了解和应用程度,其中最重要的还是他们对这些技术的应用态度,必须将无障碍思想坚持到底,一如既往的使用这些技术。

六、无障碍网络教育环境检测方法、检测工具和标准

以上只是简单介绍无障碍网络教育环境的评价方式,以下将介绍具体的无障碍网络教育环境的评价主要检测方法、检测工具、评价标准等。

1. 检测方法

检测方法主要有自动检测和人工检测。

自动检测是利用专门的软件对网页源代码进行扫描,鉴别其中存在的错误及错误次数。自动检测具有检测速度快、耗时短、效率高等特点,能自动完成部分统计、分析工作,但是在语义层面的检测能力较差,不能判断内容是否有意义、合乎逻辑等。

人工检测是具有相关技能的专业人员在常规状态下观察和检测网页内容,或者改变浏览器和操作系统设置、添加辅助科技来测试使用效果。人工检测主要是弥补自动检测工具的缺陷,具有良好的判断能力。但是人工检测在知识、技术和体验方面无法达到较高水平。

2. 自动检测工具

自动检测工具至少有 80 多种,主要有综合测试工具、专项测试工具、修复工具和人工检测辅助工具。其中以 Bobby 软件、WebXACT 在线测试、HiSoftware、AskAlice 、WebThing 等为代表。每种检测工具对无障碍标准的解释、判定采用了不同的技术机制,因而在评价能力、效率等方面各有特点,我们在检测时选取何种检测工具应考虑研究样本的特点,如果时间和人力充裕的话,最好能选取两种及以上的工具进行反复测试,以取得更接近真实的无障碍水平。

3. 评价标准

一般采用 WebXACT 在线测试工具(http://webxact. watchfire. com),WebXACT是由 Watchfire 公司开发的一款在线测试的网页测试工具,其核心机制是 Bobby 软件,由

质量(quality)、无障碍(accessbility)、隐私(privacy)三个模块组成,作为一款免费工具,每次测试一个页面,提供详细的测试报告。WebXACT 以 WCAG 1.0 和 Section 508 无障碍标准为基础,经过适度调整,形成了 92 项具体的"检测"(checks)规则,每项规则都对应一个特定的 WCAG 检测点。它的检测判断能力分为自动检测点(automatic checkpoints),即能够完全自主判断页面是否违反检测点,人工检测点(manual checkpoints),即只能部分或完全不能判断页面是否符合检测点,在测试报告中以"警告"(warnings)的形式给予提示,为人工测试提供参考。

■ 第四节　无障碍网络教育环境的设计流程

无障碍网络教育环境设计是教育环境设计中的有机组成部分。它不是单独的一部分,无障碍设计体现在教育环境实现中的每一个阶段,与教育环境设计并不是割裂开来的。教育环境设计涉及多学科、多领域、多技术。一般地,教育环境的开发涉及两个方面:媒体呈现技术方面和媒体呈现内容方面。因此要明确教育环境的特点:

首先,教育环境是网络环境中的一种,它的开发流程应遵循普通网络环境开发的技术流程;其次,教育环境是服务于教育教学,因此应该从学习者的角度来设计教育环境中的内容。如图 5-4 所示。

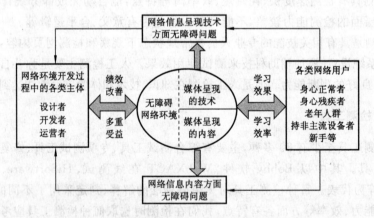

图 5-4　无障碍网络教育环境设计涉及的两个方面

一、无障碍网络教育环境的设计阶段

无障碍网络教育环境的设计一般可以分为规划、设计、检测、认证四个阶段,问题定义、概念讨论,需求分析,设计原型,实现与单元测试,需求集成与系统测试,发布、运行与更新维护等六个步骤。为了提供给网页设计者设计无障碍网页,以下将阐述无障碍网络教育环境设计的四个阶段和六个步骤。

第一阶段 无障碍网络教育环境规划阶段。网页开发者应该依照无障碍网页设计的四个原则来整理信息和规划网络环境。

第二阶段 无障碍网络教育环境设计阶段。网页开发者在设计个别网页时,应该依照无障碍网页检测规范的内容和思想来设计网页使用的卷标和相关处理对象。

第三阶段 无障碍网络环境检测阶段。网页完成后,网页开发者可透过无障碍网页检测工具来检测网页的无障碍设计。无障碍网页检测规范制订了6种检测等级,其中有三种检测等级是可由机器自动检测;有三种检测等级是必须由人工加以判别与检测。

第四阶段 无障碍网页认证阶段。网页内容通过检测完成后,网页开发者可以依据相关网页通过的检测等级在本规范相关的官方网络环境内下载各个检测等级所对应的检测认证标章,并参照其规定方式在网页的适当位置放置检测认证标章和说明。让网页使用者可以得知此网页通过的无障碍网页规范认证的等级。

二、无障碍网络教育环境的设计步骤

一般的网络环境开发采取的是"自顶向下"的 Web 开发方式,从主页开始设计。

首先,在建站之前,认真分析和掌握网络环境中会遇到的问题以及要达到的目标,清晰的理解和定义目标有助于确定网络环境设计的合理性。

其次,创建开发规范书,它记录了站点的所有需求,并认真考虑所有潜在的学习者的访问需求。

再次,制定网络环境设计书,包括技术和界面的。

最后,就是网络环境的实现和测试。在发布前,根据阅读者的反馈意见不断的修改和校正。

无障碍网络教育环境开发流程与一般网页开发流程不同的是把无障碍网页设计理念贯穿于整个网络环境设计的各个阶段,具体流程见图5-5。

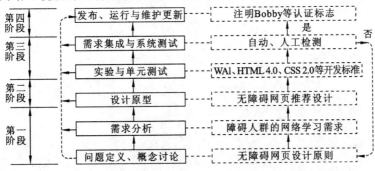

图 5-5 无障碍网络教育环境设计流程图

从图 5-5 可见,无障碍网络教育环境的设计思想贯穿了网络环境开发的每个环节。同理,在设计无障碍网络教育环境时,我们应遵循以下步骤:

第一步　规划阶段

应该应遵循 WAI 的《网络环境内容无障碍规范》的 14 条规范,它是网页开发应遵循的四条原则,分别是:多媒体相关信息的无障碍,网页结构和呈现处理的无障碍,网页开发和输入输出设备相关技术处理的无障碍,网络环境浏览机制的无障碍。这四条原则是从网络环境开发的整体考虑,适应所有阅读人群,是所有网络环境开发的基本准则。

第二步　设计阶段

根据障碍人群特征和网络需求,选择上述推荐中合适的设计。这些设计应当遵循 WAI 的《网络环境内容无障碍规范》和相应的网络环境开发标准(如 HTML 4.0、CSS 2.0 规范等)。

第三步　检测阶段

首先应用自动检测工具进行检测,必要时,可以人工对照 WCAG 的检测点进行检测。

第四步　发布运行阶段

如果通过了检测,就可以标注认证标志(如 Bobby、W3C、A-Prompt),如果没有通过检测,则回到第一步的规划阶段进行改进,逐步完善包容障碍人群在内的无障碍网络教育环境设计。

第六章

无障碍网络教育环境的开发要素

　　人们普遍地认为网络教育环境的构建,就自然而然地能够为所有学习者在任何时间、任何地点,以任何方式学习任何内容。然而技术的先进却不能够保证网络教育的种种优势变成现实中的事实;网络教育环境所提供的前所未有的机会并不能保证是对每一个学习者都是公平和公正的。因为当前的网络教育环境中还存在着诸多障碍,知晓无障碍网络教育环境开发中的诸要素,将是消除障碍的一个开端。

　　本章主要从无障碍网络教育环境开发过程中涉及的各种要素进行了深入的探究,主要内容涉及无障碍网络教育环境的等级,无障碍网页的布局,无障碍图形和图像的设计;各种多媒体的设计,字体和颜色的设计,各种表单和交互操作的设计,以及网络教育环境中的导航机制的设计,元信息的设计等。为网络教育环境开发提供了相应的设计方法和设计范例。

第一节 无障碍网络教育环境的等级

为了让网页开发者和网页使用者能够对网页的无障碍设计有明确的评估方式和一致的认定准则,特参考 WAI 组织在相关无障碍网页标准的设计,以三个优先等级来规范无障碍网页的易访问性设计。此三个优先等级会直接反映到无障碍网页 14 条规范、标准检测码、检测等级和检测认证标章[73-74]。

一、优先级 1 的要求

第一优先等级(Priority 1) 网站开发者在设计网页时必须遵循此等级的要求,否则将造成某些使用者或团体无法读取重要信息或甚至无法进入该网站。因此,第一优先等级的检测要点对于网页的易访问性来说是一种基本需求。

(1) 为每个非文本元素提供一个替换的文本(如通过 Alt、Longdesc 或用元素内容),包括:图像、文本图表(包括符号)、图层、特技(如 GIF 动画)、Java 的程序和编程的对象、ASCII 艺术、框架、脚本、作为列表的图标、图标按键、声音、单独的声音文件、视频和视频声道。

(2) 确保所有携带颜色的信息在没有颜色时也有效。

(3) 清晰地定义文档或同类文档中自然语言的变化,如字幕。

(4) 组织安排文档以便他们在没有风格页时也能阅读。例如,当一个 HTML 文档没有风格页时,它也能读文档。

(5) 确保当动态内容改变时,同类动态内容更新。

(6) 在用户不能控制闪烁时,不要使屏幕闪烁。

(7) 网站内容使用最清晰,最简单恰当的语言。

(8) 如果使用图像或地图,应为活动的服务器端地图提供足够的文档链接。

(9) 除非客户端不能用几何图形定义,否则要提供客户端的地图而不是服务器端的。

(10) 如果使用表格,如数据表格,要定义行头和列头。

(11) 数据表格有两个或两个以上的逻辑表头,用标注连接表头元素。

(12) 如果使用框架,要给每个框架加上便利的名字和导航条。

(13) 如果使用 applets 和脚本,应确保当脚本、applets 或其他程序对象被关掉或不支持时能够使用。如果不能,应提供可替换的同样的可访问的信息。

(14) 如果使用多媒体,用户代理不能自动阅读相同的可视化声道文档之前,为重要的多媒体可视化声道信息介绍提供一个"audio"的说明。

(15) 对任何基于时间的多媒体信息,如电影、动画,需要同时附有功能相同的替换,如字幕,或"audio"说明。

二、优先级 2 的要求

第二优先等级(Priority 2) 网站开发者在设计网页时应该遵循此要点,否则将造成某些使用者读取网页时的困难。也就是说,符合第二优先等级检测的网页,已经消除了残障人士浏览网页时的重大障碍。

(1) 当有色盲的人访问或用黑白屏幕面访问时,确保前景色和后景色有足够强烈的对比。

(2) 当可以用适当的标注语言时,用标注语言而不用图像来传递信息。

(3) 建立有效的文档来表示正式的语法。

(4) 用风格页来控制显示和陈述。

(5) 用关联的而不是独立的标记语言单元来赋值,不要用风格页属性值。

(6) 根据规范使用表头元素来传达文档。

(7) 正确的标记列表和列表条款。

(8) 标记引用语。不用引用语标注来规划效果如[indention]。

(9) 确保动态的内容能访问或提供可替换的陈述或页面。

(10) 用户代理没有允许控制闪烁,则要不使内容闪烁。

(11) 如果用户代理提供了更新的功能,不要建立周期性自动更新的网页。

(12) 如果用户代理提供了自动转到下一页的功能,不要使用标注自动转到下一页。而应该配置服务器来完成这项工作。

(13) 如果用户代理没有允许用户关掉母窗体,不要显示子窗体或其他窗体。

(14) 当可以使用 W3C 技术时就应该使用适当的该技术来完成任务,如果支持要使用最新的版本。

(15) 避免使用不支持 W3C 技术的特性。

(16) 必要的时候把大块的信息分成小块的可管理的信息。

(17) 清晰的定义每个链接的目的地。

(18) 提供元数据来给网页或网站添加注释信息。

(19) 提供网站的总体框架结构信息,如一个网站地图或内容表。

(20) 使用风格一致的导航机制。

(21) 表格使用:除非使用表格有意义才使用表格布局,否则,就使用功能相同的替换。

(22) 如果使用表格,不要使用任何结构化标注来安排可视化的格局。

(23) 如果使用框架,要叙述框架的目的,仅凭框架的标题不能表明各框架间的关系,还要指明框架间是怎样相关的。

(24) 表单使用:如果用户代理支持表单控件和标签控件直接相关,那么要使所有的表单控件和标签直接相关以确保标签正确的定位,并使标签直接与控件相关。

（25）applets 和脚本的使用：对于 applets 和脚本要确保事件处理者要加入独立的设备。

（26）在用户代理允许用户阻止移动内容之前，不要在页内移动。

（27）使编程单元比如脚本和 APPLETS，可直接访问且与技术兼容。

（28）确保任何元素有它自己接口，并能在独立设备方式下可操作。

（29）对于脚本，指定逻辑事件处理者，而不应是独立设备事件处理者。

三、优先级 3 的要求

第三优先等级（Priority 3）　网站开发者在设计网页时可以遵循这个等级的要求，以提高网页内容的易访问性，改善使用者浏览网页时可能遇到的困难。

（1）在首次使用时，在文档中指定缩写字母的全称。

（2）确定文档主要的自然语言。

（3）通过链接、表单控件和对象建立 Tab 键的逻辑顺序。

（4）为重要的链接（包括客户端的图像），表单控件和表单控件群提供键盘的快捷键。

（5）在用户代理（包括帮助技术）在清楚地实施邻近链接之前，在邻近链接之间不要使用链接和可以打印的字符（被空格包围的字符）。

（6）提供一些信息以便用户能根据自己的喜好接收文档。如语言、目录类型等。

（7）提供导航条来突出导航机制并指出访问方法。

（8）有相关链接组时，应提供绕过组的方法。

（9）如果有搜索功能，确保能使用不同的技术水平和根据各人的喜好进行搜索。

（10）在标题、段落、列表等的开头给出不同的信息。

（11）为文档集（文档包含多个页）提供信息。

（12）提供一种跳过多行 ASCII 的方式。

（13）提供有图表或声音的附录文本以便更容易理解网页。

（14）建立整个网页一致的呈现风格。

（15）如果使用图像控件，在用户代理没有给出客户端的图像链接的可替换的文本之前，为客户端的图像链接提供足够的文本链接。

（16）如果使用表格，提供表格概要；为表头标签提供缩写形式。

（17）如果使用表单，在用户代理正确处理空控件（包括默认的控件）之前，在编辑区和文本区放置保留字符。

■ 第二节　无障碍网页的布局设置、网页大小

一、布局设置

无障碍网页的设计很容易因为网页呈现美观的考虑而牺牲易访问性，设计应该自上

而下进行。首先要考虑用户是如何访问站点的。在大多数情况下,是首先设计主页,再设计子页,最后是内容网页。

纯文字浏览器皆以由左而右、由上而下的方式阅读。因此在编排网页版面时,必须确保内容能够以由左而右、由上而下的方式呈现。无障碍网络教育环境依无障碍网页设计原则而建置,网站的主要样板内容一般可以分为三个大区块:

(1)上方导航连接区。

(2)左方导航连接区。

(3)主要内容区。

首先,在纸上创建以块形式存在的样板网页,网页布局可以采用块的组合方式来设置,块的组合允许设计者专注于对象的类型,不必在网页上考虑精确的位置和细节的组织。块分区法能有助于设计者创建网页模板,它会使后来的实现更加容易。确信所创建的合成块是满足浏览器的约束条件的,一旦网页块的组合设计好后,其他类型的网页也可以按同样的方式设计。图 6-1 所示是典型的网页布局设置。

图 6-1 典型的网页布局设置

二、网页大小

网页大小适宜也是无障碍的一个基本要求。这里的网页大小,主要是指网页文件的大小对网页加载速度的影响。随着上网时间的推移,人们对于网页加载的耐心会逐渐消失,用户所愿意等待的确切时间因人而异,但是对于响应和反应时间也存在一些一般性的规则。一些可用性专家,如 Jakob Nielsen 有关响应时间的研究报告了相似的结果。响应时间和用户的反应根据如表 6-1[75] 所示。一般而言,网页加载的时间应小于 10 秒,对于不同的连接速度要求,网页能够在此时间内给予相应,并完成网页的加载。

表 6-1 响应时间和用户的反应

花费的时间(秒)	可能的用户反应
0.1	以如此之快的速度操作,用户的感觉是瞬时的
1.0	对于秒级的反应,相对来说,用户的注意力是集中的
10	这是把用户的注意力集中在网页上的极限时间
>10	对于这么长的延迟,用户会去做别的事情,浏览别的站点,如果想用户保持注意力,必须经常给他们反馈信息,让他们能感觉到什么时候网页加载将会完成

■ 第三节 图形、图像及背景的无障碍设计

一、概述

在无障碍网络教育环境的设计中,图像设计是核心部分。在教育网站中,图像常用来展现信息,或者导航说明(如"首页"、"上一页"、"下一页"等图形图像)。如果用户有视觉障碍,看不到图像,或者是他们的浏览器不能显示图像和图形,那么他们就会在理解这些图像时面临困难。因此在无障碍网络教育环境的设计中,应该为图形、图像提供同等内容的替代文字,因为这些替代文字可以让屏幕阅读机、点字显示器等各种特殊输出装置做进一步处理,让视觉障碍者能够无障碍地浏览和获取这些信息内容。

这些替代文字在网页中所带来的方便性与好处是因为语音合成器与点字显示器等技术的成熟。网页信息可借由这两项技术,让非文字内容得以让视觉障碍者用听的或触摸的方式了解其信息内容;对于一些有阅读困难的人(经常伴随着认知障碍、学习障碍和听力障碍)的人来说,要了解这些非文字的内容,可经由语音合成器 来朗读替代文字,将有非常重要的帮助;替代文字的显示不但可以符合听力障碍者的需求,对于非身心障碍的正常学习者也是有额外的帮助。

目前可以使用三种方法,即 Alt、Title 和 Longdesc 来设计无障碍的图形和图像[76]。

(1) Alt 是最简单的入门技术,可以在图像元素中加入图像的 alt 文本。如:

```
<img src="kala.gif" width="400" height="300" border="0"
  alt="刚出生的考拉,仅如花生仁那么小"/>
```

屏幕阅读器可以大声地朗读 Alt 文本,也能把它发送到盲文显示器上。在写 Alt 文本时,要注意几个方面:

首先,要求简短,因为当图像载入模块被关闭,或者浏览器不能显示图像时,一个长长的 Alt 文本可能不会被完全地显示。习惯上把 Alt 文本限制在 1024 个字节(1K)之内或更少。

其次,Alt 文本代表图像,应该说明这张图画呈现的是什么内容,或者概括它的功能。

(2) 改进教育网站无障碍性的第二种方法是在图像元素中添加 Title(标题)。标题的功能和用途相当广泛。3W 协会把标题定义成"为所设置的元素提供咨询信息"。在图像的无障碍设计中,可在图像元素中添加标题属性,来提供有用的详细信息,从而扩张 Alt 文本。如:

```
<img src="dance.gif" width="400" height="300" border="0"
  title="中国残疾人艺术团出演的舞蹈《千手观音》,听不到节拍的聋人翩翩起
```

　　　　　　舞震撼观众"

　　　　　alt="舞蹈《千手观音》" />

　　在描述照片时，Alt 文本提供了最小限度的、比较精练的信息；Title 提供了有用的、富有吸引力的信息。Alt 文本可以用来描写照片的基本组成，Title 属性可以用来解释照片的意义。屏幕阅读器能够大声地读出这些标题内容。

　　（3）当 Alt 和标题不足以具体地表现图像内容时，HTML 在较复杂的层次上提供了无障碍的设计途径，这就是 Longdesc 属性。Longdesc 是对图像的长描述，可以超过 1024 个字节。

　　Longdesc 是个独立的文件。通常可以为每个 Longdesc 写成一个小的 HTML 文件。要求是用户的浏览器或屏幕阅读器一定要支持 Longdesc，但目前为止没有几个支持它。

　　要给一个图像元素添加 Longdesc 属性，代码如下：

　　　<img src="dance.gif" width="400" height="300" border="0"

　　　　title="中国残疾人艺术团出演的舞蹈《千手观音》，听不到节拍的聋人翩翩起

　　　　　　舞震撼观众"

　　　　alt="舞蹈《千手观音》" longdesc=" dance_LD.html" />

　　建议为 Longdesc 文件命名的习惯是使用此图像名，再加上"_LD"字符，扩展名为 html 或者 htm。这样，系统的文件目录以字母顺序排列时，图像文件和 Longdesc 文件就会相互接近；使 Longdesc 文件更容易被认出。

　　当某些数据以图表的形式呈现时，应该对图表进行无障碍设计。最简单的方法是使用 Alt 文本，说明图表是什么内容。如：

　　　alt="2005 年北京高等教育女性毛入学率达到 50%"

　　也可以用标题属性对统计图表中几组相关数据进行比较。如在 edcation2006.html 网页中有一张图表显示了近几年来北京市在校女大学生人数和比例，就可以使用 Title 属性来详细说明：

　　　title="近年来，北京市在校女大学生比例持续增加。2003 年，普通高校在校女大

　　　　　学生人数首次逾越 20 万人大关，之后逐年增加，到 2005 年达到 26.27 万

　　　　　人，占在校大学生总数的 48.95%，比 2000 年提高 5.5 个百分点。"

　　如果对图表的描述很长，就可以使用 Longdesc 属性，但是目前支持 Longdesc 属性的浏览器和屏幕阅读器较少。

二、图标的使用与替代文字

　　教育网站和其他网站一样需要使用到大量的图标，来代替或补偿文字菜单。如在 Microsoft Word 中，打开图标是 　，打印图标是 　。这些图标已经被使用者接受，甚

至比文字更具影响力。但是,使用图标时应考虑到是否容易被操作,是否能方便地传递概念,使用者能否理解等;否则也会带来学习中的障碍。

教育网站在使用图标时应进行以下无障碍思考:

首先,尽量使用简单的、容易被理解的,人们经常使用的图标。尽量利用普遍使用着的图标,不要自己制作新的图标来代替同一个意思。

其次,图标应具有吸引人、容易被辨别的特征,不被吸引的图标只会增加页面的负担,造成学习者理解的困境。所以,没有必要使用的图标尽量不使用,以充分体现无障碍的设计。例如,要避免在 DL、DT 与 DD 卷标中,只为视觉美观而利用图片作为条列项目图标。然而,对于已作为条列项目图标的图片,则应该使用 Alt 属性提供适当的替代文字说明。

下面改善的设计,是使用 Alt 属性对于作为条列项目图标(gov. gif)提供替代文字:

```
<DL>
<DD> < IMG src="gov.gif" alt="*"> 教育学院</DD>
<DD> < IMG src="gov.gif" alt="*"> 教育系</DD>
<DD> < IMG src="gov.gif" alt="*"> 教育技术系</DD>
</DL>
```

网页开发者应该避免使用条列项目图式提供额外的信息,然而,如果已经有使用条列项目图标传达额外的信息时,则同样应该使用 Alt 作适当完整的说明。

改善的设计:

```
<DL>
<DD> < IMG src="red.gif" alt="新的造型:"> 休闲型</DD>
<DD> < IMG src="yellow.gif" alt="旧的造型:"> 上班族</DD>
</DL>
```

三、图片的使用与替代文字

图片是教育网站上重要的多媒体信息之一,主要以矢量图和位图两种格式。成千上万的图片传递着无限丰富的信息,是网络教育不可或缺的重要组成部分。但是,对于障碍学习者来说却是利弊共存。一方面,图片有助于阅读障碍、学习障碍、认知障碍学习者,甚至是普通学习者理解文字内容、加深记忆;另一方面,图形图像对于视力障碍学习者、认知障碍学习者阅读存在很大困难,视力障碍学习者必须借助屏幕阅读器,认知障碍学习者需要替代文字说明图形图片。所以,图片的使用也要充分考虑无障碍设计,如对图片加以文字的解释(图解)、给图片添加文字说明等,以帮助有障碍学习者的学习。

（一）为图片添加图解

教学内容经常会提及许多概念和复杂的事务，如果单纯靠文字描述，很难让学习者理解和掌握。配有图解的概念能提高教学效果，特别是对低视力学习者、学习障碍学习者、阅读困难学习者等障碍学习者。图解不仅仅只有图片或是文字，应在图片和文字结合，共同阐述教学内容。例如，学习教学网卡的结构时，可配有图 6-2 所示的图解作为文字描述的补充，增加学习者的理解。

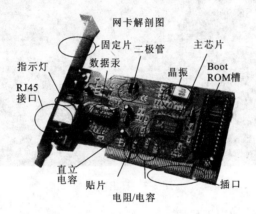

图 6-2　图解示例——网卡示意图

（二）为图片提供同等内容的替代文字

视觉障碍学习者无法和正常学习者一样用视觉阅读图片，解决的办法就是为图片提供屏幕阅读器能阅读的文字。提供同等内容的替代文字是无障碍网络教育环境设计时必须做的。

1. 制作替代文字的原则

在网页中为图片提供替代文字是在代码＜img＞中加入＜alt＞标签，设计时应遵循以下原则：

（1）确保替代文字是准确的、简洁的描述图片的内容。

（2）不传递信息的图片提供空替代文字。

（3）主要图片和图片热区都提供替代文字。

（4）相邻的图片不要重复替代文字。

（5）不要将重要的图片放在背景中。

以上原则只是制作替代文字的基本原则，重点是标签内容能准确无误的表达图片的信息,能使屏幕阅读器读出图片的内容。

2. 替代文字的制作举例

(1) 为图片"日出"添加替代文本。见图 6-3。

图 6-3　日出图片

可以在 HTML 中添加以下代码:

    <img src="sunset.jpg" alt="美丽的日出" width="800" height="600"/>

也可以在 Dreamweaver 编辑器中添加替代文本,如图 6-4 所示。

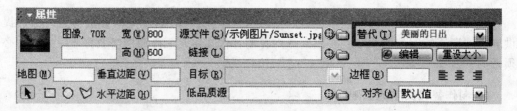

图 6-4　设置图片替代文本

(2) 为图片"日出"添加空替代文本。

可以在 HTML 中添加以下代码:

    <img src="sunset.jpg" alt="" width="800" height="600"/>

也可以在 Dreamweaver 编辑器中设置替代文本为"空",如图 6-5 所示。

(3) 为热区添加替代文本。

热区添加替代文本和以上基本相同,在 Alt 标签中设置需要添加的替代文本。在此

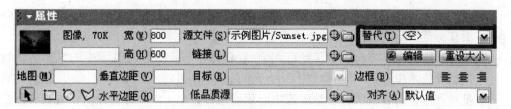

图 6-5　设置图片替代文本为空

不再赘述。

（三）图片作为链接时的替代文字

当使用图片作为链接时，必须使用 Alt 属性提供此图片的替代文字说明。
正确范例：

```
<A href="aboutme.html">
<IMG src="lala.gif" alt="邓小平从小到大的成长过程">
</A>
```

（四）一般图片的简短替代文字

在教育网站上的一般性图片（仅作为图片展示时），考虑到视觉障碍者应当提供简短的文字说明。如当使用 IMG 卷标时，应通过 Alt 属性提供替代文字说明。
正确范例：

```
<IMG src="view.jpg" alt="八达岭长城的照片">
```

当使用 OBJECT 卷标时，应在 OBJECT 卷标间提供替代文字说明。
正确范例：

```
<OBJECT data="view.jpg" type=" image/jpg">
八达岭长城的照片
</OBJECT>
```

（五）图片需要较长的替代文字

当 Alt 的文字陈述超过 150 个英文字符，无法以简短的替代文字传递信息时，则应该通过 Longdesc 属性链接至另一网页，以单独叙述的方式提供完整的文字说明。
正确范例：

```
<IMG src="aboutweb.gif" alt="浙江师范大学"教育媒体与传播实验教学中心""
```

```
longdesc=" aboutweb.html">
```

在 aboutweb.html 网页上放置完整的文字说明：

浙江师范大学"教育媒体与传播实验教学中心"：

www.AboutWeb.org 浙江师范大学"教育媒体与传播实验教学中心"（原名为现代教育技术中心，以下简称"中心"）于 1999 年 5 月成立，2001 年 12 月被列为首批重点建设的省级实验教学示范中心建设项目，2004 年 3 月通过浙江省教育厅验收成为浙江省高校首个省级实验教学示范中心。

不过，由于有些浏览器无法辨别 Longdesc，所以除了在 IMG 标签中使用 Longdesc 以外，网页上应该提供额外的描述性链接，确保使用者可以获得 Longdesc 中的文字内容，建议可于图片旁提供说明页的文字链接。

正确范例：

```
< IMG src="school.gif" alt="浙江师范大学网站"longdesc="school.html">

<A href="school.html"> 详细说明< /A>
```

在 school.html 网页中提供详细的说明：

浙江师范大学本部位于国家历史文化名城金华市，地处浙江中部，北依沪杭，南联闽粤，交通便捷。学校占地面积 3300 余亩，建筑面积 100 余万平方米。校园环境清幽，绿树成荫，芳草似锦，与国家级风景名胜双龙洞交相辉映、相得益彰，是求知成才的理想之地。

当使用 OBJECT 时，同样应该在 OBJECT 卷标中提供完整的文字叙述。

正确范例：

```
<OBJECT data="school.gif" type=" image/gif">

<A href="school.html"> 浙江师范大学</A> 本部位于国家历史文化名城金华市，地处浙江中部，北依沪杭，南联闽粤，交通便捷。学校占地面积 3300 余亩，建筑面积 100 余万平方米。校园环境清幽，绿树成荫，芳草似锦，与国家级风景名胜双龙洞交相辉映、相得益彰，是求知成才的理想之地。
```

如果信息是以图表的方式呈现时，网页开发者应该在 OBJECT 卷标中，提供此图表的文字说明页。

正确范例：

```
<OBJECT data="e1.gif" type="image/gif">

图表：

<A href="e_url.html"> 第 20 次互联网调查报告--- 网民年龄结构文字说明 </A>
```

```
</OBJECT>
```

在 e_url.html 网页上提供了完整的文字叙述：

第 20 次互联网调查报告——网民年龄结构为：

不到 18 岁 17.7%

18~24 岁因素 33.5%

25~30 岁 19.4%

31~60 岁 28.4%

60 岁以上 1.0%

四、影像地图的替代文字

影像地图是传达视觉信息的一种设计，所以对于视障者来说，使用上不易正确地选取影像地图中的超级链接，因此影像地图中每一个超级链接应以 Alt 属性提供替代文字说明，确保使用者取得影像地图中的超级链接信息。

以下范例是在影像地图的 AREA 卷标，以 Alt 属性提供替代文字说明。

正确范例：

```
<IMG src="map.gif" width="472" height="94" usemap="# Map" border
="0" alt="三大资讯网站入口">
<MAP name="Map">
<AREA shape="rect" coords="10,8,158,86" href=" http://www.yahoo.
com.cn/ " alt="中国雅虎">
<AREA shape =" rect" coords =" 161, 8, 309, 86" href =" http://www.
pchome.com" alt="PChome">
<AREA shape="rect" coords="311,8,460,86" href="http://www.yam.
com" alt="yam 天空">
</MAP>
```

如果以 OBJECT 代替 IMG 卷标提供影像地图的话，也应该以同样的方法对图片提供替代文字说明。

正确范例：

```
<OBJECT data="map.gif" type="image/gif" usemap="# map"> 三大资讯
网站入口包含
<A href=" http://www.yahoo.com.cn/"> 中国雅虎</A> 以及
<A href=" http://www.pchome.com"> PChome</A> 与<A href=" http://
www.yam.com "> yam 天空< /A>
```

```
</OBJECT>
<MAP name="map">
    <AREA shape="rect" coords="10,8,158,86" href=" http://www.
    yahoo.com.cn/" alt="中国雅虎">
<AREA shape="rect" coords=" 161, 8, 309, 86" href=" http://www.
    pchome.com." alt="PChome">
<AREA shape="rect" coords="311,8,460,86" href="http://www.yam.
    com" alt=" yam天空">
</MAP>
```

■ 第四节　文本的无障碍设计

文本是教育网站重要的内容,为了使用和网络传输的方便,一般使用 HTML、PDF、DOC 格式。文本是最易访问的数据格式。实际上,万维网网页的优势"内容"就是文本。我们所说的文本不包括文本图像。因为屏幕阅读器和盲文显示器这类技术,是基本上看不见文本图像的。

一、文本的定义

我们认为:文本是任何可识别的字符系列,它是用一种计算机易读的方式表现出来的。

这个定义不包括位图图形所呈现的文本(如文本图片),即人眼能解读的没有深层表现形式的字母、字符、符号或文字。例如,当按下电脑上的"e"键,就生成了这个字母的代码(属于深层结构);而如果用 Photoshop 键入一个带有特定字体、大小和颜色的字母"e"(保存成 GIF 文档形式),则此时所生成的只是一种没有深层结构的视觉表现形式(不是文本)。

二、标题和标签

让文本具有易访问性的最好的方法是使用恰当的标签。网站设计者特别关心使用标题标签所表现出来效果,如通过<h1></h1>至<h6></h6>来描述标题文本。屏幕阅读软件和点字输出设备能有次序地阅读网页上的文本。

正常人看网页,他们会忽略没有意思的东西,而把注意力放在有趣的东西上。对视力正常人来说,跳过网页上的一个完整的区域是有意无意的事情。一个视力正常的访问者在网页上查找有用的东西,如搜索框、标题、主体部分,并且很快把目光集中到它们。也就是说对网页的随意浏览是一个视力正常人的惯常作法。

但对一个使用读屏软件的视觉障碍者就没有这么奢侈了。读屏软件只提供一种连续的访问网页的方法:按顺序一个接一个听或读网页上的内容。不能快速地在屏幕上从一个部分跳到另一个部分。虽然现在有许多加速浏览的方法,但基本的过程还是连续地从一个项目扫到下一个项目。项目是什么? 它包括有 hx 元素格式表头、无序列表、有序列表、定义列表、图标、表格和框架,当然也包括段落和链接。

1. 设计标题

网络内容易访问性要求我们使用标题要遵循严格的数字顺序,从 <h1></h1>开始,如果有必要,也可用<h2></h2>至<h6></h6>。如果设计一个用显示属性标签标注标题的网页,如<big></big>元素或对段元素加 align＝"center"属性,这对视力正常的人来说,很明显这是一个标题,但对读屏软件来说却没有可靠的方法让它按顺序选择。所能做到的就是记住 h 代表标题,<big></big> 和<center></center>意思是大字号和居中。

2. 普通的文本标签

HTML 用各种各样的元素或标签来标记文本,如＜strong＞＜/strong＞和<i></i>。具体说明如下:

＜abbr＞＜/abbr＞ 和 ＜acronym＞＜/acronym＞,前者是缩写词标签,后者是首字母缩写词标签。

＜em＞＜/em＞用来在一段文本强调显示某个部分而不是特殊的引用,它与＜strong＞＜/strong＞区别还没有完全清楚。完整的 W3C 的建议为:"em:指的是强调;strong:指的是更加强调。"比喻一下:使用＜em＞＜/em＞修饰的文本好像是在大声呼喊,而使用＜strong＞＜/strong＞修饰的文本无异于尖叫了。

＜cite＞＜/cite＞所包含的文本是对参考文献的引用,如标题(包括书的、电影的、剧本的、电视节目的等)参考文献中单词、短语。必须说明的是:引用不能与＜em＞＜/em＞通常的强调互换。

＜code＞＜/code＞是用来显示一段计算机代码,＜var＞＜/var＞是用来显示计算机程序变量,像 hx 元素中的数字 1 到 6。＜kbd＞＜/kbd＞代表键盘输入的文本。

＜dfn＞＜/dfn＞用来标记那些对特殊术语或短语的定义。注意这个元素用来定义术语,而不是用来定义文档。

＜samp＞＜/samp＞是表示一段用户应该对其没有什么其他解释的文本字符,它所包含的文本可以是一个程序或者脚本代码。＜samp＞＜code＞都可以显示计算机代码,不过<code>是倾向于一段代码片断,而<samp>倾向于整段多行程序代码。

在这些说明中,经常用到的元素是<em></em>、<strong></strong>和<cite></cite>。如果网页需要与众不同,就要建立样式表,使用样式表,不会造成网站访问困难,只会使网站的外观更漂亮。

三、Word 文档的无障碍设计

1. 创建结构化文档

大部分人在创建文档时只是简单的放大字体或者加粗,而不习惯使用正确的样式,从而造成不正确结构的文档,使屏幕阅读器无法识别。正确的方法是使用样式提供结构化文档。在 Word 文档的下拉式样式表,既可以创建正确的标题,也能应用到任何以前创建的一般样式中。如图 6-6 所示。

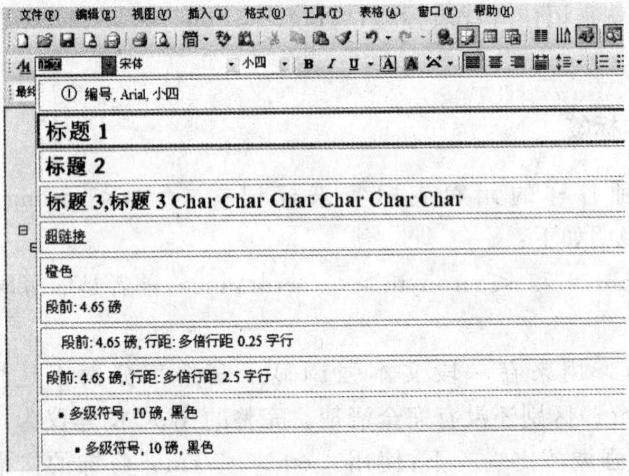

图 6-6　在 Word 文档下拉式样式表中创建正确的标题

使用结构化文档的优点有:当文档转为 HTML 或 PDF 格式时,仍可保持其结构,屏幕阅读器能够读出文字,从而文档的可读性。

2. 为图片提供同等的替代文本

当文档转成 HTML 或 PDF 格式时,需要为图片提供同等的文本替代。右键点击图片,选择"设置图片格式"。出现对话框,选择"网站"标签,再加入适当的可选文字。如图 6-7 和图 6-8 所示。

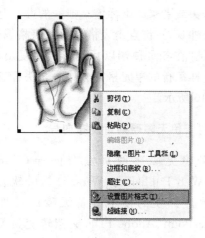

图 6-7　图片添加文本替代　　　　图 6-8　设置图片文本替代文字的对话框

3. 保存为网页格式

当文档保存为网页格式时,其结构和可选文字将包含在其中,选择"文件"→"保存为网页",如图 6-9 所示。

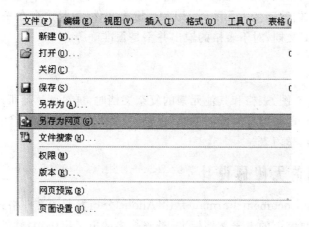

图 6-9　文件保存为网页

文档有良好的结构和图片替代文本将会保存为网页格式,让学习者看起来与源文件没有区别,但是不能包含任何表格。

4. 表格的无障碍

文档大部分内容都能转为 HTML 格式,除了表格以外。因为在 Word 中无法指定表

图 6-10 表格属性中设置表头外观

格单元的表头或者<th>标签。唯一的办法是创建一个表头外观,右键点击表格,选择"表格属性"→"行",勾选"在各页顶端以标题形式重复出现"的选项。这样每行的单元格将会作为表头标签导出,如图 6-10 所示。

5. 伊利诺伊无障碍网页发布向导

伊利诺伊无障碍网页发布向导(Illinois Accessible Web Publishing Wizard)是微软公司为 Office 软件开发的使不具备无障碍特性的 Word、PowerPoint、Adobe PDF 文档转变为无障碍 HTML 格式文件。该软件不是免费,但是装上试用版后,"文件"菜单中会多一个选项——"保存为无障碍网页格式"。选择该选项和伊利诺伊无障碍网页发布向导后将会打开一个新窗口,进行导向的内容选择,如输入标题、作者,改变背景颜色,选择输出格式、默认的文件名、输出语言等。伊利诺伊无障碍网页发布向导基本能使大部分文档内容转变为无障碍 HTML 格式文件,但是也存在一些缺陷,如一些选项主要是针对 PPT 文档、对于表格的输出并不是很准确等。

6. 提示语言

如果创建包含有图、表格和其他元素的复杂文档时,屏幕阅读器很难完全无障碍的读出,复杂的元素很可能被屏幕阅读器忽略,在这种情况下,应该为文档中的元素提供文字和语言描述,以提示学习者。

四、PDF 文档的无障碍设计

PDF(Portable Document Format)是由 Adobe 公司发明的文件格式,意为"便携文档格式"。它已成为事实上的电子文档标准,越来越多的电子出版物、软件说明书、填报表格都是采用 PDF 格式的。很多网络课程也选择 PDF 文档向学习者传递教学信息。因此,为了向更多的学习者正确反映作者的意图,必须进行无障碍设计。

当障碍学习者阅读 PDF 文档可能遇到各种障碍时,我们首先想到的是屏幕阅读器,但是不止只有这种无障碍考虑。首先,来分析各种障碍学习者阅读时发生的困难,见表6-2。

表 6-2　各种障碍学习者阅读 PDF 文档时无障碍一般设计指导

障碍类型	PDF 文档无障碍设计指导
运动障碍	确保热区、链接不能太小
听力障碍	为多媒体提供文本纪录
	为视频提供同步字幕
认知障碍	使用清晰、简单的语言
	内容易于屏幕阅读器阅读
低　视　力	确保色彩对比
	确保不是靠色彩来传递信息

虽然 Adobe 公司已经尽量考虑以上障碍人群的需求,但是在很多方面还是存在障碍,以下介绍两种 PDF 文档的无障碍设计方法。

1. 提供 PDF 文档的可选网页格式版本

如果 PDF 文档是由 Word 文档转成,那么必须在 Word 文档设置时遵循无障碍设计原则,内容如前小节"Word 文档无障碍设计"所述。在 Acrobat 软件中可将 PDF 文档转成网页格式,选择"文件"→"保存为"→"网页格式"。这样 PDF 文档中的同等替代文本、图片描述等都随之保存为网页格式。学习者不仅可以下载 PDF 文档,还能在线浏览网页版。

2. 制作标签文档使其实现无障碍

PDF 标签是 PDF 文档中一个文本表述,这个 PDF 文档替代原文件的能被屏幕阅读器读出的文件。HTML 标签和 PDF 标签经常使用相似的标签名称和组织结构。在 Adobe Reader 阅读器中,选择"视图"→"导览标签"→"书签",会出现书签控制板,在这个控制板中可以查看、重编码、重命名、调整、删除和制作书签。点击高亮链接会跳到相关内容页面,起到了内容描述的作用,但是它更简单,且不易理解,见图 6-11。

此外,Adobe Reader 阅读器中还有无障碍辅助工具的设置和辅助工具信息,选择"帮助"→"辅助工具设置助手",如图 6-12 所示。其中可以设置屏幕阅读器、放大镜等辅助工具。这些对障碍学习者来说是很大的帮助。

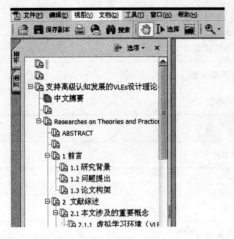

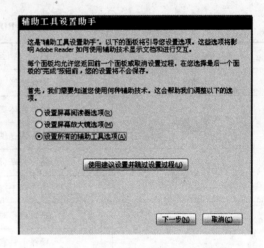

图 6-11　PDF 中设置书签　　　　　　　　图 6-12　PDF 中设置辅助工具

五、PPT 文档的无障碍设计

PPT 是网络流行的文档之一,主要用于多媒体演示和会议讲义,也是重要的多媒体教学材料。一般有两种形式:点击下载或保存 PPT 课件、浏览网页形格式的 PPT 课件和在线观看基于网页的幻灯片。但是 PPT 文档网络形式对障碍学习者来说存在一些障碍。以下将从三种 PPT 呈现方式讲述其无障碍设计。

1. PPT 原文件

许多网络课程提供 PPT 原文件,但是如果同时提供基于网页的版本会大大提高无障碍程度,这样就能通过屏幕阅读器读出教学内容。学习者通过从服务器站点下载 PPT 原文件(如 lesson1.ppt),在安装插件的情况下在线观看,或者保存到本地硬盘,脱机学习。只要为 PPT 文档提供了同等替代文本,两种方式都是可以的。

2. 可选的网页格式

网页格式的 PPT 文档具有以下优势:

(1)这种呈现方式本身具有无障碍性,不需要制作独立的版本,它的多媒体性使障碍学习者更容易参与。

(2)这个格式的文件大小比原文件更小,更适合在网络中使用。

(3)这种格式去除了过渡效果和音效等容易诱惑学习者分散注意力的呈现内容。

一般将 PPT 保存为网页格式的办法是使用伊利诺伊无障碍网页发布向导,或直接保存为网页格式。实现无障碍设计的关键是在安装伊利诺伊无障碍网页发布向导后,保存为网页格式时要输入标题、作者,选择输出格式、默认的文件名、输出语言,图片描述、幻灯片大纲等设置。这些将为屏幕阅读器和键盘无障碍的工作提供方便。

3. 基于网页的幻灯片播放

基于网页的幻灯片播放是将幻灯片代码嵌入 Dreamweaver、Frontpage 或其他网页编辑器中,这种方法能绝对的控制幻灯片的外观和内容无障碍,而且方式并不是很难,但使用较少,一般使用的较多的是放置 PPT 原文件和网页格式的 PPT 文档。

■ 第五节　导航机制和搜索的无障碍设计

一、概述

导航是浏览网站的一个简单行为,导航易访问是无障碍网络教育环境的另一个重要方面。教育网站所有的导航都必须是易访问的。一个网站具有清楚和一致的导航机制对于认知障碍或视觉障碍者是非常重要的。这种规划不仅可以让身心障碍者获益,而且可以让所有使用者在使用网站信息时不会迷航。因此,网页开发者可以规划各种引导信息、导航条、网站地图等,以提供清楚和一致的浏览机制,这样可增进使用者在网站上快速而精确地找到特定信息[76]。

在网站中,有两种导航类型,一种是外部导航,能让用户从一个页面跳到另一个页面;另一种是内部导航,能让用户在一个页面中由一个点跳到另一个点。

内部导航要借助书签,使用 name 和 id 来标示这个书签。因为在 XHTML 过渡版本中,name 是容许使用的,而旧的浏览器不能理解 id,但是能理解 name,能够处理这个书签。而在 XHTML 1.0(或者更高的版本)中,必须用 id,而 name 是可供选择使用的。例如,要在"学校概况"前添加书签,可以使用以下代码:

```
<h3>
<a name="school-introduction" id=" school-introduction">
  学校概况</a>
</h3>
```

外部导航主要有四种类型:左侧导航、顶部导航、底部导航和右侧导航。

对于屏幕阅读器或盲文显示器用户来说,他们在使用左侧导航或顶部导航时,碰到几十个或上百个超链接时,会感到不便,因为他们必须连续听这些超链接的发音,却不能跳过去,或者用眼睛扫描过去。对于有运动障碍的人来说,特别是使用转动设备的人,碰到这些情况也会很不方便,因为这需要他们付出很多肢体的努力,才能绕过这些不需要的超链接。

如果网页中有许多超链接需要跳过,这就需要想办法使用户能方便地从网页的顶部到达他们真正想看的地方。第一种办法就是在网页中添加一个完全看得见的超链接,通常称之为跳转导航的超链接。此超链接的代码格式如下:

```
<a href="# body" title="跳过导航,直接转到正文"> 跳过导航</a>
```

网页中有多个导航区域,是一种常见的设计模式。例如,中国教育和科研计算机网(http://www.edu.cn)的首页面有顶部导航和左侧导航。顶部导航和左侧导航是不同的模块,有不同的功能和外形。不要认为残障人群都是希望跳过这两个导航区域的,因此想利用跳转导航的超链接来达到网页无障碍时,建议不要从顶部导航条直接跳到正文内容,而忽略了左侧导航。可以在顶部导航条的前面设置一个跳转导航的超链接,目的地可以是下一个导航群的前面(如左侧导航)。因为这样能使每个用户都能利用任何一个顶部导航连接,或者跳过导航,到达左侧导航区域的前面。设置目的地是让用户免受按下他们不想看的几十个超链接,也不漏掉他们想看的超链接。

搜索框的设计也值得慎重考虑。搜索框位在页面的左上方,这是一种比较合理的设计标准。例如,101 远程教育网(http://www.chinaedu.com)的首页面的左上方就设置了课程检索框。搜索框是用户感兴趣的对象,而不是妨碍物。因此在设计网站时要确信搜索框是前一个跳转导航的超链接的目的地。如果页面中的搜索框位于左侧导航的上面,那么跳转导航的超链接应该使光标从页面顶部转到搜索框,再到左侧导航,再到正文内容。

二、链接文字

文字链接不应该使用过于笼统的文字叙述,如"click here"或"更多",因这类文字链接只适合在整体浏览网页时使用,而不适合经由键盘跳跃式地浏览网页时各别读取。所以,文字链接应该能更清楚地表达链接到的网页内容,例如"关于海狮的更多说明"会比"更多说明"清楚而且适当。

除了清楚地定义每个超级链接外,网页开发者可通过 A 卷标中的 Title 属性明确地说明超级链接的信息内容。

正确范例:

```
<A href="aboutweb.html"> 我的研究作品</A>、
<A href="aboutweb.pdf" title="我的研究作品的 PDF 文档"> PDF 文档</A>
<A href="aboutweb.txt" title="我的研究作品的 txt 文档"> TXT 文档</A>
```

在同一个网页上,所有相同的文字链接都应该指到同样的网页内容,不应使用同样的文字叙述作为链接却链接到不同的地方。若有相同的文字链接必须连到不同的网页（或档案时），则应利用 A 卷标的 Title 属性作适当说明，以便区分。

　　视障者有几种不同的类别，有些是全盲、有些是无法阅读较小的字体、也有些无法阅读移动快速的文字，这些视障者无法用眼睛快速浏览网页内容，而通常在使用有声浏览器时，为了解网页全貌或找到某一个链接，他们通常使用 Tab 按键——读取网页上的各链接。因此，对于一连串相关的链接，应该要在第一个链接提供这些链接的说明，然后在接下来的链接中用 Title 属性详细说明。

　　例如，可参考以下范例：

```
<P> 以下提供各书籍下载资料:</P>
<DL>
<DT>< A href="com.html">『.com 的策略规划与设计』</A> </DT>
<DD>< A href="com.doc" title="『.com 的策略规划与设计』Word 文档">
Word 文档</A>/
<A href= "com.pdf" title= "『.com 的策略规划与设计』PDF 文档">
  PDF 文档</A>/
<A href="com.txt" title="『.com 的策略规划与设计』TXT 文档">
TXT 文档</A>/
</DD>
<DT>< A href="book.html">『第二本书』</A></DT>
<DD>< A href="book.doc" title="『第二本书』Word 文档"> Word 文档</A>/
<A href="book.pdf" title="『第二本书』PDF 文档"> PDF 文档</A>/
<A href="book.txt" title="『第二本书』TXT 文档"> TXT 文档</A>/
</DD>
</DL>
```

三、条列和条列项目

　　适当地使用条列以及条列项目，HTML 中的 DL、UL 及 OL 标签应用来作为条列式数据的呈现，而不是用来作缩排的排版效果。

　　通过有序号的清单（ordered lists）可以协助视障者浏览网页内容，并且以有意义的方式组织网页内容的结构，避免使用者迷失在清单中。例如，网页上有以下两种条列式项目的表达方式，第一种"1,1.1，1.2，1.2.1，1.3，2，2.1"比第二种"1，1，2，1,3，2，1"更能清楚地表达各项目数据的关系。

第一种			第二种	
1.			1.	
	1.1			1.
	1.2			2.
		1.2.1		1.
	1.3			3.
2.			2.	
	2.1			1.

四、导 航 信 息

1. 网站地图

网站地图(site map)可以让使用者清楚了解网页位置。通过导航列、网络地图与搜寻机制，一般使用者可以较轻易地阅读网页信息。然而对于较复杂的网站而言，身心障碍者便不易通过上述的方式正确地引导他们阅读，因此为了帮助他们，网页开发者应该提供网页导航的简单说明。

2. 搜寻功能

网站的搜寻功能，可设计成不同的网页内容搜寻方式，以提供不同技能与喜好者搜寻选用。大部分的搜寻方式多是由使用者键入关键词进行数据搜寻，然而，有些使用者在搜寻的过程中，常常会发生拼字错误或是无法使用正确的语言，以至于无法找到相关的网页信息。因此搜寻方式应该包含拼字检查、提供"best guess"的替代方法、query-by-example及相类似搜寻等。

3. 在网页标题、段落、及列表之前提供辨别信息

网页开发时应注意以下事项，以利于使用者对于网页内容的了解。编写的样式应注意以下几点：

（1）应提供清楚且严密的标题与文字描述链接，并且应提供有信息性的标题以利于使用者可以快速浏览网页而不用逐一阅读。

（2）网页上每个段落文章，开头即以清楚简单的文字叙述段落重点。这种做法不但可以让人一目了然，也方便视障者在语音合成器的辅助下快速了解网页重点，但若是网页文字的设计是将重点改在段落文字的最后，那么视障者必须读取完整这段文字才能了解文章内容。

（3）限制每一段落要有一个重要的概念。

（4）对于俚语、专业术语、及相似文字的特殊含意，除非网页开发者能够明确说明，否则应该避免出现在网页中。

（5）尽量使用大众通用的文字。

（6）避免使用复杂的句子结构。

另外，有些网页内容配合多媒体的应用可以更清楚地表达网页信息。但是，并非所有的情况都是如此，也有些多媒体的使用反而造成使用者的困扰。以下是应用多媒体的呈现以补充文字的不足的范例：

（1）说明一个复杂数据的图表，如过去几年的财务状况图表。

（2）文字转换成的手语短片。

（3）事前录制的音乐带或语音数据通过语音合成器，可以帮助一些无法阅读的使用者接收由语音所传达的信息。

4. 对于有关联性的网页提供信息

例如，在 HTML 中通过 LINK 卷标和 rel、rev 属性或是存盘的类型（如 zip、tar 等）对于有关联性的网页提供信息。如果没有组合有关联性的文件，容易造成使用者阅读的困扰，因此可通过以下的方式，对于有关联性的文件提供信息：

（1）使用 matadata 描述网页间的关系（如 link matadata 组件）。

（2）通过存档的类型（如 zip、tar 等）。

五、使用一致的导航机制

1. 一致性的导航

网页编排的一致性可以让使用者容易找到和使用导航机制，同时也能让使用者轻易地跳过导航机制直接找到重要网页信息。一致性的设计不但可以帮助视障者和学习有障碍的人士，对于一般学习者浏览网页也都非常有利，因为，一般学习者可以借由网页的一致性设计而直觉性地在正确的地方找寻到适合的网页内容。

2. 将相关连接加以群组化并提供绕过此群组的方法

当一些相关的联结形成群组超级链接时（如导航列），应该将此群组设计成一个区域。导航列往往是使用者在阅读网页首先会接触到的区域，对于使用语音合成器的视障者而言，能够在选择链接前，通过导航先得知相关群组的超级链接。另外，在增设群组前应该提供可以绕过此群组的超级链接，以利于视障者在不需要此群组时，能迅速绕过此群组，提高阅读效率。以下提供几项可以绕过群组的技术：

（1）提供使用者可以绕过锚点的联结。

（2）通过样式表提供使用者隐藏锚点超级链接。

（3）在 HTML 4.01 中可以使用 MAP 标签群组相关的联结，并且通过 Title 属性定义此群组。

正确范例：

```
<MAP title="导航列">
<P>
[<A href="# how"> 略过导航列</A>]
[<A href="home.html"> 回首页</A>]
[<A href="search.html"> 搜寻</A>]
[<A href="new.html"> 最新消息</A>]
</P>
</MAP>
<H1>< A name="how"> 如何使用本网站</A></H1>
<! 一网页内容一>
```

■ 第六节　字体和颜色的无障碍设计

一、概　述

对于一些不使用屏幕阅读器，视力又比较差的访问者来说，影响其访问的主要因素是网站的颜色和字体大小。

对许多人而言，颜色本身有它的内涵，如我们习惯用红色来表示重要的信息，但是在非彩色屏幕环境下或对颜色辨识能力有障碍的人而言，原本颜色所传达的信息可能会散失或受损，网页内容的传达将达不到可及性要求。例如，当前景和背景在色泽上太接近时，有的人可能无法分辨；又如，不同物品的叙述用不同颜色来代表时，有的色盲者可能也无法分辨。

在设计无障碍网络教育环境时，一方面要尽量提供大的字体，这点比较容易做到；另一方面要尽可能地考虑色盲和色弱用户。由于视锥细胞内感光色素异常或不全，出现色觉紊乱，以致缺乏辨别某种或某几种颜色的能力，称为色盲；如果仅是辨别颜色的能力降低或功能不足，称色弱。色盲和色弱统为色觉障碍。在现实生活中，很少有完全看不到颜色的色盲。在设计无障碍网络教育环境时，不要对重要的信息使用容易混淆的颜色。要确保前景色和它的背景色或周围其他颜色有明显的区分，不能使用不可见的文本（前景色和背景色一样，导致文本不可见）。还要避免网站中前景色和背景色颜色搭配不合理的情况,例如:白色背景上是黄色的字,浅蓝色背景上是深蓝色的字。另外要避免的情况是两种互补色同时出现在屏幕上,如红字绿底。

色觉障碍有多种类型,最常见的是红色盲(无法识别红色);绿色盲比红色盲少些;蓝色盲比较少见。而三种原色(红、绿、蓝)均不能辨认的称为全色盲,较为罕见。在光线很暗的情况下,在红色盲眼中,黑色和红色是一样的。色视觉正常的人所看到的米色、黄色和橙色,色盲患者也会把它们误认为是红色和绿色。因此在建设无障碍网络教育环境时,所要考虑的颜色范围就比较广了,红色、橙色、黄色、米色和绿色都要考虑。如下为几条建议:

(1) 不要在黑底上设置红色,也不要在红底上设置黑色。红色在红色盲眼中是黑色的,可以改成在黑底上设置米色、黄色、橙色。深灰色和红色结合的效果与黑色和红色结果一样,效果很差。

(2) 不要在红底上设置绿色,或在绿底上设置红色。红色和绿色是互补色,即使是色觉正常的人看起来也会感眼睛不舒服;而色视觉缺失的人则容易混淆它们。

(3) 不要把容易混淆的一组颜色放在一起。

(4) 米色、黄色、橙色不要和红色、绿色混合使用。

在设计教育网站时,也要考虑视力较差的人群。这些视力较差的人群在阅读网页上的较常见的字体时会存在困难。如果视力正常的人感到网站上的字体太小,那么视力较差的人更加难以看清了,因此要把字体大小设置得大一点。现在普遍认同在当前的浏览器上,字体的高度如果小于 9 个像素,易访问性就很差了。

二、不单独依赖色彩提供信息

为确保所有借由颜色所传达的信息,在没有颜色后仍然能够传达[第一优先等级],网页开发者应确保网页内容不单独依赖色彩提供信息。例如,"回上一页请按绿色图示、到下一页请按红色图示",这就是只依赖色彩提供信息的错误例子,因为视障者或是黑白屏幕的使用者无法辨读颜色所表达的信息,因此,网页开发者应通过其他样式表效果(如 font)或是文字链接方式提供网页信息。利用图片传达信息时,先测试图片是否仅仅靠色彩传递信息,方式就是去除颜色再观察图片。我们可以用黑白打印机打印图片,或者把图片调成"去色",看是否图片仍然具有同样的信息。另外图片经常包含一些文字信息,如果图片是位图或像素比较小,放大后造成马赛克,就会严重影响学习者获取信息。所以尽量不使用图像化的文本。如果必须使用时,也应设计好图像的前景和背景对比度,将字体设置成尽可能大、加粗。

三、颜色对比

确保前景颜色与背景颜色彼此呈现明显的对比。当提供图形图像给视障者(弱视或色盲者），或是其他身心障碍者使用的黑白屏幕观看时，必须确保前景颜色与背景颜色有其明显的对比度。对比度是图形图像的一个重要指标，背景和文字如果区分不大，就会使低视力学习者，甚至是正常学习者都难以看清楚，从中获取信息就更难了。一般宜使用浅色的背景，深色的前景，恰当的对比度是图片传递信息的保证。

网页上颜色的设定不建议以英文颜色名称设定网页色彩，而建议应该使用16进位颜色码取代英文颜色名称。举例说明，如果要设定网页中的背景颜色为白色及文字颜色为黑色时，写法不应为＜body bgcolor＝"white" text＝"black"＞，而应该是＜body bgcolor＝"＃ffffff" text＝"＃000000"＞。

不良设计：

```
H1 { color:red }
```

正确范例：

```
H1 { color:# 808000 }
```

```
H1 { color:rgb(50% ,50% ,50% ) }
```

第七节　样式表的无障碍设计

一、概述

层叠样式表(CSS)原则上拥有这样的功能：把网页的显示与结构分离、形式与功能分离、外表与本质分离。此外样式表原则上是增加了网页的易访问性，但是由于 CSS 的易访问性功能目前得不到很好的支持，致使整个易访问性计划落空。

易访问建议：使用样式表控制文件资料的呈现，为每个字体指定一个通用的字体族类。

通常，易访问性条款中的很大一部分样式表试图从基本的 HTML 结构中分出一些文档呈现的细节。如果喜欢一级标题用粗体大写并且增加字间距，这些都可以完成。标题使用现行的标题格式。不能解释这种样式表的装置会忽略这一点，或者只解释它所具有的特点。

CSS 易访问性的重担主要落在所谓的媒介样式表的肩上。从访问的角度看，媒介样式表的问题在于屏幕、听觉、盲文和打印机。

二、听觉样式表

媒介样式表中的重点就是听觉的变换。经常缩写成 ACSS(听觉层叠样式表)。听觉样式表能让使用者控制听力特性，包括：

（1）声音的选择（男音，女音，还有你的操作系统或其他软件里的声音）以及一些声音特征。

（2）音量。

（3）规定的项目、标点、数量。

（4）停顿。

（5）开端：如可以在项目之前或之后播放声音。

（6）混合：可以表达或者说清楚另一个条款时播放声音。

（7）空间位置：假设硬件允许，可以将声音放置三维空间中。

另外，关于音效的样式表，需要确保视障者通过 CSS2 音效属性所取得的语音信息与通过有声浏览器所取得的视觉信息是相同的。以下是 CSS2 所使用的一些音效属性的正确范例：

```
H1{voice-family: paul; stress: 20; richness: 90; cue-before: url("
    ping.au")}
```

三、分隔线与边框线

"视觉"样式表允许设定图表显示的细节（大小、边、边框、字体及其他），分隔线（rules）与边框线（borders）可以呈现"分隔"的视觉效果，但是若不以视觉呈现的方式传达网页内容时，分隔线与边框线便没有意义。因此建议网页开发者应该使用样式表，定义分隔线与边框线，以下为使用 CSS 属性定义边框样式的几项方式：

（1）"border"、"border-width"、"border-style"、"border-color"。

（2）"border-spacing"、"border-collapse"。

（3）"outline"、"outline-color"、"outline-style"、"outline-width"。

正确范例：

```
<HEAD>
<TITLE> 月收入</TITLE>
<STYLE type="text/css">
H1{padding-top: 1em; border-top: 2px}
</STYLE>
</HEAD>
```

如果使用分隔线（如 HR 属性）呈现结构时，应确保视障者在语音或是纯文字浏览器的辅助下，仍然可以获得网页信息（如使用有结构的标记语言）。

正确范例：

```
<DIV class="navigation-bar">
```

```
<HR>
<A rel="MTV" href=f"mtv.html">[MTV]< /A>
<A rel="Movie" href="movie.html">[电影]</A>
<A rel="Music" href="music.html">[音乐]</A>
</DIV>
```

四、文字的编排

提供以下几项 CSS2 属性用来控制文字的编排:

(1)'text-indent':文字缩排应使用'text-indent',而非 BLOCKQUOTE 或是其他结构组件达到首行缩排的效果。

(2) letter/word spacing:此两种属性乃是在设定字母间/字与字之间的空白大小。如果以一般使用的空格键方法呈现"ＨＥＬＬＯ"这样的效果,可能造成视障者辨读成五个独立字母。因此,要控制字符之间距离的正确做法是使用"word spacing"属性,不但可以达到视觉效果,同时也能够确保不同浏览器解读的正确性。

(3)'direction','unicode-bidi':可用来设定浏览网页内容的方向。

(4) first-letter 及 first-line:这两个属性是 CSS2 中用来设定段落文字中第一个字或第一行的两种标签。

以下范例是使用样式表呈现前缀放大(drop-cap)的效果:

```
<HEAD>
<Title>浙江师范大学</Title>
<STYLE type="text/css">
    .dropcap { font-size : 120%; font-family : Helvetica }
</STYLE>
</HEAD>
<BODY>
<P>
<SPAN class="dropcap" lang="en"> Z</SPAN> hejiang
<SPAN class="dropcap" lang="en"> N</SPAN> ormal
<SPAN class="dropcap" lang="en"> U</SPAN> niversity
</P>
</BODY>
```

另外,网页开发者应该尽量使用样式表(style sheet)而不是通过图片来编排文字。对于视障者而言,虽然大部分的视障者借由语音合成器(speech synthesizers)、点字阅读机(braille displays)、图像显示器(graphical displays)等辅助器材可以阅读图片所传达的信息,然而,如果网页开发者使用样式表更能够有效的控制网页内容文字的编排,如颜色、字形、大小、粗细以及段落边界等。对于已用为文字特殊效果的文字图片,则应该加上适当替代文字。

五、样式表的特定用法

1. 通过样式表呈现排版、定位、层次及对齐的效果

尽量使用样式表达成排版、定位、层次及对齐的网页编排效果,例如:使用'text-indent'来呈现文字缩排;使用'margin-top'来控制组件上边界与其他文件内容的空白距离;使用'float:left'产生文绕图的效果;使用'empty-cells'在表格的空白字段中,适当地呈现该字段,不需要为视觉效果而输入空格键。

正确范例:

```
<H3 class="title"> 学习历程档案</H3>
<P class="txt"> 学习历程档案是教师实施评价的新举措,
也是<SPAN class="redtxt">「以学生为中心」</SPAN> 的教学重点,如能善用
两者,相互为用,将可达到最大的教学效果。</P>
```

以下则是上面所用到样式表的设计:

```
h3.title { font-family: 新细明体, mingliu, taipei; font-size: 120% ;
        font-weight: bold}
.txt { font-family: 新细明体, mingliu, taipei; font-size: 100% ;
    color:# 000000; line-height: 150% }
.redtxt { font-family: 新细明体, mingliu, taipei; font-size:100% ;
        color:# ff0000; line-height: 150% }
```

2. 重点强调的文字

网页上的文字须作重点强调时,应该使用 EM 及 STRONG 等强调标签,而非使用 I 斜体字标签及 B 粗体字卷标仅为呈现视觉上的差异性。下面的两个例子在网页上的结果看似相同,但是第一例的设计不当之处是用 B 标签来呈现粗体的效果,第二例则是使用 STRONG 标签的正确示范,除了能显现粗体的效果也能明确标示出数据的重要性。

不良设计:

```
<P> 网页文字段落中<B> 重要信息</B> 的呈现</P>
```

正确范例:

```
<P> 网页文字段落中<STRONG> 重要信息</STRONG> 的呈现</P>
```

另外,在 HTML 4.01 中关于文字编辑的相关卷标和属性,虽尚未全部被视为"负面",但已被 W3C 建议尽量用样式表来取代。已被 HTML 4.01 列为负面性的相关文字编辑卷标有<Font>、<S>、<STRIKE>及<U>等,至于 HTML 第四版的负面卷标数据可以查询 W3C 网页:http://www.w3.org/TR/WCAG10-HTML-TECHS/#html-index。

3. 使用 header 卷标呈现文件结构

为了方便使用者辨读内容较长的文件,应该适当地使用 HTML 中的标题标签(H1~H6)呈现长篇网页文件章节的层次结构(H1 至 H6 标签由上而下的方式注记文件的章节标题),而非以 HR 水平线分隔的方式来区隔章节。另外在 HTML 中,应使用 STRONG 而不是 H1 至 H6 标签呈现粗体字效。

正确范例:

```
<H1> 第一层标题</H1>
<H2> 第二层标题</H2>
<H3> 第三层标题</H3>
```

4. 适当地使用网页语言及样式表呈现网页内容

使用 CSS2 中的定位属性,可以设定文字内容在网页上的指定位置。以下例子说明使用 CSS 样式表应注意的原则:确保网页在移除 CSS 样式表之后,使用者仍然可以辨读正确的网页内容。一般使用 TABLE 卷标所呈现的表格效果,可以使用 CSS 的定位属性来表现同样的效果。

举例:在一个网页上使用 CSS 做两组数据的呈现。

欲呈现的网页结果:

DVD 出租排行榜	VCD 出租排行榜
蜡笔小新	海底总动员
灌篮高手	中华小子
王牌天神	蜡笔小新

在不注意 CSS 设计的原则时,若采用以下不良设计:

```
<HEAD>
<STYLE type="text/css">
    .menu1{position: absolute; top: 3em; left: 0em;
            margin: 0px; font-family: sans-serif;
            font-size: 120% ; color: red; background-color:
```

```
                white}
    .menu2{position: absolute; top: 3em; left: 10em;
              margin: 0px; font-family: sans-serif;
              font-size: 120% ; color: red; background-color:
              white}
  .item1{position: absolute; top: 7em; left: 0em; margin: 0px}
  .item2{position: absolute; top: 8em; left: 0em; margin: 0px}
  .item3{position: absolute; top: 9em; left: 0em; margin: 0px}
  .item4{position: absolute; top: 7em; left: 14em; margin: 0px}
  .item5{position: absolute; top: 8em; left: 14em; margin: 0px}
  .item6{position: absolute; top: 9em; left: 14em; margin: 0px}
    .box{position: absolute; top: 5em; left: 5em}
</STYLE>
</HEAD>
<BODY>
<DIV class="box">
  <SPAN class="menu1"> DVD 出租排行榜</SPAN>
  <SPAN class="menu2"> VCD 出租排行榜</SPAN>
  <SPAN class="item1"> 蜡笔小新</SPAN>
  <SPAN class="item2"> 灌篮高手</SPAN>
  <SPAN class="item3"> 王牌天神</SPAN>
  <SPAN class="item4"> 海底总动员</SPAN>
  <SPAN class="item5"> 中华小子</SPAN>
  <SPAN class="item6"> 蜡笔小新</SPAN>
</DIV>
</BODY>
```

当上述的例子当样式表不被支持时,所有的内容则会呈现为一直线的文字。

不良设计的结果显示:

　　DVD 出租排行榜 VCD 出租排行榜蜡笔小新灌篮高手王牌天神蜡……

同样内容的呈现,接下来的范例使用有结构性的标记卷标(DL)在 CSS 支持时,可以达到欲呈现的网页结果,并且在浏览器不支持 CSS 样式表时,仍可以清楚传达网页内容。

　　正确范例:

```
<HEAD>
<STYLE type= "text/css">
    .menu1 {position: absolute; top: 3em; left: 0em;
            margin: 0px; font-family: sans-serif;
            font-size: 120% ; color: red; background-color: white}
    .menu2 {position: absolute; top: 3em; left: 10em;
            margin: 0px; font-family: sans-serif;
            font-size: 120% ; color: red; background-color: white}
    .item1{position: absolute; top: 7em; left: 0em; margin: 0px}
    .item2{position: absolute; top: 8em; left: 0em; margin: 0px}
    .item3{position: absolute; top: 9em; left: 0em; margin: 0px}
    .item4{position: absolute; top: 7em; left: 14em; margin: 0px}
    .item5{position: absolute; top: 8em; left: 14em; margin: 0px}
    .item6 {position: absolute; top: 9em; left: 14em; margin: 0px}
        .box{position: absolute; top: 5em; left: 5em}
</STYLE>
</HEAD>
<BODY>
<DIV class="box">
<DL >
    <DT class="menu1"> DVD 出租排行榜</DT>
    <DD class="item1"> 蜡笔小新</DD>
    <DD class="item2"> 灌篮高手</DD>
    <DD class="item3"> 王牌天神</DD>
    <DT class="menu2"> VCD 出租排行榜</DT>
    <DD class="item4"> 海底总动员</DD>
    <DD class="item5"> 中华小子</DD>
<DD class="item6"> 蜡笔小新</DD>
</DL>
</DIV>
</BODY>
```

不支援 CSS 时,正确范例的结果显示:

DVD 出租排行榜

　　　　　蜡笔小新
　　　　　灌篮高手
　　　　　王牌天神
　　　　VCD 出租排行榜
　　　　　海底总动员
　　　　　中华小子
　　　　　蜡笔小新

六、样式表使用注意事项

1. 在 HTML 清单中提供上下文的说明

　　网页开发者应该使用 UL 标签呈现无序号的清单，以及使用 OL 卷标呈现有序号的清单并且可结合 CSS2 作适当网页上下文的呈现。除非浏览器可以支持 CSS2 或是可以透过其他的方法控制清单，否则网页开发者应该对于巢状的清单提供上下文的说明。下列的例子是通过 CSS1 机制（. endoflist｛display：none｝）显示当样式表可以呈现时，要如何隐藏清单中该项目已经结束之记号，以及当样式表无法呈现时，要如何显示清单中该项目已经结束，以避免与其他项目混淆。

　　正确范例：

```
<STYLE type="text/css">.endoflist { display: none } </STYLE>
<UL>
<LI> 语文能力：
<UL>
<LI> 英语</LI>
        <LI> 法语</LI>
<LI> 德语</LI>
    <LI> 日语</LI>
<SPAN class="endoflist"> (语文能力项目结束)</SPAN>
</UL>
  <LI> 体育专长：
<UL>
    <LI> 篮球</LI>
    <LI> 短跑</LI>
    <LI> 排球</LI>
    <LI> 羽球</LI>
```

```
<SPAN class="endoflist"> (体育专长项目结束)</SPAN> </UL>
</UL>
```

2. 使用相对而非绝对的尺寸设计标记语言与样式表

窗口大小应使用相对尺寸(如%)而非绝对尺寸(如 pixel)。由于使用者常会因个别使用需求,而调整浏览网页内容的窗口大小,因此窗口大小应使用相对单位,以利窗口大小在改变后,依然维持其网页内容的可读性,并且窗口内容的位置可随窗口尺寸弹性变动。

正确范例:

```
< TABLE width="80%" border="0">
```

3. 确保在样式表无法呈现时仍可以阅读网页内容

确保网页内容在样式表无法使用时仍可以阅读,也就是说一份网页文件在透过不支持样式表的浏览器,仍可以正确地提供使用者网页信息。

关于所呈现的内容,对于重要的图像应该提供文字说明;对于借由样式表呈现的重要文字或图片(如通过"background-image","list-style",or"content"属性),也一样必须提供替代文字,以确保在样式表不被支持时,网页中的重要信息同样可以正确地传达。

4. 确保网页呈现方式的一致性

W3C 建议网站中使用 CSS 编排网页,以提高网页的一致性并减少维护时的工作量。以下提供使用 CSS 的注意事项:

(1) 样式表中的设定项目应该尽量精简,可供各网页共同使用。

(2) 尽量使用外连式的样式表而不是内嵌式的样式表,并且避免行内样式表。

(3) 当使用超过一个以上的样式表时,应在所有的样式表中针对相同的设定使用相同的类别(class)名称。

第八节　表单和交互操作的无障碍设计

一、概述

访问者除了可以浏览网页以外,通过表单和其他一些机制——打字到输入框、打开下拉式列表、勾选复选框以及其他娱乐项目等,他们还应该可以与网站进行"交互"。

表单既包含它们自身的信息(按钮的名字,对话框标签,复选框和单选框属性),又包含从输入框输入的信息。应该使表单本身的信息可访问，使人们容易控制表单，并且方便输入新信息。依照网络易访问性方面的惯例，主要是使视障访问者使用更方便（就像他们没有障碍一样），但是尽管自适应技术研究进行了很长时间去调整表单使用，但收获却很少。行动不便的人也可以通过键盘访问。此类快捷键就是通常所说的 Accesskey 和 Tabindex。

如果使用屏幕阅读器，有可能会迷失内部表单。即使开发者使用了妥善的 Html 语言设计表单，有些屏幕阅读器还是无法告诉光标位于什么位置或者邻近的任何文本的内容。因此需要做的是编写正确的 Html，包括无障碍的表单标记和属性。

二、基本概念

表单使用<form></form>标签。它有一系列的表单控件，包括 input、<select></select>、<textarea></textarea>以及<button></button>。但由于<form></form>标签是所谓的块级元素，可以在其中使用各种常规 HTML 标记（如段落和标题），使表单文件相互嵌套。

这些表单控件有什么作用呢？其实 input 就是用于输入，<select></select>是为了选择，<select></select>标签的选择项被称为选项。

（1）input 可以让访问者与表单进行交互。这个标签包含很多的参数，其中最重要的是：

inputtype="typename"

众多选项中，网站访问者可以在一个的区域中输入文本（使用 type＝"text"），选择单选按钮（只能选择其中一项选择；type＝"radio"）或复选框（可以多选；type＝"check"），或上传文件（如支持；type＝"file"）。

（2）<select></select>标签可以进行对选项的选择。用户界面可能不同，但都必须使用下拉式选单。每个可选项都对应一个<option></option>标签。

（3）textareas 标签类似 inputtype＝"text"，它们都有一个工整的区域用于键入文本，但<textarea></textarea>标签可以控制输入区域的大小（row＝"行数"cols＝"列数"），并允许输入多行文字。如果你使用过基于网络的电子邮件服务，你就已经使用过<textarea></textarea>标签输入文字了。

（4）<button></button>标签类似于 inputtype＝"button"。利用 type＝"button"属性，在后期处理中就可以做任何想要做的事。尽管更可能使用 type＝"submit"，type＝"reset"属性，但它们只是分别被预定义成 submit 和 reset 的 button 标签的变种而已。

三、键盘控制

表单无障碍方面的设计工作应该从导航开始。改进表单的键盘访问对视障访问者没有很大的好处,但它可以帮助那些使用一个手指打字或使用电键进行输入的人。即使用一个控制键按照降序循环选择所有键盘和鼠标命令,直到遇到想要的那个命令为止。

1. 移动到表单处

如果网页的目的是完成一个表单,或者如果一个表单是一个复杂的页面中的小而重要的组成部分(例如,"在此输入您的电子邮件地址订阅我们的通讯"),你一定希望能够直接跳到表单页面并且能够在其中自由移动。

要确保任何一个页面上的表单,成为一个可输入的区域。为此,我们使用 tabindex 属性,标签中可以使用 tabindex 属性的有:

input、<select></select>、<textarea></textarea>以及<button></button>

目前有两种作法:

(1)将 tabindex 添加到表单的 input 区域或控件中,例如 inputtabindex="300"。

(2)将 tabindex 添加到特定标签中。

不管采用那种方法,都有可能简化表单中锚点之间的跳转。现在,如果网页完全由表单组成,即使它有几段介绍性的文字,这种情况下可以使用一个非常低的 tabindex 值。例如:

tabindex="10"   或   tabindex="200"

甚至有可能是最低(tabindex="1"),使访问者能更容易跳转过去。在这种情况下,转到表单可能比转到导航条或者搜索区域更为重要。

2. 移动到表单内

在表单内移动有时更复杂,综合问题往往超出你的控制。Macintosh 的使用者不太习惯完全通过键盘操纵表单(Macosx 10.1 是第一个允许使用全球键盘的系统版本,而即便如此它也有缺点)。事实上,在 Windows 系统上,有一系列键盘快捷键用于在表单内外移动——Tab、方向键、空格、回车(Enter 键)。用户可以选择复选框和单选项,拉下菜单,然后键入数据。

在标记表单时,我们可以使用 accesskey 属性。对于视障访问者来说它可能是多余的。然而,accesskey 对于行动不便的人是有用的,使用 accesskey 和 tabindex 可以改善键盘导航。

选择主要控件的一些标准：

（1）在一个简单而重要的就像搜索框一样的表单中，可以将 accesskey 和 tabindex 添加到文本框中。将 accesskey 添加到提交按钮是可取的，但具有可选性。编写良好的网站，让您只需按返回键即可进行搜索（如果使用一个图形提交按钮，可以把 accesskey 加入＜a＞＜/a＞标签、＜button＞＜/button＞、或 input 中）。

（2）如果已经设计了一个长长的表格，而且希望访问者跳过这个区域——例如，在一个表单中，一个选择框可能会根据用户的回答跳到一个后场或者另一个选择框中。因此，可以将 accesskey 添加到任何此类分组的首要区域。

（3）如果由于一些莫名其妙的原因，用一个按钮来进行链接（例如，按钮表单中的"GO BACK"链接），这样一个按钮将优于一个 accesskey。

四、复位按钮

一般来说，使用复位按钮是一个错误的想法。真正的访问者很可能无意中点击按钮而意外地清除他们已经在该表格中输入的一切。因此复位按钮并不是必要的。

如果一定要使用这样一个按钮的话，不要进行任何形式的键盘控制。使之不会在意外的按下按钮的时候运行。在任何情况下都不要赋予复位按钮一个 accesskey。人们很容易意外按下 accesskey，特别是因为今天的浏览器和自适应技术做了很好的工作，将 accesskey 的秘密摆在首位。

也不要给复位按钮设置 tabindex，不要使其更易被选择。如果必须为一个复位按钮添加 tabindex，应给其页面中最大的数值。

■ 第九节　多媒体的无障碍设计

一、概　述

针对网页内各种多媒体信息（包括影像、图形、语音、音乐、动画等）应加入替代或等值的文字以提高这些信息的可及性。因为这些替代文字可以让屏幕阅读机、点字显示器等各种特殊输出装置做进一步处理，让视觉障碍者或听觉障碍者可以使用其他替代方式获得其信息内容。至于针对认知障碍或神经疾病人士而言，应该在网页的重要信息上避免使用炫光、快速动态影像等媒体效果，以免造成其在访问网页时的不适。

什么是无障碍的媒体？无障碍的媒体在网站上为聋人和听力不好的浏览者配上字幕，同时为盲人和视力缺损的人配上音频解释。这两种就是 Big Four 无障碍技术；另外

两种是配字幕和配音。为在线视频提供字幕编辑和音频描述是无障碍性所要求的。

二、视频媒体的无障碍设计

视频教学是网络教育资源重要的组成部分,由文本、图形图像、声音、动画中的一种或者多种组合而成,能大大提高教学的直观性和形象性[77]。但是,听力障碍学习者或因为环境、语言、文化、种族等原因无法流畅接受音频信息的正常学习者却不能正常获得视频媒体中的音频信息的全部内容,因此有必要在视频内容中添加字幕,让不能获取音频信息的学习者从文本中取得。

(一)视频媒体中添加字幕

字幕(caption)是指电视、电影、DVD、动画等视频中经过特别设计的屏幕文字,除了对白之外,还有现时场景的声音和配乐等信息。字幕通常出现在说话人物的下方,通过描述声音和画面内容,使观众尽可能的接受视频信息。主要是为了因环境、语言、文化、种族或听力障碍等原因不能流畅接受信息的人群尽可能的接受视频信息[78],字幕应具备以下三个特征:

(1)同步,屏幕文字应与音频同时出现和消失。

(2)一致,字幕的内容应与音频内容一致。

(3)无障碍,字幕内容和表达形式易理解,不存在障碍。

字幕可分为封闭式和开放式两种[79]。封闭式字幕(closed caption)又称隐藏式字幕,需要时才会显示字幕;开放式字幕(open caption)的内容和封闭式字幕一样,不同的是,开放式字幕是图像中的一部分,总是可见的。

在视频媒体中(如电视、电影、VCR、动画、PPT 等)添加字幕内容来替代音频或视频信息,从而使听力或语言障碍者跨越障碍。如今的字幕技术的任务有所扩大,不仅提供字幕,还要为视频进行声音描述,从而补偿视觉的不足。网络字幕媒体是由 Media Player、QuickTime、RealPlayer、Flash 等播放的视频剪辑[80]。在网络视频教学中应尽可能制作成字幕多媒体,使更多的学习者参与网络教学。

(二)网络字幕的标准和技术

目前,网络多媒体软件主要有 Media Player、QuickTime、RealPlayer 和 Flash 等,它们处理字幕技术都不同,至今没有统一的字幕标准和技术[81],以下介绍几种多媒体软件处理字幕的标准和技术。

1. 常用标准和技术

1) SMIL

同步多媒体集成语言（Synchronized Multimedia Integration Language，SMIL）是一个由 W3C 制定的标准，目前规格已经到 SMIL 2.0。它是用来描述多媒体播放流程的语言，所有的多媒体数据，不管是文字、声音、影像或是视频都可以控制播放的顺序、播放多久及停止等。QuickTime 和 RealPlayer 使用的就是基于 SMIL 语言标准来控制声频和视频的播放，字幕被存贮在文本轨道文件或 Real 文本轨道文件中。

2) SAMI

同步存取媒体交换字幕（Synchronized Accessible Media Interchange，SAMI）由微软公司开发。SAMI 标准能让开发者通过使用演示内容附带的简单文本文件来向其内容添加字幕，然后可以对这些文本进行修改、维护、自定义，并且可以翻译为其他语言。媒体播放器外观本身并不支持字幕。但是，有一个用于呈现字幕的插件，下载并安装了这个字幕插件之后，用于设置语言种类、字体样式。Media Player 9 系列使用的就是 SAMI 标准，使字幕信息和其他多媒体同步呈现。

3) Real Text

流式文本（Real Text）是 Real Network 公司研发的标准。根据要显示的文本，生成一个 audio.rt 文本文件，该文件是一个 XML 文件，描述了什么时间显示什么文本，显示多长时间，显示在什么位置，字体的大小和颜色等信息。在显示特殊符号时，如同 HTML 使用字符代码，可在文件中加入注释。RealPlayer 制作的流式文件已广泛应用于网络视频中。

4) Text Track

文本轨道（Text Track）是苹果公司制定的标准。其以文本字样的形式来为 QuickTime 影片添加文本注释，如电影的标题内容提要背景信息等。文本轨道选项被指定为 3GPP，文本编码指定为 UTF-8。

2. 常用软件

目前，字幕文件制作软件主要有两种：MAGpie 和 Hi-Caption。

1) MAGpie

MAGpie 是 Media Access Generator 的缩写,是国际无障碍媒体中心(NCAM)开发的制作基于时间文本的字幕文本文件工具,MAGpie 能制作和传送网络多媒体字幕,制作的字幕能用其他媒体播放器使用,如 Media Player、QuickTime、RealPlayer。该软件是免费软件,使用较广。现在使用的有 1.0 和 2.01 两种版本,它们为多媒体软件制作字幕和声频描述。

2) Hi-Caption

Hi-Caption 是由 Hi Software 提供的软件,可以与 Hi-Caption SE 结合 Flash、Media Player、QuickTime、RealPlayer 等播放软件,制作出字幕。它相比 MAGpie 使用较为复杂。

(三) 网络字幕的制作

目前,字幕技术没有统一的标准和技术,各厂家和部门制作字幕和应用方式都不相同,以下对几个主要多媒体软件应用字幕技术的情况作分别介绍。

1. RealMedia

RealMedia 制作字幕的方法是用 SMIL 整合媒体文件 RealMedia(. rm)和文本文件 RealText(. rt),RealText 文本文件含有字幕内容和什么时候显示及怎样显示等信息。SMIL 文件其实只是一个指针文件,它包含字幕、视频和音频什么时候显示,显示在什么位置等信息。概括来说,字幕 RealPlayer 多媒体首先是制作 RealText 文本文件,再与视频/音频媒体制作成 SMIL 文件,最后成为 RealPlayer 多媒体文件。

2. Windows Media

Windows Media Player 制作字幕使用的是微软公司开发的 SAMI 语言,和 SMIL 一样,它也是基于 XML 格式的文本语言。不同的是,SMIL 指向的是外部字幕文件,如 RealPlayer 的.rm 文件、QuickTime 的. txt 等,而 SAMI 文件本身含有字幕内容。Windows Media Player 使用 ASX(有时是 WVX 或者 WAX)整合 SAMI 字幕和媒体文件,当字幕和视频文件嵌入到网页中时,字幕能自动添加到视频文件中。方式有两种:

(1) 媒体文件加上 SAMI 文件生成 ASX 文件,然后嵌入 HTML 网页中或者独立播放。

(2) 媒体文件加上 SAMI 文件,然后嵌入 HTML 网页中播放。

3. QuickTime

制作字幕 QuickTime 多媒体文件有两种方法：

（1）在 QuickTime 中制作文本轨道，它是 QuickTime 多媒体的一部分，和视频、音频一起称作 QuickTime 多媒体文件。

（2）首先制作文本轨道视频作为独立文件，然后与视频或者音频文件合成为 SMIL 文件，实质上它包含三种文件，含有视频和音频的 QuickTime 多媒体文件、文本轨道和 SMIL 文件。

第一种方法制作出来的是一个单独的文件，这种字幕媒体易于制作，但是必须在 QuickTime 专业版中才能播放。第二种方法制作较为复杂，但是易于发布，只要支持 SMIL 文件都能播放。

（四）网络字幕技术在网络教育课件中的应用

教育网站中有许多网络课件在应用，而字幕技术在网络课件中的主要应用是添加字幕，包括视音频、动画、多媒体课件和教师课堂录像添加字幕等，用图形和文字的形式描述教学音频和视频内容。目前网络课件主要有非实时的课件点播和实时收看教师授课两种，以下介绍字幕技术在这两种网络课件中的应用。

1. 非实时字幕网络课件

一般的非实时网络课件是学习者访问 web 服务器上事先编制好的视音频多媒体课件，当学生遇到疑难问题时，可以通过邮件向教师、专家进行咨询，也可以通过 BBS、新闻组、在线论坛等形式与其他学习者讨论交流。非实时网络课件要求网页上显示章节内容，同时能观看教师的讲授，方便地点播教学内容。在非实时网络课件中实现网络字幕媒体技术一般是在准备好的多媒体课件中添加字幕，供远程学习端的学习者随时点播，并且没有障碍。

非实时网络课程字幕技术较之实时网络课程容易制作和传输，它的技术实现如同在一般电视、电影添加字幕，先用 MAGpie 或者 HI-caption 等软件生成字幕文件，再选择一种多媒体软件和标准，将生成的字幕文件与制作好的视音频教学录像合成字幕多媒体文件。例如，将教师的授课内容用 MAGpie 软件制作成字幕文件，再和 RealPlayer 视音频文件（. rm）合成为 SMIL，该字幕多媒体文件能在 QuickTime、RealPlayer 等播放软件中播放，并容易控制其播放、暂停，字幕文件被存贮在文本轨道文件或 Real 文本轨道文件中。然后将该字幕多媒体文件传输到远程学习端，让各种学习者，包括听力障碍等无法接受音频的学习者都能接受教学信息。

2. 实时字幕网络课件

目前,实时网络课件一般是学习者在线收看教师讲课,并通过电子白板、聊天工具等与教师进行交流。远程服务事先做好准备摄录、传输等准备,学习者通过浏览器访问教师提供的地址,当教学开始时,远程服务器端将教师讲课的内容摄录下来,通过视频捕捉卡将教师的讲课信息生成流媒体,发布给远端学习者。同时,教学者和学习者之间可以进行文字、视频、语音交流。字幕技术在实时网络课件中的应用主要是在视频生成时加入实时字幕,然后再发布给学习者。

在网络课件中实现实时字幕有两种技术:同步文本和声音识别。同步文本是受训过的速记员使用速记设备,实时记录说话的内容。速记设备比一般键盘多一些快捷键,敲击某个快捷键就能输入某些语句和词的语音部分,软件根据输入的内容分析语音信息和词的构造,从而显示字幕内容;而语音识别让实时字幕变得更为可能,但是效果不是很好,没有标点,且不是很精确,也不能同时为其他人提供字幕。但是,语音识别处于发展中,未来的语音识别能实现多用户、高清晰、说话者独立语音识别等功能。

目前在实时网络课件中添加字幕合适的方法就是同步文本,记录员使用速记设备,实时记录教师的内容,用 MAGpie 或者 HI-caption 等软件生成字幕文件,然后选择一种多媒体软件和标准,与媒体文件合成字幕多媒体文件。例如,用同步文本的方法记录教师语音内容,用 MAGpie 软件成生字幕文件生成 SMAL(. smi)文件,然后和多媒体文件(. wmv)生成流媒体文件(. asx),再传输到远程学习端,这样的视频流可以是嵌入式,也可以是独立播放。当然,独立播放更有助于学习者控制视频播放和字幕播放。

三、音频媒体的无障碍设计

(一) 音频描述

为视觉障碍学习者和听力障碍学习者制作易访问的视频的过程中存在着不对称,视觉障碍学习者对没有图像的视频剪辑的理解比听力障碍学习者对没有声音的视频剪辑的理解要容易得多,正常人可以做以下的实验:看没有声音的电视(并且没有字幕)比听电视的声音要难以理解。这个结论似乎使我们感到听力障碍学习者只要添加了字幕,而视觉障碍学习者只要听声音就可以访问无障碍了,但事实上并非如此简单。要对音频媒体内容再进行一定程度的加工(包括文字描述或解说),即对音频媒体进行无障碍设计,无论是对于视觉障碍者还是听力障碍、认知障碍或其他环境、文化、语言等因素无法正常接受音频信息的学习者都是大有好处的。我们称之为音频描述,其中比较侧重于文本描述的叫做音频文本描述。

音频文本描述是为了方便无法正常接受音频或视频中的声音信息的学习者而提供的

文本描述,它并不是声音内容的逐字记录,可以包含有用的附加描述、解释或者意见。另外,听力障碍或者视力障碍学习者可以利用盲文点字机或其他设备读出音频文本描述。

(二) 音频文本描述的制作

音频文本描述的制作较简单,分为两步,首先是设计音频文本内容,接着利用Dreamweaver、Frontpage 或其他网页编辑器制作带有文本描述的音频信息。

1. 设计音频文本内容

音频文本内容主要分为音频主要内容和编辑内容两部分。制作方法是首先将音频主要内容记录下来,特别是重要信息,如时间、地方、人物和事件的主要过程。非重要信息可以考虑删除或修减,制作成音频主要内容。在片断与片断之间,或者必要内容事件中,加入言外之意、编辑者的提示或注解等,形成编辑内容。再将两部分结合成音频文本内容。

2. 制作音频文本描述

设计好的音频文本内容制作成网络音频文本描述有两种方法:一种是 HTML 格式,与音频控制在一起,学习者以网页形式在线学习;另一种是 DOC 等文本格式,以供学习者下载。第一种格式更直观、方便,大多数音频文本记录以第一种格式为主。

四、动画媒体的无障碍设计

动画已经成为网络一种重要的多媒体形式,它通过传递图片、文本、视频、音频等多种信息成为具备最强大、最可行的媒体载体。可以从以下几个方面增强其无障碍性。

(一) 动画素材具备的无障碍特征

(1) 多种呈现方式:动画教材不仅有图片、文本、音频,还能用动态的过程表达复杂的内容,为学习者同时提供多种媒体信息。

(2) 键盘无障碍:键盘对动画的操作比网页内容更容易,许多动画具有更多的功能和强大,能被键盘操作。

(3) 可缩放大小:一般动画是基于矢量技术,缩放大小不会造成失真和马赛克。

(4) 参与程度高:动画允许学习者通过交互、声音、图片等其他形式参与,学习障碍和认知障碍学习者也能理解和集中注意在动画上。动画能弥补静态的 HTML 内容,两者形成互补。

(5) 自控声音:动画自带音频信号,它能呈现声音,也能为了屏幕阅读器的阅读去掉声音信息。

（二）动画无障碍设计策略及技术支持

1. 为不同障碍学习者提供的特殊设计策略

虽然动画具备以上无障碍优势，但是动画应用到网页中时，很多方面还不能忽视它的无障碍性。比如应使用了大量的对比、统一的导航、可理解的语言等。表 6-3 所示是动画对不同障碍人群体提供的特殊策略。

表 6-3   动画中为不同障碍学习者提供的特殊设计策略

障碍类型	特殊策略
听力障碍	为音频信息提供同步字幕
光源性癫痫	去除每秒闪动 2～55 次的闪动内容
运动障碍	确保键盘无障碍
	不要求较高的运动技能
认知障碍	允许学习者控制时间限制的内容
	提供容易的控制和导航
	提供统一的控制和导航
	使用清晰的、简单的语言
低 视 力	提供大量的对比
	允许动画放大尺寸
全 盲	确保屏幕阅读器无障碍或者提供替代文本
	确保键盘无障碍
	不要妨碍屏幕阅读音频或键盘指令
	为所有非文本信息提供同等文本替代

尽管表中所列策略能提高无障碍性，但是很少有动画设计同时遵循以上策略，因此，有必要介绍 Flash 中无障碍技术。

2. 屏幕阅读器无障碍

动画内容时刻在改变，对一些障碍学习者来说存在很大的困难，他们需要一些辅助科技的帮助，如屏幕阅读器。动画内容被屏幕阅读器无障碍的阅读有三种方法：

（1）动画内容本身容易被屏幕阅读器读出。

（2）动画内容自带声音控制，能根据屏幕阅读器的需要消除声音。

（3）为动画内容提供同等的文本替代。

3. 为动画提供文本替代

（1）字幕：为动画配上字幕是为听力障碍和不能完全理解音频信息的学习者提供其他传递信息渠道的无障碍方法。前面已有介绍，在此不再赘述。

（2）Macromedia Flash 的辅助功能：可以为 Flash 动画的图片元素提供同等文本信息，在菜单"窗口"—"辅助功能"（快捷键是 Alt＋F2），将弹出现对话框，如图6-13所示。

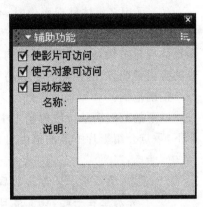

图 6-13　设置 Flash 图片元素的替代文本

在对话框中，可以选择影片无障碍、对象无障碍、为对象添加名字和描述等，使动画有同等的文本信息，能由屏幕阅读器读出。

4. 键盘无障碍

学习者只有使用较高版本的播放器（如7.0），不然无法使用键盘操作页面的其他条目，屏幕阅读器只能读出播放器发送的按钮状态的文本条目，对其他图片、视频剪辑无法识别。所以要设置键盘对动画按钮触发有效，按钮必须用颜色区分状态，使学习者能识别。

5. 隐藏非重要内容

动画一般包括广告条、页面装饰等非重要内容，这些对认知障碍学习者来说，容易分散学习注意力。为了隐藏这些非重要内容，可以在网页上添加以下代码：

```
<object ...>
<param name="wmode" value="opaque">
<embed wmode="opaque" ...>
</embed>
< /object>
```

五、多媒体使用注意事项

随着网络与多媒体技术的飞速发展，多媒体信息的应用越来越多。因此，多媒体信息访问无障碍设计愈加显得重要。这里我们将有关问题再次重申：

（1）网页上使用多媒体呈现信息时，必须提供替代文字。

例如，在一些报导气象的网页上，经常会使用动态图标或影片呈现气象变化，但是因为纯文字浏览器无法取得此类多媒体所呈现的信息,因此在网页上应该对于多媒体提供替代文字说明。目前因特网上 flash 动画的使用相当频繁,对于 flash 动画的使用,设计者应考虑其易访问性,譬如在应用 flash 动画时,必须提供替代文字,以及避免以一个 flash 动画取代整个网页(将网页上的所有信息都包含在一个 flash 动画里)的设计。

（2）采用多媒体呈现影像时,必须提供听觉说明。

目前的浏览器尚无法自动判读多媒体视觉影像所呈现的文字内容与信息。因此呈现多媒体视觉影像时,必须在不影响语音对话的情况下,提供影像中重点的语音描述或是同步的旁白说明,以利视障者更容易了解该多媒体的内容。

正确范例:

以下的范例摘录一段狮子王中辛巴与父亲对话的影片片段,旁白在不影响原有的对话下,重点介绍影片中无法借由对话表现出来的影片内容。

辛巴:耶

〔旁白:辛巴跟在父母亲的后面,在草原中奔跑。辛巴的母亲微笑看着辛巴与父亲并肩坐在一起,观赏落日的余晖。〕

父亲:阳光照耀在我们国度的每一寸土地上。

辛巴:哇

（3）采用多媒体时,必须提供同步语音或替代文字说明。

网页上应用多媒体呈现重要信息时,应同时提供可阅读的替代文字或是可聆听的旁白说明。例如,提供听障者同步字幕,以及提供视障者语音旁白。有一些技术,如 Quick Time、SMIL 及 SAMI,都是可以提供语音/视讯字幕在多媒体中同时结合呈现,以利视/听障者获得视讯中的信息。

正确范例:

以下场景取自 ET 影片,影片中电话铃声响起,然后有人接听电话。旁白同步提供电话响起的字幕与提示铃响的字幕。

〔铃声响起〕

〔铃…〕

〔铃…〕

哈萝？请问找谁？

（4）编写视频编辑的文本描述。

自从我们为视觉障碍者制作了文本描述,盲人上网也有了相应的技术支持,如 Braille 播放器、屏幕放大器以及屏幕读卡器。然而,在理论上使录像与文本同步是可能的,称之为添加字幕,或是添加子标题,这取决于实际应用。但试想一下它应该怎样工作呢,当播放器中有一个视频剪辑(主要有音频或是视频),则语音合成器应该以某种方式与隐藏的文本追踪保持一致并且马上大声的把它读出来,解说也必须同时结束。

■ 第十节　教育网站中元信息的设计

教育网站不同于其他类型的普通网站,它的对象是各类学习者,目的是使学习者获得知识,因此须注重教育网站的元信息设计。

一、基本的元信息设计

网页的标题、作者、关键词、网页内容的描述,这些是能帮助学习者获悉网页的基本内容的方法,如从网页的标题就可以知道这个网页中主要内容是什么。另外,网页的标题、作者、关键词、网页内容的描述也是搜索引擎索引的依据,对于站内搜索也会提高学习者的学习效率;网页的 DOCTYPE 标记的创建,是为了可以来实现严格兼容标准、容错的、向前兼容的不同模式之间的转换,能够保证浏览器使用正确的方式显示网页中的内容[82]。

例如,下面是 W3C 的一个网页的头文件源码:

```
<?xml version=" 1.0"? >
<!DOCTYPE html PUBLIC "-//W3C//DTD XHTML 1.0 Strictl/EN"
  "http alwww.w3.org/TR/xhtml l /DTD/xhtml l -strict, dtd">
<!—@ @ ?? we aren't claiming transitional? —>
<html lang="en"" xmlns= }}http://www.w3.org/1999/xhtml">
<head>
<meta name="generator" content="H I'ML Tidy, see www.w3.org"/>
<meta http-equiv="Content-Type" content="text/html; charset=
  iso-8859-1"/>
<title> HTML Techniques for Web Content Accessibility Guidelines1.
  0</title>
```

二、使用 Metadata 提供网页及网站的相关信息

Metadata 传达的是网页内容的相关信息。好的 Metadata 可以提供使用者极为重要的信息,以下即为在 HTML 中可以提供的有用信息:

(1) TITLE 标签:设定网页的标题。

(2) ADDERSS 标签:提供网页的开发者相关信息。

(3) META 标签:提供网页文件数据,包含关键词及网页开发者的相关信息。

（4）DOCTYPE 叙述：用以识别 HTML 版本类型。

（5）LINK 标签与导航工具：使用 LINK 卷标与 link types 描述网页导航的功能。

（6）LINK 标签与可替代的网页：连接标签可以用来指定可替代的网页。

三、网站的导航设计

导航是学习者在网站中学习时的罗盘，是学习者在学习过程中的定位器。因此，设计一个清晰而又一致的导航机制是十分必要的。一般的导航栏置于网页的上部或者网页的左部，导航的按钮顺序要在各个学习单元保持一致。导航按钮如果是由图片组成则要在相应的图片按钮上添加 Alt 文本，导航菜单级数不应该超过三个，导航按钮应该有适当的大小以免学习者的误击，产生误操作。

四、网页中的文字大小、色彩的设计

对于网页中的文字大小，应该能够为学习者选择。例如，有的网页给出了"大、中、小"三种字体供学习者选择，学习者可以根据自己的视力情况来选择。网页中的色彩也是非常重要的，色彩的运用要便于学习者区分不同的学习信息，使学习中的"背景噪声"降至最低。

第七章

无障碍网络教育环境的评价

　　构建无障碍网络教育环境不可缺少的一个重要因素就是制定相应的法律、法规和相关技术标准,这样才能使构建人人平等的和谐社会得到法制的保障,并且使无障碍网络教育环境的实现有法可依,而不只是形式上的口号。评价则是落实政策、法规的具体手段,依据法规、标准的科学评价方法是实现无障碍网络教育环境重要保证。

　　本章首先阐述了美国、英国、欧盟等国家和组织关于构建无障碍网络教育环境的法律、法规,以及我国在此方面的进展状况;然后介绍了无障碍网络评价的标准、方法、评价的指标体系等内容。

第一节　无障碍网络教育环境的法律法规

一、美国《康复法案》的 Section 508 条款

美国是网络无障碍法制体系建设相对比较成熟的国家,其渊源可追溯到 1973 年的《康复法案》第 504 节(Section 504 of the Rehabilitation Act),它要求所有由联邦财政支持的机构都不能歧视残障者,为保障美国残障人士的公平权利提供了最早的法律依据[83]。

1990 年颁布的《美国残障者法案》(Americans with Disabilities Act,ADA)扩大了"无歧视"的范围,从联邦机构扩展到"各州和地方政府以及公共服务场所(place of public accommodation)",对残障人士在各个领域的公平权利也做出了更具体的规定。但由于制定时间比较早,ADA 当时还没有直接涉及公平使用网络的问题[84]。但是,随着互联网的迅速发展和普及,网络无障碍的问题很快就显现出来。1996 年,美国参议员 Tom Harkin 致信美国司法部(Department of Justice,DOJ),询问 ADA 是否适用于网络的无障碍义务。DOJ 的答复指出,根据 ADA,所有政府和公共服务机构都要确保为残障人士提供"有效的"交流,不论通过何种媒介,其中包括"计算机媒介,如 Internet。"[85]但从多次著名判例看来,关于网站是否属于"公共服务场所"、ADA 是否适用于网站的无障碍使用问题,在具体的司法实践中至今还没有形成明确、统一的认识[84]。

更有针对性的限定来自 1998 年修订的《康复法案》第 508 节。美国的 508 条款(Part1194.22)是 1973 年制定的《康复法案》(Rehabilitation Act)的修正案,为了确保残疾人能平等的访问电子信息,并成立了一个建筑和运输障碍委员会(the Architecture and Transportation Barriers Board,简称 Access Board),要求其制定相关无障碍标准。在1998 年公布了顺应(compliance)Section 508 的标准。在 WAI 发布 WCAG 1.0 之后,美国于 2000 年 12 月也重新修订并公布了 508 条款,该条款就是根据 WCAG 制定网站应该满足易访问性的要求,其中对政府和学术性的网站要求必须满足无障碍的要求。该法案于 2001 年 6 月生效,在此之后开发的网站必须遵守该法案,对这之前建设的网站没有作相应的要求,在美国很多网站自觉地按照该法案进行修改。

修订后的 Section 508 法案要求美国的任何联邦部门(包括美国的邮政部门)在发展、获取、维持和使用电子信息技术时,除非不得已的原因,都必须保证身体有残疾的工作人员可以和其他正常的工作人员一样地访问和使用信息和数据。Section 508 也有要求,除非有不得已的原因,国家机构都必须保证从国家机构搜寻信息和服务的身体残疾会员可以和正常人一样地搜寻信息和使用该机构提供的服务。

　　Section 508 也详细地指明了该法案的适用范围,并且也指出了一些可以不遵循该法案的一些特殊情况,例如:涉及国家安全相关的秘密活动、军队的命令和控制,武器和武器装备,或直接影响军事任务的执行情况的系统可以不必遵循无障碍的规则。只是频繁地供服务人员来维护、修理或偶尔地监视设备运行情况的产品也可以不必遵循易访问性的规则。

二、英国《Special Educational Needs and Disabilities Act》

　　英国的网络无障碍法制框架,主要是以 1995 年出台的《残障歧视法案》(Disability Discrimination Act,DDA)和 2000 年成立的残障人士权利委员会(The Disability Rights Commission,DRC)为基础而逐步形成的。后者致力于消除歧视,促进残障人士公平享有各种权利,监督和推动 DDA 在社会各领域实现[86]。

　　DDA 第三部分(Part 3)规定,残障人士有公平地获取各种商品、设施和服务的权利。随着互联网的逐步兴起,一般认为这一要求同样地适用于网络。DRC 于 2002 年 5 月公布的 DDA 第三部分《实施守则》(Code of Practice)也明确地提到了"网站"。但从现有案例来看,关于 DDA 与网站的无障碍使用之间的关联,还没有在司法实践中得到充分检验[87-88]。

　　2004 年 4 月,DRC 公平了一份调查报告。通过对英国 1000 个公共和私营网站的调查,发现多达 81% 的网站都没有通过 W3C-WAI 制定的《网内内容无障碍规范》(WCAG)的最低等级(A 级)无障碍测试。DRC 认为,网站开发者往往很清楚 WCAG 的重要性,但仍然疏于运用,这反映出英国在相关制定上还亟待完善。为此,DRC 正在同英国标准协会(British Standards Institution,BSI)制订一份新的无障碍规范,它将会涵盖无障碍网站开发的各个方面,如有关的技术标准、自动测试工具、代码验证方法,以及怎样让残障用户参与到设计过程中。它不会取代国际通行的 WCAG 标准,而是为如何运用 WCAG 提供操作性更强的参考。DRC 规范的出台,必定会给英国网络无障碍建设的法律建设的法律实施带来重要影响,成为 DDA 在 Web 应用领域的补充和延伸[89]。

　　此外,在教育领域,已设立专门的法律——特殊教育需求与残疾人法案(Special Educational Needs and Disability Act,SENDA),保证残障学生公平使用网络的权利。该法案是对 DDA 的修订,英国政府在 2001 年 5 月通过了 SENDA 法案,该法案要求电子资源(包括网站)对于残疾人群应该是易访问的,并于 2002 年 9 月生效。它不仅要求教育机构遵守这部易访问性立法,所有其他提供任何形式的教育和训练的组织(包括商业机构和专业组织)都必须遵守[90]。

三、欧盟的 e-Europe

欧盟的"e-Europe Action plan 2002"规划文件。该文件在 2000 年 6 月公布,其中明确要求欧盟的公众网站应该推动网站无障碍设计的计划。随后,当时的 15 个欧盟会员国在推动此相关行动时,大都以 WCAG 1.0 标准为主要依据。

四、其他国家的立法情况

葡萄牙是欧洲第一个引入无障碍的国家。葡萄牙国会在 1999 年 6 月就建议政府考虑《葡萄牙无障碍互联网请愿书》(Petition for Accessibility of the Portuguese Internet) 上的意见,葡萄牙政府于 1999 年 7 月通过一项提案:强制政府级官员办事处、机构、部门或服务团体,以及所有的公共机构,包括国有企业、国立大学等,在设计网页和提供网上信息时,必需考虑到无障碍,以方便残疾人群使用。

加拿大《1977 年加拿大人权法案》(Canadian Human Rights Act 1977)中规定,除非有不合情理的困难,否则残疾人士有权进出处所、使用服务及设施(包括网上信息的提供)。1998 年 2 月,加拿大财政部秘书处(Treasury Board Secretariat)(联邦政府制定政策的中央组织)受命为所有联邦政府的互联网、内联网页及电子信息制订标准。于 2000 年 5 月 4 日批准了以 Common Look and Feel 作为加拿大政府互联网站的标准和规范。政府部门及机构必需强制性执行 Common Look and Feel 准则。

澳大利亚《残疾歧视法案》(Disability Discrimination Act 1992)规定,联邦政府各部门及机关必须确保残疾人士可使用网上信息及服务。根据《政府在线策略》(Government Online Strategy)规定,联邦政府各部门及机关都要达到某一最低规定及标准,以确保全澳网站的服务素质和一致性。同时,在线委员会(The Online Council)同意采纳万维网联盟的《网页内容易访问性规范》(WCAG 1.0),作为所有澳大利亚政府网站一致采纳的设计标准。

其他国家(如日本、印度、新加坡等)也都有相应的计划和规定来要求本国的公共网站应是无障碍的,其中也包括教育类网站。

五、我国无障碍网络教育环境的相关法律规范

1. 香港特别行政区

香港特别行政区网站无障碍运动主要是由民间的团体,政府机构和残疾人士和团体推动。而政府则担任协助及支持的角色。香港盲人辅导会在推广信息无障碍方面也担任了重要角色。1996 年,香港盲人辅导会通过向香港赛马会慈善基金申请拨款,和香港理工大学合作,开发了广东话发音中文处理软件——语点,但只能读出中文。2004 年初,在

美国一家软件开发公司和香港盲人辅导会的技术支援下,香港一家公司开发了JAWS软件,原理是按英文JAWS软件加上中文系统组成,由于价格昂贵,暂时只有一些视障人士的服务机构购买,视障人士个人购买的只是属于少数。

香港视障人士使用信息技术情况:香港特区政府于2000年初,全面推行信息技术教育,视障人士也因此受惠。香港盲人辅导会现正定期举办视障人士科技资讯训练课程。而香港盲人辅导会康复训练中心,也于1996年将这项资讯科技训练纳入其课程之内。香港特区政府社会福利署推动资助残疾人士购买电脑和有关软件计划。最近香港社会福利署也获得香港赛马会慈善机构拨款,资助为视障人士提供服务机构购买所需的电子点字显示器,预期超过一百名的视障人士可以受惠。

香港政府在网站无障碍上也做出了相应的努力。在2001年香港特区制定的"数码21新纪元"咨询科技策略中的第四个范畴是:加强香港社群掌握数码科技的能力。这其中包括向有各种残障人群提供帮助,如要求网站内容应是无障碍的;向残障人群推广使用各种辅助科技手段获取网站信息。而数码站就是香港特别行政区政府(政府)提供的免费公用计算机设施,让包括残障的市民都可通过互联网浏览政府网页及其他网站。

2. 台湾地区

台湾地区在1997年公布《身心障碍保护法》,并开始推动在公共场所设置无障碍空间。台湾地区在这其后数年的努力之下已经有相当成效,大部分的公共场所都有设置无障碍坡道、爱心铃、残障车位等无障碍空间。

近几年,台湾地区网站无障碍推动的力度在不断加强。2002年6月,由台湾辅助科技促进职业重建协会制订台湾地区无障碍网页标准,开发无障碍网页检测工具与无障碍网络空间服务网站,以提供无障碍网页检测服务。并由叶耀明、李天佑、周二铭等人组成的研究团队于2002年底制定《无障碍网页开发规范》,此规范被视为台湾地区的网站无障碍推广活动的标准。

台湾地区网站无障碍建设的发展分为三个发展阶段:第一个阶段为推动公众网站无障碍;第二个阶段为推动学校教育网站无障碍;第三个阶段为推动民间服务和商业网站无障碍。

台湾地区在身心障碍学童的教育是采取融入一般学校和正常学童一起学习的政策,不像过去身心障碍学童只能在特殊学校就学。目前各中、小学如收有身心残疾学生,大都成立资源班和资源教室来提供特殊教育的需求。

在台湾地区制订《无障碍网页开发规范》中仿照WAI中WCAG规范,使用三个优先等级来界定网页无障碍。并规定了网站无障碍满足条件,首先应该先推动满足第一优先权(包括机器检测和人工检测)、再推动满足第二优先权、然后再推动满足第三优先权。

3. 大陆地区

《中华人民共和国残疾人保障法》(以下简称《残疾人保障法》)由中华人民共和国第七届全国人民代表大会常务委员会第十七次会议于 1990 年 12 月 28 日通过,自 1991 年 5 月 15 日起施行。《残疾人保障法》共分为九章,包括总则、康复、教育、劳动就业、文化生活、福利、环境、法律责任和附则。《残疾人保障法》以维护残疾人的合法权益,发展残疾人事业,保障残疾人平等地充分参与社会生活,共享社会物质文化成果为宗旨;以宪法为制定依据。《残疾人保障法》对残疾人的定义进行了限定,并对其类型过行了划分,规定残疾人在政治、经济、文化、社会和家庭生活等方面享有同其他公民平等的权利。《残疾人保障法》要求国家采取辅助方法和扶持措施,对残疾人给予特别扶助,减轻或者消除残疾影响和外界障碍,保障残疾人权利的实现;各级人民政府应当将残疾人事业纳入国民经济和社会发展计划,经费列入财政预算,统筹规划,加强领导,综合协调,采取措施,使残疾人事业与经济、社会协调发展;全社会应当发扬社会主义的人道主义精神,理解、尊重、关心、帮助残疾人,支持残疾人事业,机关、团体、企业事业组织和城乡基层组织,应当做好所属范围内的残疾人工作。

为了更好地保障残疾人受教育的权利,发展残疾人教育事业,1994 年 8 月 23 日,我国颁布了《残疾人教育条例》,并于颁布之日起开始实行。《残疾人教育条例》以《残疾人保障法》和国家有关教育的法律为制定依据,分为总则、学前教育、义务教育、职业教育、普通高中以上教育及成人教育、教师、物质条件保障、奖励与处罚、附则九个部分。《残疾人教育条例》再次以法律的形式规定了残疾人教育是国家教育事业的组成部分,制定了发展残疾人教育事业,实行普及与提高相结合、以普及为重点的方针,着重发展义务教育和职业教育,积极开展学前教育,逐步发展高级中等以上教育。《残疾人教育条例》第七章——物质条件保障,规定省、自治区、直辖市人民政府应当根据残疾人教育的特殊情况,依据国务院有关行政主管部门的指导性标准,制定本行政区域内残疾人学校的建设标准、经费开支标准、教学仪器设备配备标准等;县级以上各级人民政府及其有关部门应当采取优惠政策和措施、支持研究、生产残疾人教育专用仪器设备、教具、学具及其他辅助用品,扶持残疾人 教育机构兴办和发展校办企业或者福利企业。

《残疾人保障法》确保了残疾人在康复、教育、劳动就业、文化生活、福利、环境等各个方面的权利。《残疾人教育条例》再次以法律的形式确保了残疾人受教育的权利。但是由于《残疾人保障法》和《残疾人教育条例》制定的时间较早,当时没有考虑到 Internet 的迅速发展和对教育产生的深远影响,因此两者中都没有包含如何保障残疾人通过网络平等地获取信息和利用信息,以及通过网络接受教育的权利。随着 Internet 在中国内地的迅速发展,网络日益成为人们获取信息和利用信息的一种重要途径,网络教育也成为人们接受教育的一种重要形式。如何构建无障碍的网络环境,确保残疾人通过网络获取信息和进行学习的权利,保障残疾人在政治、经济、文化、社会和家庭生活等方面享有同其他公民平等的权利成为亟待解决的一个问题。

　　我国无障碍设施建设起步较晚。1989年4月,建设部、民政部、中国残联联合颁布了《方便残疾人使用的城市道路和建筑物设计规范(试行)》(以下简称《设计规范》)。《设计规范》中所涉及的无障碍设施,是指为保障残疾人、老年人、伤病人、儿童和其他社会成员的通行安全和使用便利,在道路、公共建筑、居住建筑和居住区等建设工程中配套建设的服务设施,还没有涉及信息无障碍。2002年10月在日本举行的高级别政府间会议通过了以推进信息无障碍为优先行动内容的《琵琶湖千年行动纲要》,纲要首先明确地提出要充分利用现代信息通讯技术解决残疾人的困难。我国政府非常重视并积极响应联合国这一号召,正积极努力实现联合国亚太残疾人十年活动对信息无障碍的各项要求。中国残疾人事业"十一五"计划纲要中包括的《无障碍建设"十一五"实施方案》特别提及了加强信息交流无障碍建设,提高全社会无障碍意识。要求有关部门组织制定信息无障碍规范或标准,完善无障碍建设相关规范、标准,推进无障碍设施标准衔接统一和与国际接轨。《无障碍建设"十一五"实施方案》要求加强无障碍建设的宣传及信息交流无障碍建设,有关部门要利用电台、电视台、报纸、杂志、网络等媒体专题(栏)节目、公益广告及宣传册、宣传口号、条幅、张贴画等多种形式开展无障碍建设的宣传,普及无障碍知识,提高无障碍意识,营造全社会关心、支持、参与无障碍建设的良好氛围。推动政务信息公开无障碍,推动在电视新闻、电影、电视剧中进一步加配字幕,鼓励电视台开办手语节目,在医院、车站等重点公共场所和城市重点线路公交车建立信息屏幕系统。在商业等服务行业从业人员中推广手语。为聋人提供手语翻译或书面语文字交流援助。研发推广方便盲人、聋人使用的信息交流产品。

　　但是总体上说,在无障碍的网络教育环境方面,大陆各方面的研究与国际上相比有所滞后,表现在以下几个方面:

　　(1)相应的法律和规定对网站及相关电子资讯的无障碍没有明确的要求。

　　(2)网站设计者、开发者对网站无障碍的忽视也是导致大陆地区网站无障碍问题比较严重的重要原因。

　　(3)对于网站无障碍的评价没有相应的标准体系。

　　(4)IT业界对辅助科技手段的研发支持力度不够。

■ 第二节　无障碍网络教育环境评价标准和规范

一、网络教育环境无障碍评价的特点

　　评价是实现Web无障碍的重要技术环节,其主要目标是评定网站(页)的无障碍水平,发现其设计缺陷以便修复。目前,国际上还没有一个统一的网络环境无障碍规范,各个国家、地区都根据 WCAG 制定各自的无障碍规范,这些规范都有各自的偏重点。因此,评价网络环境无障碍的技术标准也就各不相同。目前,可用于 Web 无障碍评价的软件工具至少已有 80 余种,从功能特点上大致可分为四类[82]:

(1) 综合评价工具。一般以 WCAG、Section 508 等认可度高的无障碍标准为依据,能针对其中绝大部分要求对网站的设计细节进行全面评价,典型代表如 AccVerify、Bobby、WebXM、The WAVE 等,目前应用都较为普遍。

(2) 专项评估工具。一般只能就某一项或几项无障碍特征进行评价,如 CSSAnalyzer 的主要功能是评价页面所使用的层叠样式表(CSS)是否符合标准语法,并判断色彩对比是否充足,以及是否使用了相对的位置和尺寸单位;又如 Vischeck 可以模拟色盲用户的视觉效果,帮助设计者判断页面的色彩搭配是否便于这类用户浏览。

(3) 评价修复工具。这类工具不但可以检测页面存在的问题,而且还能自动修复一部分缺陷,如 A-Prompt。

(4) 人工评价辅助工具。为执行人工评价的人员提供必要的协助,降低其工作量,提高评价的效率和准确率,如 AIS 工具条(AIS Toolbar)。

此外,从运行方式上看,评价工具主要包括桌面型和在线型两种,前者需要安装在本地计算机上使用,如 Bobby;后者则是通过 Web 浏览器直接使用,不必本地安装,如 WebXACT。从获取途径上看,评价工具包括收费工具和免费工具两种,其中前者大多为商业机构推出的比较成熟的产品,其面向的是企业、政府机构等大中型站点,能提供相对完整的、高效率的无障碍解决方案,如 AccVerify 等;后者有些是由科研机构开发的实验性工具,有些是收费产品的简化版或在线版,如 WebXACT Accessibility 模块和 Cynthia Says 就分别是 Bobby 5.0 和 AccVerify 的简化版,但它们的评价能力往往有较多的局限性。

不同的工具对无障碍标准的解释和判定采用了各自不同的技术体系,因而它们在评价能力和效率等方面各有特点。以下介绍几种最常用的评估工具。

1. Bobby

Bobby 是最早出现的 Web 无障碍性评估工具之一。其初期由 CAST(Center for Applied Special Technology)开发,后来转由 Watchfire 公司继续运作。最新的 Bobby 5.0 支持 WCAG A/AA/AAA 及 Section 508 等四种评估模式(即采用四种不同的评估依据)。

虽然 Bobby 是迄今为止应用最广泛、最为成熟的无障碍性评估工具,但在评价性能上它也有自身的不足:首先,表现为评估范围上的局限性,从表面上看它虽然以 WCAG 1.0 或 Section 508 为评估依据,但 Bobby 能够自主判定的只是全部检验点的一个子集,其他如色彩对比度是否适当等许多特征都必须由人来判定;其次,Bobby 评估主要在语法层面进行,不能深入到语义,如它可以判断图像有没有替代文本,但却无法确定这一文本是否有意义;此外,Bobby 评估主要是针对源代码中的 HTML 元素,对 JavaScript,CSS 等脚本中的无障碍特征很难做出准确的判断。

2. WebXACT

WebXACT 是 Watchifire 推出的在线测试工具,由质量(quality)、无障碍性(accessibility)、隐私(privacy)三个模块组成,每次只能测试一个页面。其中"无障碍性"模块实际上就是免费版的 Bobby。

3. Cynthia Says

Cynthia Says 是由 HiSoftware 公司推出的在线评估工具。与 WebXACTBobby 类似,Cynthia Says 也提供四种评估模式,每次只能评估一个页面。两者的工作方式和评估性能虽然各有特点,但却非常相近。

4. A-Prompt

A-Prompt 是由加拿大多伦多大学"辅助技术中心"(Adaptive Technology Resource Centre of the University of Toronto)开发的一款桌面型软件工具,它采用 WCAG 1.0 标准,可以发现并修复(自动修复或提示使用者修复)页面中的大部分有关易用性的缺陷。

5. AIS 工具条

AIS 工具条是由"视觉澳大利亚"(Vision Auatralia)项目"信息无障碍解决方案"小组(Accessible Information Solutions,AIS)开发的一款人工评估辅助工具。严格地讲,它是一款复合工具,它有机整合了多项功能和多个评估工具,主要包括四方面功能:

(1)自动识别网页的构成元素。

(2)整合第三方在线评估工具,提供统一的使用接口,如 W3C HTML 验证程序、CSS 验证程序、WebXACT 等多个最常用的评估工具都被集成到 AIS 工具条中。

(3)模拟用户体验,特别是模仿生理障碍对网页浏览造成的影响,为人工评估提供参考,如模拟白内障、青光眼、色盲等视觉疾患用户的显示效果,或停用鼠标功能,迫使评估者感受键盘操作的易访问程度等。

(4)发挥"门户"作用,提供 Web 无障碍相关技术资源链接。

二、各国及国际组织制订的无障碍评价标准

(一) 以 WCAG 为核心的 W3C-WAI 系列标准

WAI(Web Accessibility Initiatives)是世界互联网联盟(W3C)下属的研究团体,致力

于 Web 无障碍标准、规范的研究制定，以及技术支持、实践推广、机构间的合作等相关工作，下设一系列工作组（working group）和兴趣组（interest group），如 Web 内容工作组（WCAG WG）、创作工具工作组（ATAGWG）、评价工具工作组（ERT WG）、研究和开发兴趣组（RDIG）等，这些组各自围绕一个子命题开展研究。

WAI 的核心成果是《Web 内容无障碍规范》（WCAG）、《创作工具无障碍规范》（ATAG）、《用户代理无障碍规范》（UAAG）等三大技术规范，事实上，它们已经成为 Web 无障碍领域公认的国际标准。

1. WCAG 1.0[91]

WCAG 1.0 对怎样使 Web 内容（即 Web 页面以及其他通过 Web 平台提供的信息资源）适于残障者访问提出了一系列具体的设计要求。自 1999 年 5 月发布以来得到了普遍认可和实践，是目前国际上最主要的无障碍技术标准。WCAG 1.0 的权威性一方面来自其内容的完整性和科学性——其对 Web 内容无障碍方面的要求做了比较全面的界定；另一方面也得益于其结构紧凑的组织体系：

（1）其将"无障碍"目标细化、明确化。WCAG 1.0 包括 14 条无障碍准则（Guidelines），并进一步细化为 65 个检验点（Checkpoints）。一个检验点即实现无障碍所应满足的一项具体要求。从理论上讲，通过全部检验点就意味着页面不存在访问障碍，而对页面无障碍水平的整体评价也是通过分别判断各检验点是否满足来完成的。这样，WCAG 1.0 将"无障碍"目标由上而下多级分解，细化为可操作、可执行的规则，有利于目标实现。

（2）它规定了各项规则的优先顺序和重要程度。根据对无障碍性影响程度的不同，WCAG 1.0 将检验点归属为三个优先级（priority）。优先级 1 对无障碍水平有着最直接的影响，"必须"（must）满足，否则可能会给有特殊需要的访问者造成严重的困扰；优先级 2 影响力次之，"应该"（should）满足；优先级 3 的影响力相对最弱，但最好也予以（may）满足，否则可能会带来一定程度的困扰，但不至于产生全局性影响（为便于论述，下文用 P1、P2 和 P3 代表三个优先级）。

（3）其目标分层次。WCAG 1.0 基于三个优先级设置了三个无障碍等级：凡是满足 P1 全部检验点的站点即获得 A 级无障碍认可（approved）；同时满足 P1、P2 全部检验点即可获得 AA 级无障碍认可；若同时满足 P1、P2、P3 全部检验点，则可获得 AAA 级（最高等级）认可。达到某一等级的站点可以使用由 WAI 授权的标志。通过由低到高、逐步完善的三个层次，无障碍目标的实现被分解为一个渐进的过程，突破了绝对化的是非判断，更有利于推广实施。而 WAI 标志作为对网站设计水准的肯定，也能产生一定的激励效应。

2. WCAG 2.0[91]

虽然 WCAG 1.0 有上述的诸多优点,但在应用过程中它还是显露出了诸多不足。因此,WAI 从 2001 年初开始制定 WCAG 2.0,至今已发布了 9 版工作草案(Working Draft),并继续征求意见以修订完善。从最新版(2005 年 11 月)来看,WCAG 2.0 在组织体系上作了重大改进,整套规范建立在四大设计原则(principles)基础上:

(1)可认知(perceivable):Web 内容必须能被任何用户认知。

(2)可操作(operable):用户界面元素必须能被任何用户操控。

(3)可理解(understandable):Web 内容及其控制界面必须能被任何用户理解。

(4)够稳健(robust):Web 内容必须足够稳健,确保能与当前及未来的 Web 技术协同工作。

各项原则下又分别规定了一组准则(guidelines)来具体阐释满足该原则需要遵守的若干设计要求。准则进一步细化为一系列成功标准(success criteria)。用以评价该项准则被遵守的程度。所有的成功标准都表现为是、非判断的形式,当应用于任何一个特定的Web 内容时,都能明确判定该内容是否满足要求。成功标准根据其重要程度(对无障碍性的影响程度)划分为 Level 1、Level 2、Level3 三组,属于 Level 1 的成功标准是最重要、最基本的无障碍要求,以此类推。

WCAG 2.0 与 1.0 相比较,组织体系更为完整,层次更为分明,它通过引入是非二元结构的"成功标准"强化了细节上的可操作和可判定性。并且 WCAG 2.0 也体现出了对1.0 版的继承,如成功标准及其三个 Level 划分,就明显借鉴了 1.0 中检验点和优先级的理念。

其次,与 1.0 版相比,WCAG 2.0 表现出更成熟的应用特点:

(1)突出了技术独立性,增强了适应性。2.0 版强调所有原则、准则和成功标准都必须能适用于任何一种基于 Web 的内容,不论其采用 HTML、XML 还是其他 Web 技术,这将把 WCAG 的应用空间拓展到各种不同的技术平台和环境中,甚至包括尚未出现的新技术。

(2)强化了测试能力。WCAG 2.0 要求所有成功标准都能被计算机程序(测试软件)或者掌握了这一规范的人所测试,并且不同测试主体对同一 Web 内容应能得出相同的测试结果。这有效地克服了 1.0 中部分检验点表达模糊、难以判定的缺陷,使测试、评价过程更易于实现。

(3)增强了对设计者和设计过程的指导性。自 1.0 版以来,WCAG 不仅作为判定依据应用在评价过程中,同样也作为无障碍设计的参考指南应用在设计过程中,而 WCAG 2.0 进一步加强了这方面的功能,其中四大设计原则及各项准则都可以直接为 Web 创作者提供指导。

3. ATAG 和 UAAG

《创作工具无障碍规范》(ATAG)和《用户代理无障碍规范》(UAAG)也是与 WCAG 平行的重要规范。前者解决的是怎样使 Web 创作工具利于残障用户使用,特别是怎样帮助 Web 创作者创作出符合 WCAG 要求的 Web 内容。其中,创作工具是指用以创作 Web 页面及其他 Web 内容的软件。后者解决了怎样使用户代理便于残障用户使用,特别是怎样与 Web 内容协同工作而确保无障碍。用户代理包括 Web 浏览器、媒体播放器和辅助技术产品,即帮助残障者同计算机进行交互的各种软件。

WCAG、ATAG 和 UAAG 共同组成了 VUAI 的 Web 无障碍技术解决方案。

(二) 美国 E&IT 无障碍标准(Section 508 标准)[92]

美国无障碍委员会(Access Board)根据 Section 508 的要求,制定了《电子与信息技术无障碍标准》(Electronic and Information Technology Accessibility Standards),并从 2001 年 2 月 20 日起实施。它界定了"电子与信息技术"的范畴(其中网站是重要组成部分),提出了必须满足的各项标准,从而把 Section 508 规定的法律责任在技术层面予以明确化,使法律的执行和认定都有章可循。

Section 508 在第二部分的技术标准中在 §1194.21 软件应用和操作系统和 §1194.22基于 Web 的网络信息及应用两小节中分别详细地论述了这个方面应该如何地遵循易访问性的规则。应用软件和操作系统应遵循的易访问性技术标准如下:

(1) 当软件是设计运行于带键盘的系统上时,要确保软件的功能可能通过键盘操作,并且其执行结果可以清晰地被识别。

(2) 应用软件不能扰乱其他产口已经确定了的易访问性特征(这些特征已经成为以文档形式的工业标准),也不能扰乱操作系统易访问性特征。

(3) 应该提供当前光标的屏幕指示,这样辅助技术可以跟踪光标位置,感觉应到光标位置的改变。

(4) 有充分的包含用户 ID、操作和状态的用户接口单元的信息供辅助技术所使用,用图片呈现一个程序单元时,应该有图片的文本替代手。

(5) 用于显示用户 ID 控制、状态指示或其他程序单元的位图图片在整个应用程序中所代表的意义应该具有一致性。

(6) 操作系统呈现文本时,要提供文本的相关信息,最低要求提供文本的内容、文本输入符位置和文本属性。

(7) 应用软件需要考虑用户选择的颜色、对比度和其他个体的显示属性方面的差异。

（8）呈现动画时，要确保至少有一种非动画形式的选择形式供用户选择，来呈现动画中的信息。

（9）不能单独只利用颜色来传递信息、指示一个动作、提示一个程序或用于区分一个视觉元素。

（10）允许用户选择颜色和对比度时，应该提供多样化的颜色和广泛的对比度范围供用户选择。

（11）软件不要使用闪烁频率大于 2HZ 和低于 55HZ 之间的闪烁的文本、物体或其他组件。

（12）使用电子表单时，表单对于辅助技术应该是可访问的。

Section 508 在 §1194.22 部分详细地介绍了基于 Web 网络的信息和应用要遵循的技术标准。该技术标准一共细分为 16 条：

（1）图片需要加上替代文字说明。

（2）对于窗体中的图形按键提供替代文字说明。

（3）确保所有借由颜色所传达出来的信息，在没有颜色后仍然能够传达出来。

（4）使用 CSS 样式表编排的文件需确保在除去样式表后仍然能够阅读。

（5）于 applet 提供替代文字说明。

（6）尽量使用客户端影像地图替代服务器端影像地图连接。

（7）对于每一个存放数据的表格（不是用来排版），标示出行和列的标题。

（8）表格中超过两行/列以上的标题，须以结构化的标记确认彼此间的结构与关系。

（9）需要定义每个页框的名称。

（10）确保网页设计不会致使屏幕快速闪烁。

（11）允许使用者依照个人喜好设定网页呈现方式与内容。

（12）当页面使用 scripting 语言呈现内容或创建界面元件时，要确保 script 提供的文本信息可以被辅助程序所识别。

（13）当网页需要在客户端运行 applet，plug-in 或其他应用软件对网页内容进行解释时，网页需要提供一个指向 applet，plug-in 并且符合 §1194.21 规范的链接。

（14）使用电子表单时，表单对于辅助技术应该是可访问的。

（15）应该提供可以让用户跳过重复的导航链接的方法。

（16）当需要时间响应时，应该提示用户需要等待一段时间。

Section 508 标准规定的 16 条基于 Web 的信息产品和应用程序的标准，它们大部分都能在 WCAG 1.0 中找到相同或相似的检验点，并且部分标准比 WCAG 的要求更为具体或严格，而另外个别标准是在 WCAG 中不存在的［如（16）］。总体来看，Section 508 标准既借鉴、继承了 WCAG，又具有相当的独立性。Section 508 标准的检验点明显少于

WCAG 1.0 的检验点总数，这表明它摒弃了 WCAG 中不切实际的规定（这正是 WCAG 最大的缺陷）。例如，检验点 1.3、4.1、6.2 和 14.1 都属于优先级 1，这在 WCAG 中被认为是最重要的规定之一，但在 Section 508 中却并没有区分两套不同的标准，另外，不同研究实体对 Web 无障碍性应具体表现为哪些特征尚未达成一致，有待于进一步探索、完善。

虽然 Section 508 标准不同于国际通行的 WCAG，只在美国国内推行，但其在技术要求上对他国同样有着相当的借鉴价值。

(三) 其他区域性标准

还有一些国家和地区也参照 WCAG 1.0 制定了自己的 Web 无障碍规范并在一定地域范围内实施，但就权威性而言都不能与 WCAG 相提并论。实际上，制定区域性标准的目的，往往不是为了取代 WCAG，而是为了把 WCAG 所提倡的技术方法以更本土化的方式加以推广普及。例如，在英国，DRC 正会同英国标准协会（British Standards Institution，BSI）制定一份新的无障碍规范，它将会涵盖无障碍网站开发的各个方面，如有关的技术标准、自动测试工具、代码验证方法，以及怎样让残障用户参与到设计过程中。它不会取代国际通行的 WCAG 标准，而是对如何运用 WCAG 提供操作性更强的参考。德国颁布的《无障碍信息技术条例》规定所有联邦机构都有义务在其网站、网页及各种图形用户界面中采用无障碍设计。在其他一些欧美发达国家以及日本、印度等地区，也有相应的 Web 无障碍规范条例相继出台。

我国台湾地区在无障碍网页建设的努力起步虽然较晚，但是一直在这方面做出很多的努力，其中就以淡江大学叶丰辉教授等人领导的盲生资源中心为代表，他们经过数年的努力已经形成具体成果，是台湾地区无障碍网络的开拓者。叶丰辉教授等人受台湾当局的委托制定了有关网页无障碍设计的标准：《视障无障碍网页设计要点》，其中包括 11 条要点，如下所示：

(1) 列表文字、超级链接文字、表格文字、窗体文字之中勿加入换行符号。

(2) 文字格式尽量统一，尽量勿使用文字置中 ＜center＞，以免产生混淆。

(3) 图形插入：

```
<img src="影像文件名" alt="替代文字" border="外框高度" height="高
    度" width="宽度">
```

其中 alt＝"替代文字"必须加入，以便于理解；若图形中有文字，将图形中的文字填入"替代文字"，最后再加上"图标"之类的描述即可。

(4) 超级链接＜a href＞若有图形插入，则

```
alt="替代文字"
```

必须加入，以便于理解。

（5）若网页中有网页地图 ＜map＞ 宣告时，在宣告区中的每一连接选项后都必须加入：

　　　alt="替代文字"

以便于理解。

（6）若有多项超级链接 ＜a href＞ 选项时，则每项超级链接选项后应该加入换行符号 ＜br＞ 或在各超级链接选项之间以段落符号 ＜p＞ 与 ＜/p＞ 分隔开来，以免产生混淆。

（7）表格 ＜form＞、窗体 ＜table＞ 起始处前与结尾处后需留空白行或有换行，以便与非表格、窗体部分区隔。

（8）表格 ＜form＞、窗体 ＜table＞ 中各子项之间需以段落符号＜p＞ 与 ＜/p＞ 分隔开来，使各子项易于区别，以免产生混淆。

（9）分割窗口：

　　＜ frameset cols="水平大小"＞ ＜ frameset rows="垂直大小"＞ ＜ frame
　　　src=连接路径＞ ＜ name="分割窗口名称"＞＜/frameset＞

其中 ＜name="分割窗口名称"＞ 必须加入，以便于理解。

（10）分割窗口 ＜frameset＞ 中需加入非分割窗口符号＜noframes＞ 与 ＜/noframes＞，使得分割窗口内的选项都可以显示出来，以免产生混淆。

（11）若网页中有文字说明部分是使用图形文件或声音文件来表示，则这些文字内容亦需以纯文字形式出现在网页中，以方便视觉障碍者读取。

三、IMS Access For All Specification 规范

（一）概述

IMS 全球学习联盟是于 1997 年成立的非赢利性公司，IMS 是教育管理系统简称，随着时间的推移，IMS 只是这个组织的一个代名词而已。IMS 的任务和目标有两个：

（1）为在分布式学习（distributed learning）技术领域使用的应用软件和服务制定应遵守的技术规范。

（2）致力于把 IMS 规范推广到全世界的国际合作，IMS 努力提高这些规范的全球适应性，这将使有众多开发者开发的、分散在各地的学习环境和内容能够互操作。

1999～2002 年，IMS 共 26 次公布其制定的规范草案或最终版本，内容涉及元数据、企业接口、内容包装、练习与测试、学习者信息和学力定义。这些规范在网络教育领域有着广泛的影响，如部分规范被 ADL-SCORM 整合，成为该标准的重要组成部分。

IMS 全球学习联盟从 2001 年开始到 2004 年底，专门针对网络教育环境易访问性的问题先后制定 IMS Access For All 系列规范。Access For All 含义是"为所有人访问"，

目的使得网络学习环境能够为所有学习者访问和学习,从而"使所有人受益"(benefit for all)。这些规范为学习内容和学习活动确立了极大的弹性(flexibility),并且力促把易访问性作为网络教育环境建设中一个必要的设计元素。

(二) IMS Access For All 元数据规范的组成

IMS Access For All 系列规范分为三个方面:

(1) IMS Access For All 元数据(IMS Access For All meta-data,ACCMD):主要对易访问学习内容能更容易地定位及其使用进行描述,从学习资源的角度来解决"为所有人访问"的问题。例如:正在呈现的内容是什么类型;当前内容是否需要转换以适合呈现的倾向(要求);当前内容是否有等值或替代性的内容。通过四个规范或指导书分别规范(说明)IMS Access For All 元数据的创建和应用:

- IMS Access For All 元数据概述 1.0 版(IMS Access For All meta-data Overview V1.0)于 2004 年 6 月发布。它主要是对 Access For All 元数据规范的作用和目的进行了阐释,并说明了这个规范和其他标准、规范间之间的关系。
- IMS Access For All 元数据信息模型 1.0 版(IMS Access For All meta-data information model V1.0)。本文档主要描述了该规范的核心方面,包括为主张使用该信息模型绑定的用户提供标准化的部件。它的主要内容有语义、结构、数据类型、值域、多样性和责任(也即是否强制或者可选)。
- IMS Access For All 元数据 XML 绑定 1.0 版(IMS Access For All meta-data XML binding V1.0)于 2004 年 6 月发布。该文档使用统一建模语言(unified modeling language,UML)的 XML 绑定来描述 IMS Access For All 信息模型。
- IMS Access For All 元数据最佳实践和实施指导书 1.0 版(IMS Access For All meta-data best practice and implementation guide V1.0)于 2004 年 6 月发布。该文档为在实施 IMS Access For All 系列规范应用过程中提供指导,并对在实施过程中可能出现的问题提供相应的解决方法。同时在这个规范和其他规范如何联系起来方面上提供了相应的案例。

(2) IMS 学习者易访问性信息包(IMS accessibility for learner information package,IMS ACCLIP):学习者信息包易访问性主要是提供一个方法,描述学习者如何与一个基于他们的倾向和需求的在线学习环境进行交互的。主要是根据学习者个人倾向(视觉、听觉、上网设备等方面)记录来定制合适的学习内容呈现方式。例如,怎么样展示学习内容;首选的或者必须的输入设备;首选的替代性内容和支持性工具。

- IMS 学习者信息包易访问性最佳时间和实施指导书 1.0 版（IMS learner information package accessibility for LIP best practice and implementation guide V1.0）于 2003 年 6 月发布。指导书描述了在信息模型界定的易访问性倾向的考量和案例，包括了从 IMS 的 ACCLIP 的用户实例中抽取的案例。

- IMS 学习者信息包易访问性的 XML 绑定 1.0 版（IMS learner information package accessibility for LIP XML binding V1.0）。它主要描述了作为学习者信息包的 XML 模式集中的一个额外增加的元素如何在信息模型中表示出来。

- IMS 学习者信息包易访问性模型 1.0 版（IMS learner information package accessibility for LIP information model V1.0）。这个标准规范中主要界定在一个 LIP 记录中呈现学习者易访问性倾向所必需的数据元素，也即是描述学习者在学习过程中在学习环境易访问性的倾向或者相应的需求。在一个 LIP 记录中，通过易访问性倾向描述了一套包括提供易访问性支持的服务。

- IMS 学习者信息包易访问性 XML Schema Binding 1.0 版（IMS learner information package accessibility for LIP XML schema binding V1.0）于 2003 年 6 月发布。该文档主要描述 IMS ACCLIP 易访问性信息模型的 XML 绑定，并详细说明这里的 XML Schema 绑定与 W3C 的 XML Schema 推荐规范是保持一致的。

- IMS 学习者信息包易访问性所有用户实例 1.0 版（IMS learner information package accessibility for LIP access for all use cases V1.0）。它主要描述了学习者信息包易访问性开发过程中用户需求的实例。

（3）IMS 开发易访问的学习应用的指导书（IMS guidelines for developing accessible learning applications）：主要是对 IMS Access For All 系列规范的使用给出了相应的指导。

- IMS 开发易访问的学习应用的指导书 1.0 版（IMS guidelines for developing accessible learning applications V1.0）于 2002 年 6 与发布。是如何解决在线学习易访问性最佳化的解决方案；其中包括 IMS 规范使用说明书，XML 使用说明书，多媒体传播和协作工具，法律上的问题，等等。

（三）IMS Access For All 元数据规范的作用

IMS Access For All 元数据规范提供了一种方法——使一个可控制的学习环境系统把资源的无障碍属性和学习者需求匹配起来。作为一个具有操作性的规范，它可在不同的学习环境系统和平台上使用,允许更多机构和学习资源库去分享无障碍信息。IMS Access For All 元数据规范能够用来帮助教育者和学习者发现资源。执行该规范的系统能够自动选择合适的资源给特定的学习者,在需要时能提供满足个体无障碍需求的资源。当发现一个不匹配的需求时,学习者可点击一个可替换的学习资源版本(可能更适合学习者的需求),或者提供一个完全不同的等值的学习资源,这种选择主要根据学习者的AccLIP 的需求而定,在 IMS 学习者信息模型中包括了"accessibility"元素,这个元素描述了学习者的无障碍信息,如偏好(preference)、适任(eligibility)、失能(disability)等属性。

Access For All 元数据规范为可控制学习环境系统(managed learning environment system,MLEs)提供了匹配的资源无障碍属性和学习者需求。同时它也可帮助教育者和学习者更容易找到学习资源。它把 Access For All 学习对象根据学习者的需求进行了分类(见表 7-1),而且描述了每一种媒体类型包含了什么类型的可替换资源。这套无障碍性的元数据规范在网络教育资源开发中是值得去遵循的,并且应与 IMS 的其他规范结合在一起使用。

表 7-1 IMS 的 Access For All 规范中的学习对象分类及描述

名　称	描　述
has visual	表示该学习资源是否包含可视化信息(即图像、动画和视频等)
has auditory	表示该学习资源是否包含音频信息(即声音剪辑和视频中的音频等)
has text	表示该学习资源是否包含文本
has tactile	表示该学习资源中是否包含触觉性的交互信息(如远程控制的模拟)

(四) IMS Access For All 系列规范的重要性

(1)遵循 IMS Access For All 系列规范可以节省成本和时间:该系列规范是免费使用的,也是学习内容和工具达到具体易访问性层次的重要基础。

(2)遵循 IMS Access For All 系列规范可以为所有学习者提供平等的访问:扩大了e-learning的使用对象,不仅仅是学习者需要易访问性,从事 e-learning 服务的相关人员也有着同样的需求。

(3)顺应相关法律、法规的要求:在国外有很多国家法律对网络资源建设提出了法律上的约束,如美国的《康复法案》的 508 条款(Section 508)、英国的《特殊教育需求和残疾人法案》(Special Educational Needs and Disabilities Act,SENDA)等,我国的《残疾人权益保障法》中相关条款对信息无障碍也提出了相似的规定。这些法律直接或间接要求网络(教育)环境要适应于所有用户(学习者)。

（4）遵循 IMS Access For All 系列规范可以丰富学习者的体验：遵循 IMS Access For All 系列规范将使每个用户的交互方式和显示特征与网络资源之间进行最优化，从而是一种个性化的服务。

（5）遵循 IMS Access For All 系列规范可以使现有的内容发出新的活力和价值。

（6）使用 IMS Access For All 系列规范可以是选择弹性的、综合性的途径：即是根据相关产品和内容，选择 IMS Access For All 系列规范中最适合的来应用。

（五）IMS Access For All 系列规范和网络学习环境之间的关系

在 IMS Access For All 系列规范中对几个术语进行了重新界定，表明了其对构建易访问（无障碍）的网络教育环境的理想。

（1）"disability"：学习者的需求和教育供养之间的不匹配（mismatch），它不是一个人的特征，而是在学习者和学习环境或者教育传送之间产生的一种人为结果（an artifact）。

（2）"accessibility"：学习环境根据所有学习者的需求来调整适应的能力，accessibility 取决于教育环境的弹性（关于呈现方面、控制方法、访问形式和对学习者的支持）和丰富的、可替换但时等值的（alternative-but-equivalent）内容和活动。

对这个两个概念的重新诠释，可以发现 IMS 对于残障和易访问性的理解是独特的和深刻的，是一种以人为本的理念对待学习者的残障状态和网络学习环境易访问性。

IMS Access For All 系列规范从不同的角度规范学习环境的开发，从而使学习环境能够被所有学习者访问。它们并非是独立地使用，而是在开发易访问的网络学习系统过程中协同作用，使得网络学习环境能够匹配所有学习者的需求。IMS 发布的 IMS ACCLIP 是一个根据学习者对学习资源的内容、显示和控制几个方面来描述和记录用户倾向的一个模型；IMS ACCMD 则是界定了元数据的易访问性，表示了学习资源匹配一个学习者的需求和倾向的能力。因此，作为一个易访问的网络学习系统应该能够选择合适的资源，在适当的时候，对于特定的用户，而提供适应与该用户访问体验。具体的关系见图 7-1。

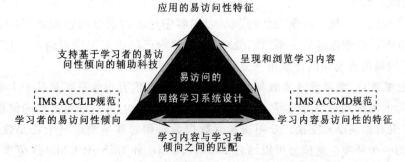

图 7-1　IMS Access For All 系列规范和网络学习系统的设计之间的关系

从图 7-1 中可以看出，在易访问的网络学习系统设计过程中，一方面通过 IMS ACCLIP 学习者模型支持学习者的易访问性需求和倾向（使用的辅助科技手段）；另一方面通过 IMS ACCMD 信息模型确定学习内容的易访问性属性。两者结合，从而使网络学习环境满足易访问性应用的要求。

（六）在网络学习环境中运用 IMS Access For All 系列规范

（1）树立为所有学习者设计（design for all）理念，这是实现"为所有学习者访问"（access for all）的基础：由于网络学习环境的潜在用户群体并不是某一特定的用户群，因此，作为开发者不能以某一类用户作为设计对象，这将产生排他性的（exclusive）网络学习环境，从而会导致易访问性问题的产生。

（2）运用一些网络易访问性标准开发网络学习资源：IMS Access For All 系列规范并不是描述如何去创建易访问的网络内容，这已有相关标准做了详细的阐述，如 W3C/WAI 开发的《网络内容易访问性规范》（WCAG）等一系列的标准为易访问的网络教育环境的建设提供了基础。而 IMS Access For All 系列规范的主要目标是开发易访问的网络学习环境和在线学习应用服务提供相应的指导，而不涉及到具体某一具体媒体内容的设计。

（3）IMS Access For All 系列规范的辅助性：IMS Access For All 系列规范并不是替代现有的网络教育资源建设中的各种标准，而是与这些标准互为补充。应该指出的是 IMS Access For All 系列规范和 IMS 先前制定的各种规范并不矛盾，而是一个相互补充的作用，IMS 的先前发布的网络学习资源建设的标准主要是针对资源共享和系统互操作的问题，因而它是针对网络教育环境建设中存在的普遍性的问题。而 IMS Access For All 系列规范主要是针对学习环境易访问性问题而开发的，它并不替代原有发布的规范，而是突出易访问性在网络教育环境的建设中的位置。

（4）IMS Access For All 系列规范在网络教育环境建设流程中的位置：IMS Access For All 系列规范在网络教育环境建设流程中位于学习者和网络教育内容发送系统之间的环节，见图 7-2。

学习过程设计系统　教学设计师和学习内容编辑者对教学内容按照 IMS 先前制定各种学习内容设计规范进行一系列的处理，使之符合已经确定的学习情境。这部分可以应用 W3C 网络内容易访问性规范来处理具体媒体易访问性问题。

内容包装系统、学习资源元数据编辑和管理系统　内容包装系统是基于 IMS 内容包装规范和其他的标准对学习内容定义一个标准的数据结构，并且绑定足够的信息，以便快速检索，实现资源共享和交换。学习资源元数据编辑和管理系统是一个对元数据进行编辑和管理的一个环境。这部分可以结合 IMS ACCLIP 和 IMS ACCMD 规范来保证包装后的学习内容和元数据符合易访问性的要求。

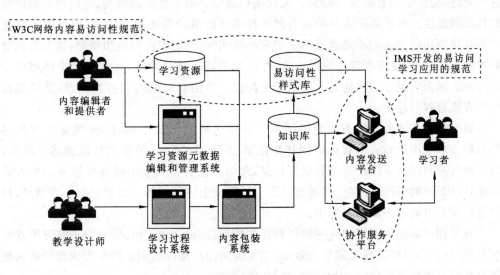

图 7-2 构建易访问的网络学习系统的过程

课程传送系统和协作服务 这是一个基于网络课程的发送平台和协作环境,这个环境中将为学习者提供交流工具和协作环境从而形成一个学习社区,并且访问超媒体学习内容。IMS 开发易访问的学习应用的规范可以对这个系统易访问性设计和开发提供相应的指导。

四、DC——adaptability 无障碍性描述

2004 年 10 月 10 日《IEEE LOM 的无障碍性应用记录:工作文档——0.51 版草案》由欧洲标准委员会/信息社会标准化系统——学习技术工作组(CEN-ISSS Learning Technologies Workshop:Accessibility Properties for Learning Resources)制定。并且该工作组建议把适应性(adaptability)作为一个新元素添加到 IEEE LOM 中,"adaptability"描述的是一种资源应该怎样调整才能便于学习者感知、理解和交流的特征,它主要描述了学习资源的无障碍属性。如一个网页中同时包含文本和 Flash 动画(只有视频,没有声音),在具有无障碍性的元数据中应该有一个可替换该动画的文本作为主资源(动画)的等值资源(替换文本),系统可以根据用户的无障碍元数据(如有文本偏好),给出动画的相应的替换文本。该元素的元数据和 IMS AccessForAll 元数据规范是相容的。

另外,其他一些组织(如 Dublin Core Element Sei、ADL SCORM、DCMI、CEN-ISSS APLR)也对网络资源的无障碍性进行了研究,并且相互借鉴和支持。

Dublin Core Element Sei[93]简称为都柏林核心(DC),为了有效地解决查找网络资源

这一问题，提出了元数据这一概念。元数据也被称为关于数据的数据，专门用来描述数据的特征和属性。由于电子文件所具备的多种多样的格式和控制方法，它们可能不能被每个人直接使用。当人们不熟悉或不了解它的格式时，当它的内容被加密时，当只有在交费后才能使用它时；或者当这个资源太大，存取起来既困难又费时，元数据能支持用户的决策过程。因为它包含的数据元素集被用来描述一个信息对象的内容和位置，所以能在网络中方便查找和检索。

如果资源或服务有能力适合不同用户的需求和偏好（Dublin Core 要素中所描述过的），那么单个用户的需求和偏好同样也应该以 Dublin Core 的形式加以描述。所以，可以设想有一种包含了用户需求和偏好信息，此信息在有些文章中被称作用户的个人需求和偏好（PNP）的资源。然后，再设想一下一种有关上述资源的元数据记录。当然，这种元数据记录有可能被嵌入在资源中。

有关用户需求和偏好的应用软件程序的模型（application profile）为了使资源或服务与用户相适应，以便达到无障碍的效果，而无需对用户加以鉴别。所有需求都是有关他们需求和偏好的机器可读（machine-readable）的信息。

Dublin Core 创建了一套应用要素，而这些要素来自我们所知道的创建"应用软件程序的模型"的过程中已经建立的要素集。应用软件程序的模型针对的是满足用户的无障碍性需求和偏好，它应该包括一个重要的要素——DC：一种以 URI 表现的信息（资源）身份。因此，这种 URI 必须指明有关用户的无障碍性需求和偏好的信息，并且这种信息应该以一种能被机器阅读的形式加以呈现。用户也许会认为模型与一定的背景有关，有时他们有时需要的是报告厅的版本，有时则需要 JAWS lap-top 版本，而在这种时候，就应该对模型加以命名。所以我们应该找到以上述内容为目的所建立的 DC：标题。应用软件程序的模型也许会包括更多的 DC：要素，如 DC：主题、DC：描述、DC：创建者等。在所有这些情况下，使用 Access For All 信息时，都不需要鉴别用户。另一方面，它们也许会指明谁能从这些模型中获益，比如，在报告厅中的所有的学生也许都需要高架（overhead）屏幕上的大型放映。这可以用 DC：描述的要素来加以解释。也许用户有兴趣了解是谁开发出了用户需求和偏好的模型，所以应该用 DC：创建者来加以指明。当一种新的合适的软件版本出现时，模型的数据也许会非常重要，所以 DC：也许是很有用的。

DC 无障碍性工作组与 IMS 全球国际财团以及其他组织开发出的结构和词汇中对资源和服务的无障碍性特点的描述是最有实践性的。因为有关资源无障碍性特点的元数据必须与有关用户需求和偏好的元数据相符合，所以对用户需求和偏好的最佳描述就应该使用相同的结构和词汇，对于资源特点来说也是一样的。用来描述资源和用户需求的结构和词汇即 Access For All profiles，以下对之加以阐述。

1）将用户的需求作为一种资源

通过使用户的需求和偏好模型成为一种资源方式，可以避免与政策相悖的一些问题，如用残障来标示某类人。而且因为这种方式可以在任何时间指向任何模型，所以也就可以避免一些技术问题，即个人将与许多 Access For All profiles 有所联系。另外，多个用户也可以很容易地同时分享同一个模型（如类似在报告厅中的学生所面临的情况）。

为了确保无障碍性而进行这种匹配的系统，将用户或用户群的 Access For All profiles 信息去检测将被传递的资源或服务的潜在组件的元数据。当没有用户的 Access For All profiles 时，系统能推测在那个时候，用户没有限制自身与资源或服务之间关系的特殊需要。

当指向不同模型的两个用户同时使用一个系统时，系统也许就要依赖于具体情境了。如果他们共用一台屏幕，那就必须协调他们的需求；如果他们分别使用同一种应用软件，就像两个距离比较远的用户共享一个聊天室（chat session），他们个人的需求也应该被调节。当这两个用户是一个合作群体，对于他们来说，存在着一种"需求和偏好"合作性的组合，如果这种需求和偏好与个人基本的需求和偏好相冲突的话，后者就应该服从于前者。

2）无障碍的出版（publishing）

当系统，而非个人资源要具有无障碍性时，依据的是下文所提到的内容，即有关资源和服务的普通无障碍性通常是一种目标，并且与其他普通无障碍性的详述是一致的，后者是 World Wide Web Consortium 所推荐的。上述认识是最具实践意义的，其达成的基础不太可能是有规律性的，并且也不如在使用时，实际的用户和资源关系那样基本。前期的方法和现在所提供的使用元数据的方法之间的区别是：后面这个概念考虑到了及时提供元素（成分）以满足无障碍的关系，并且这些元素可以通过积累的、分散性的创作得到；前一个概念需要资源的普通无障碍性，它需要及时的资源成分，因此也就包括了所有潜在的对显示、控制和内容的需求形式，其中包括许多从来都不被使用的东西。

3）无障碍性词汇

在这点上我们应该提到，当用户的 PNP 被一种元数据记录所描述时，它本身就是另一种意义上的元数据。它的价值在于在使程序具有无障碍性，它可以用来连接资源元数据。

元数据的词汇与资源或服务有关，并且与用户对无障碍性的需求与偏好有关，它们被仔细地与 Access For All 匹配起来。另外的一些技术工具信息也许同样需要输送给资源服务器，但是人们希望 W3C Device Independence Working Group 或者其他使用 CC/PP

的群体所进行的工作能涵盖它。

对于所有的偏好而言,无论用户对这种偏好有无需要,还是用户只是对装置仅有一种偏好,其用法还是应该确定的。比如,Flash 内容对一些用户来说是不合适的,而且它仅仅是画面上的满足,对于盲人来说毫无用处,除非他们有朋友能将这些 flash 的内容描述给他们听。

就像上面所解释的那样,Access For All 考虑到资源无障碍性和用户需求、控制、显示以及内容的三个方面的内容。

4) 控制

对于控制而言,在多伦多大学的合适的技术资源中心(Adaptive Technology Resource Center)从经验和研究中推荐了很多联合和装置(combination and setting)。其中有必要知道什么是对专利工具和系统来说是必需的东西,什么是系统和工具形式中共有的东西。同样,还必须清醒地认识到有可能的发展,即还存在着扩展的空间。

5) 显示(display)

这里的"显示"其实是某些变化。值得注意的是,感观形式的适应性意味着一个所谓的显示也许是听觉的、视觉的或触觉的。一旦这样的一个或一些形式被决定下来,settings 也就应该被决定下来。一个典型的例子就涉及有视力但却有红绿色盲的用户。

6) 内容(content)

内容的一个方面是文本的转换,目的是为了适合于用户的 PNP。如果形式正确,文本形式也能够被转换成听觉和触觉内容。是否满意是与 W3C 无障碍性详述一致的。此时,用户的需求是可转换的文本,同时它也是另外一种需求:需要与以 W3C 为指导方针的文本部分一致。

7) 对合适的词汇的重新使用

为用户无障碍性需求和偏好(PNP)开发一种应用软件模型是否非常困难,这曾经是一个具有争议的问题。使用合成的 DC 记录来找到合适的 PNP,需要寻找任何其他的资源。一个更深层次的问题是 PNP 是否适合于 DC 结构,并且它是否应该适合于 DC 结构。支持追求这样一种目标的理由是:它能够更容易地被现存的元数据系统所控制和加工。而另一方面,一种专门的系统(也许是一种服务)也许能更好地处理无障碍性 PNP 的复杂性问题。

另外一个挑战是关于无障碍性的循环性本质,这种无障碍性涉及拥有第一个经鉴定的"主要的"资源,然后,在一个成分,以及转换、代替或补充这一成分中找到一个可选择的对象之前,在重新装配资源、重新检验资源或者说已经检验了这种新成分的适合性之前,将它加以分解(de-compose),并且用 PNP 检验它的适合性。

表 7-2 显示偏好组合(set) *

特点	允许的事件	数据类型
屏幕阅读器偏好组合	0 或者 1/显示偏好组合	屏幕-阅读器-偏好-组合
屏幕促进偏好组合	0 或者 1/显示偏好组合	屏幕-促进-偏好-组合
其他	其他	其他

表 7-3 屏幕阅读器偏好组合

用　法	0 或者 1/屏幕阅读器偏好组合	用法-词汇
屏幕阅读器普通偏好组合	0 或者 1/屏幕阅读器偏好组合	屏幕-阅读器-普通-偏好-组合
应用软件偏好组合	0 或者 1/屏幕阅读器偏好组合	应用软件-偏好-组合

表 7-4 屏幕改进一般偏好组合

字体面偏好组合	0 或者 1/屏幕改进一般偏好组合	字体-面
字体大小偏好	0 或者 1/屏幕改进一般偏好组合	正整数
前台颜色偏好	0 或者 1/屏幕改进一般偏好组合	颜色
背景颜色偏好	0 或者 1/屏幕改进一般偏好组合	颜色
其他	其他	其他

　　注:这些表格摘录自"在 E-学习、教育和培训中的个别化的适应性以及无障碍,对所有个人的需求和偏好的陈述都具有无障碍性"ISO/IEC JTC1 SC 36/WG 7 draft(xv)。

　　通过利用 DCMI 结构和实践,系统能够容易地存取元数据,而这类元数据将被用于迎合用户(尤其是那些不可能利用到当前大多数资源和服务的用户)的需求和偏好,所以要让信息系统包容的内容更广。

　　因为将要被满足的需求和偏好是针对人而言的,所以上述例子都没用元数据来对人进行描述,而是采用了以下的思路:对用户和资源与服务之间必然联系的描述,其实就是另外一种资源。我们主张使用以下模型,它很好地描述了用户无障碍需求和偏好,并且开拓了一条道路——让上述内容对不同类型的用户而言都很普遍,如对无视觉的用户或者

---

　　* 在 E-Learning、教育和培训中的个别化的适应性以及无障碍,对所有个人的需求和偏好的陈述都具有无障碍性,ISO/IEC JTC1 SC 36/WG 7 draft(xv)。

无听觉的用户而言。它避免了把残障和特殊需求与人们的身份联系起来的缺点。

五、我国的现代远程教育技术标准体系[94]

（一）概述

随着现代远程教育的发展，为了促进和保护我国现代远程教育的发展，实现资源共享、支持系统的操作性、保障远程教育的服务质量，教育部对网络教育技术标准化建设工作极为重视。2000 年 11 月，国内 8 所重点高校的有关专家开展了网络教育技术标准研制工作，并成立了教育部教育信息化技术标准委员会，(Chinese e-Learning Technology Standardization Committee,CELTSC)。该委员会同时也是国家信息技术标准化技术委员会的专业分委员会以及国际标准组织 ISO JTC1/SC36 和 IEEE LTCS 的团体会员，它以研究、制订、推广与教育信息化相关的技术标准为使命。委员会的专家们经过一年的努力工作，提出了一个比较完整的中国现代远程教育技术标准体系结构，产生了 11 项规范，并且已经将它们公布成试用标准。这套标准不仅可以作为现代远程教育系统开发的基本技术规范，也可作为在网络条件下开发其他各种教学应用系统的参考规范。我国的现代远程教育技术标准研制工作以国际国内现代远程教育的大发展与大竞争为背景，以促进和保护我国现代远程教育的发展为出发点，以实现资源共享、支持系统互操作性、保障远程教育服务质量为目标，通过跟踪国际标准研究工作和引进相关国际标准，根据我国教育实际情况修订与创建各项标准，最终形成一个具有中国特色的现代远程教育技术标准体系。见图 7-2。

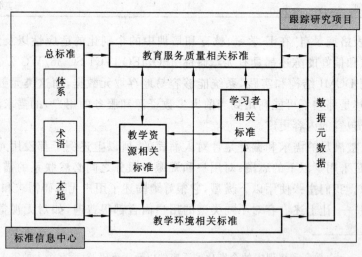

图 7-2　中国现代远程教育技术标准体系框架

（二）标准的组成

中国现代远程教育技术标准体系目前包含 27 项子标准，分为总标准、教学资源相关标准、学习者相关标准、教学环境相关标准、教育服务质量相关标准五大类。此外，还设立了四个跟踪研究项目。

标准研制是持久性的任务，国外标准的开发周期通常为 5 年以上。考虑到我国对于本标准的迫切需要，本委员会采取整体规划，分层推进的策略，按各子标准的难易程度和轻重缓急确定不同的进度，计划在三年内基本完成这套标准体系。

如表 7-5 所示，在每一子标准项目的第三列中给出可供参考的国外/国际同类标准研究成果（若有的话），最后一列是标准研究任务的优先级，带 ＊＊＊ 的为急需任务，带 ＊＊的为次急任务，带 ＊ 的为缓后任务。

表 7-5　中国现代远程教育技术标准体系

标准分类	子标准（编号）	可参考的标准研究成果	任务优先级
总 标 准	系统架构与参照模型（CELTS-1）	IEEE 1484.1	＊＊＊
	术语（CELTS-2）	IEEE 1484.3	＊＊＊
	标准本地化规范（CELTS-25）	IEEE 1484.9	＊＊
教学 资源 相关 标准	学习对象元数据（CELTS-3）	IEEE 1484.12	＊＊＊
	语义与互换绑定（CELTS-4）	IEEE 1484.14	＊＊＊
	数据互换协议（CELTS-5）	IEEE 1484.15	＊＊＊
	HTTP 绑定（CELTS-6）	IEEE 1484.16	＊＊＊
	课件互换（CELTS-7）	IEEE 1484.10	＊＊＊
	课程编列（CELTS-8）	IEEE 1484.6	＊＊
	内容包装（CELTS-9）	IEEE 1484.17	＊＊＊
	练习/测试互操作（CELTS-10）	IMS QT	＊＊＊
	教育资源建设技术规范（CELTS-31）	高教司教育资源库建设技术规范	
学习者 相关 标准	学习者模型（CELTS-11）	IEEE 1484.2	
	任务模型（CELTS-12）	IEEE 1484.4	＊＊
	学生身份标识（CELTS-13）	IEEE 1484.13	＊＊
	学力定义（CELTS-14）	IEEE 1484.20	＊＊
	终身学习质量描述（CELTS-15）	IEEE 1484.19	＊
	协作学习（CELTS-16）	ISO ALIC	＊＊

续表

标准分类	子标准（编号）	可参考的标准研究成果	任务优先级
教学环境相关标准	平台与媒体标准引用(CELTS-17)	IEEE 1484.18	＊＊
	工具/代理通信(CELTS-18)	IEEE 1484.7	＊
	企业接口(CELTS-19)	IEEE 1484.8	＊
	教学管理(CELTS-20)	IEEE 1484.11	＊＊＊
	用户界面(CELTS-21)	IEEE 1484.5	＊＊
	教育管理信息系统(CELTS-30)		
教育服务质量相关标准	课程资源评价(CELTS-22)	ASTD-ELCS	＊＊
	教学环境评价(CELTS-23)	QoS	＊
	教育服务质量管理(CELTS-24)	ISO9000	＊
跟踪研究课题	虚拟实验(CELTS-26)		＊
	自适应学习(CELTS-27)	NIST-ATP/ALSFP	＊
	标准上层本体(CELTS-28)	IEEE SUO	＊
	内容分级(CELTS-29)	W3C-PICS,RSACi/ICRA	＊
标准化开发支撑系统	标准化委员会工作网站	www.celtsc.moe.edu.cn	＊＊＊

标准项目的形式化描述称之为规范，作为标准草案的规范经论证后可作为试用标准，试用标准经过国家信息技术标准化委员会批准后将成为国家标准。每一子标准研究产生的结果由三部分组成（少数项目例外）：

（1）规范正文：以简洁的语言对相应的标准做形式化描述，包括标准的目的、作用范畴、术语定义、系统要素和相互关系、元数据定义、数据交换格式等。

（2）实践指南，包含对规范要点的详细解释，并提供如何应用标准的实践范例。

（3）测试规范：描述对用户开发的标准化产品进行测试验证的程序和方法。

由于规范正文是以形式化语言描述的，对于普通用户来说缺乏通俗性，因此建议在阅读规范正文时多加参考相应的实践指南，因为实践指南中包含大量针对标准要点的语义解释和相关应用范例。

（三）我国远程教育技术标准体系中的无障碍因子

现代远程教育技术标准体系对于网络教学资源的开发提供了一个约束性的标准，从其教学资源相关标准、学习者相关标准及教学环境相关标准中均含有无障碍性因子。

1) 学习对象元数据(CELTS-3)

用户可以在不操作学习对象的情况下通过元数据信息来了解学习对象的一些有用的属性,从而可以获取和更好地利用学习对象;学习对象元数据为学习对象的互换和共享提供支持。对学习对象的开发要符合一定相关的元数据规范,教育网站无障碍性也要求对网站中的多媒体元素按照一定的标准来设计和开发,如:HTML 4.0、XML、SMIL 等规范,我国现代远程教育技术标准体系就是对网络资源的开发提供一个标准,使得学习资源能够被学习这所访问和获取,因此,教育网站无障碍性要求和我国现代远程教育技术标准的目标是一致的。

2) 学习者模型(CELTS-11)

为任何年龄、背景、地区的学习者基于本规范创造和建立一个个人学习者模型,以便记录、使用他们在教育、教学经验和工作经历方面的信息;使课件开发者能够针对不同的学习者开发出更加个性化的教材。这里的学习者模型范围是广泛的,包括了残疾人群、老年人群、学习技能较差的人群、少数族群等,在该模型中要求设计者、开发者应该考虑网络资源建设中的无障碍性问题,而这也是教育网站无障碍性所重点关注的。

3) 平台与媒体标准引用(CELTS-17)

平台与媒体标准是对学习技术环境中所引用的标准和规范提供标准化描述;并对各种网络资源媒体格式以及各种开发技术给予一定的规范。要求不同的平台和媒体能够有较高的无障碍性,能够被使用不同的学习者访问。教育网站也是学习者进行网络学习的主要平台之一,是教育教学资源的集合地,因此,按照该标准开发教育网站也是教育网站无障碍性的重要保证。

4) 用户界面(CELTS-21)

主要是对各种教育平台的界面设计进行规范,用户界面的设计应该能够满足不同的学习者的实际要求,符合人机工程学所倡导的理念。该标准至今没有制定出来。

第三节 无障碍网络教育环境的评价工具概述

一、无障碍网络教育环境的评价工具分类

无障碍网络教育环境评价工具种类很多,一般分为以下几类[82]:

1）评价类

主要是对网站无障碍性进行评价,是否满足国际网站无障碍性标准以及一些国家制定的网站无障碍性标准。如:AccessEnable、Accessibility Wizard、ccVerify、AnyBrowser.com、ART Guide、Bobby、Dr Watson、Lift(Lift for Dreamweaver, Lift for FrontPage, Lift NNg)、Web Accessiblity Toolbar、WebQA、Doctor HTML、Wave、W3C CSS validator.、W3C HTML validation service、AIS(Accessibility Information Solution)等。

2）修复类

A-Prompt、Alignment Studio、AccRepair、ALT repair kit、Lift（Lift for Dreamweaver，Lift for FrontPage，Lift NNg）、Tidy、AIS（Accessibility Information Solution)等。

3）过滤和转换类

Accessibility Bookmarklets、Accessible Web Browser Project、Altifier、Delorie Lynx viewer、Office 2000 HTML Filter、WebCleaner、AIS(Accessibility Information Solution)等。

二、几种常用评价工具

这里主要介绍使用范围较为广泛的、为人们常用的检测工具 Bobby、A-Prompt 以及 AIS(Accessibility Information Solution)插件的使用。

1. Bobby[95]

1）简述

Bobby 1.0 版是由美国一个民间团体 CAST Center 主导开发的一款免费软件,于 1996 年发布,2002 年被 Watchfire 公司收购。2007 年底,该公司又被 IBM 公司兼并,目前的相关 Bobby 在线检测业务已经暂停,单机版正在整合之中。

2）功能

Bobby 通过其机器人和分析器对网站的网页进行分析,来判断网站的无障碍性状况。开发者在正式发布网页到网站或企业、政府或教育性机构的局域网上时,可以先通过 Bobby 对网页(站)进行测试。从 Bobby 测试中可以看出一个网页(站)是否能满足一些无障碍性的要求(如包括:屏幕阅读器的可读性,对所有的图像、动画元素、音频和视频播放是否提供了同等意义的文本),Bobby 能检查局域网中的网页,并且还能透过防火墙对其内部的网页进行无障碍性检查。Bobby 对于大规模的网页测试是理想的,能执行超过 90 项无障碍性的测试。Bobby 主要是根据 WAI 的网页(站)内容无障碍性指南 WCAG 或者根据 508 条款对网页(站)进行检查,然后给出每一个网页无障碍性的报告或整个网站的总体报告。根据 Bobby 对网页测试的层次,可以在网页中加上相应层次的 Bobby 的认证 Logo 图标,不同的认证图标代表其检测的网页(网站)所达到的等级:第一个图标表示该网页(站)使用了 Bobby 进行了检测,并不代表该网页具有任何无障碍性等级;第二个图标表示该网页(站)能够达到美国康复法案 508 条款的要求;第三个图标表示所检测的网页(站)能够达到 WAI 规定的第一优先权级别;第四个图标表示所检测的网页(站)能够达到 WAI 规定的第二优先权级别;第五个图标表示所检测的网页(站)达到 WAI 规定的第三优先权级别。见图 7-3。

图 7-3　Bobby 检测网页无障碍性的认证图标

最新的 Bobby 5.0 版延续了早期版本对无障碍性指南和规则的支持,而且是一个基于视窗的工具,并且整合了 Watchfire® WebQA™ 的扫描和提供报告的功能。除此之外,Bobby 5.0 版对以前版本的功能也都予以了一定的提升。

3) Bobby 5.0 版对系统的要求

Intel Pentium III-800 (可兼容的)以上的处理器;128MB 的内存,推荐使用 256 MB 内存;要链接到 Internet;在微软的操作系统下进行;40G 的硬盘空间等。

4) 测试方法

Bobby 的测试方法有两种:

(1) 在线测试(www.cast.org/bobby),把要测试的网站地址输入,然后选择测试的规则,如 W3C 的网站内容无障碍性的 WAI 指南或者美国康复法案 508 条款。选择后点击"提交"按钮,稍等一会儿,就可以得到所输入网页的无障碍性报告。在线测试每次只能测试一个网页的无障碍性情况报告。

(2) 单机测试。即使用单机版测试软件对网站(页)进行测试,如果要测试整个网站的无障碍性和基于多个无障碍性标准而得到的报告,就必须有单机版 Bobby 软件,这只有向该公司购买。不过该软件的旧版本也有免费下载,本文中使用的是 Bobby 3.2 版本。下面就单机版 Bobby 软件的使用作个简单的介绍:

启动 Bobby 后,先出现一个启动界面,之后出现软件的主界面,如图 7-4 所示。

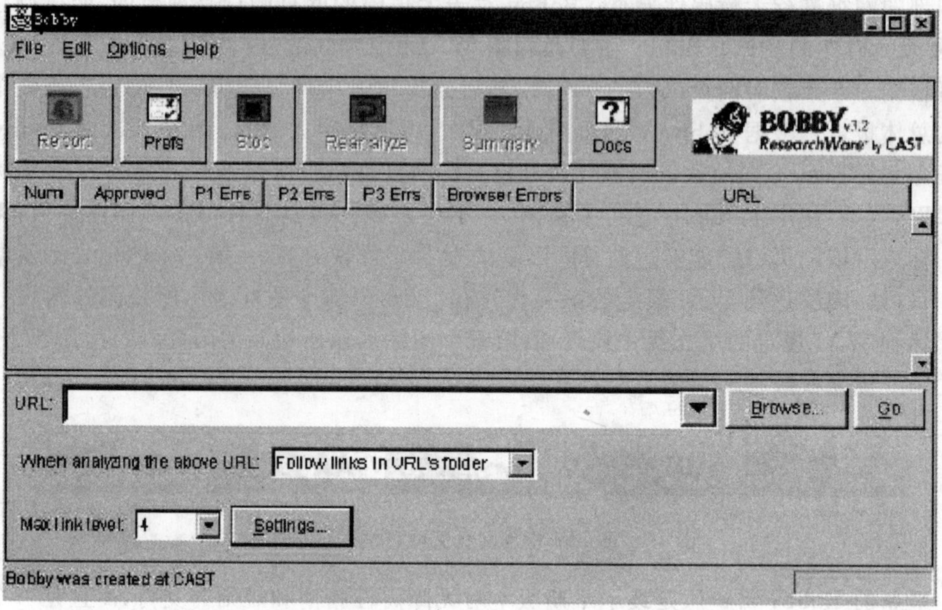

图 7-4　Bobby 启动后的主界面

　　点击 Docs 按钮就可以获得有关 Bobby 的使用介绍(或从"Help"菜单中阅读相关使用说明)。在 URL 文本框中输入要检测网站的地址,或通过 Browse 按钮选择本机中的某个网页文件(或是某些网页的首页,如:xxx. xxx/index. html);在"When analyzing the above URL"右侧下拉菜单中有四项可以选择,主要是来确定分析时对超级链接的分析范围。在 Max link level 选择项中还可选择网页链接的层数;单击 Setting 可以对于要分析的 HTML 版本、浏览器的种类进行设置,通知 Bobby 根据这些设置对要检测的网页(站)是否有 HTML 方面的和浏览器不兼容方面的错误等。然后单击 Go 按钮,接下来 Bobby 就对你选择的网站或本机中的网页进行分析。

　　当分析结束之后,出现的界面如图 7-5,可以看出 Bobby 的检测结果是按页分析的,并且按列分为 7 项。Bobby 对所分析的所有网页进行编号;并是否核准(满足 Bobby 的基本要求),结果是 Yes 或 No;列出网页中的错误数(第一优先权的错误、第二优先权的错误、第三优先权的错误),其中前面的数字是 Bobby 根据要检查的项目自动检查出来的错误数,如第二个红圈中的前面数字为 1,说明通过自动检查的错误有一个,而后面的数字要求开发者自己去检查的错误数字,如红圈中的第二个数字是 5,说明要求开发者手工检查的错误数是 5 个;在 HTML 语法方面和浏览器方面的错误;最后一列是分析的网页地址;点击 Summary 按钮,就可以得到有关检查的总体报告;选择其中任意一个网页,再

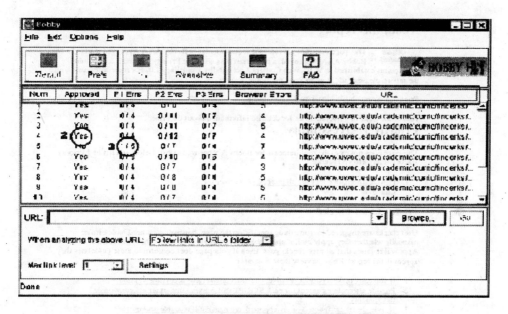

图 7-5　Bobby 分析网页（站）后的界面

单击 Report 按钮就可以得到相应的详细报告（以网页的形式）。

可根据报告对网页进行修改。

5）解读 Bobby 的报告

Bobby 的报告有两种形式，一个是 Summary 报告，对测试的情况作概括性总结；另一个是根据选择的网页做单独的分析报告。

Summary 报告分为以下几个部分（图 7-6）：

（1）Bobby 的核准的状况。主要对这个（些）网页是否满足 Bobby 的要求，并给出达不到要求的原因，如没有给图像配有相应的文字说明等。

（2）用户检查。根据它提供的一些要求，由开发者对网页进行自行检查，如：如果没有使用样式表，要确保你的网页时可读的和可用的；如果你是用颜色来表达信息，要同时使该信息也以其他的方式表示（以使那些对颜色有一定障碍的用户也能准确获得这些信息）；如果在网页头部有两行或多行的标题，要使用结构化的标记来表明它们的等级和关系等。

（3）按优先权排列的条款。这一部分把在网页中要测试的条款按优先权层次排列出来，优先权层次是由 W3C 协会的 WAI 小组划分：第一优先权（Level A），网站内容开发者必须满足这个要求，这是一个网站内容开发的基本要求；第二优先权（Level AA），网站内

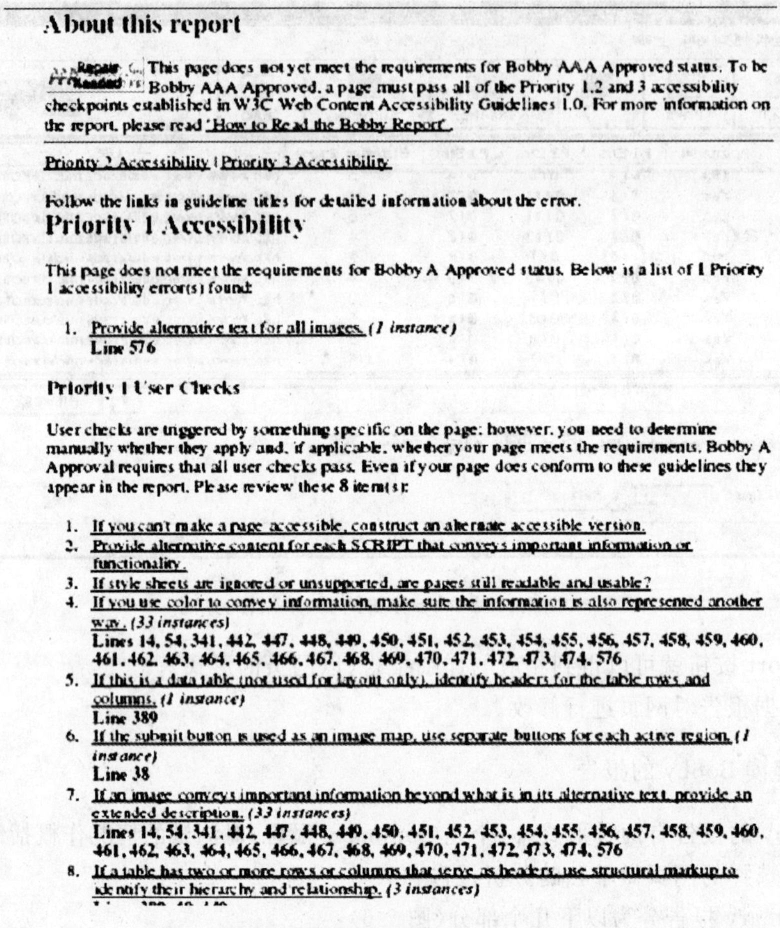

About this report

Repair Needed This page does not yet meet the requirements for Bobby AAA Approved status. To be Bobby AAA Approved, a page must pass all of the Priority 1,2 and 3 accessibility checkpoints established in W3C Web Content Accessibility Guidelines 1.0. For more information on the report, please read "How to Read the Bobby Report".

Priority 2 Accessibility | Priority 3 Accessibility

Follow the links in guideline titles for detailed information about the error.

Priority 1 Accessibility

This page does not meet the requirements for Bobby A Approved status. Below is a list of 1 Priority 1 accessibility error(s) found:

1. Provide alternative text for all images. *(1 instance)*
   Line 576

Priority 1 User Checks

User checks are triggered by something specific on the page; however, you need to determine manually whether they apply and, if applicable, whether your page meets the requirements. Bobby A Approval requires that all user checks pass. Even if your page does conform to these guidelines they appear in the report. Please review these 8 items:

1. If you can't make a page accessible, construct an alternate accessible version.
2. Provide alternative content for each SCRIPT that conveys important information or functionality.
3. If style sheets are ignored or unsupported, are pages still readable and usable?
4. If you use color to convey information, make sure the information is also represented another way. *(33 instances)*
   Lines 14, 54, 341, 442, 447, 448, 449, 450, 451, 452, 453, 454, 455, 456, 457, 458, 459, 460, 461, 462, 463, 464, 465, 466, 467, 468, 469, 470, 471, 472, 473, 474, 576
5. If this is a data table (not used for layout only), identify headers for the table rows and columns. *(1 instance)*
   Line 389
6. If the submit button is used as an image map, use separate buttons for each active region. *(1 instance)*
   Line 38
7. If an image conveys important information beyond what is in its alternative text, provide an extended description. *(33 instances)*
   Lines 14, 54, 341, 442, 447, 448, 449, 450, 451, 452, 453, 454, 455, 456, 457, 458, 459, 460, 461, 462, 463, 464, 465, 466, 467, 468, 469, 470, 471, 472, 473, 474, 576
8. If a table has two or more rows or columns that serve as headers, use structural markup to identify their hierarchy and relationship. *(3 instances)*

图 7-6　Bobby 检测网页的报告（部分）图

容开发者应当满足这个要求,满足这项说明开发者已经扫清了无障碍性的主要障碍;第三优先权(Level AAA),满足此项表明网页(站)极大地改善了无障碍性,网站内容开发者可以满足这个要求。Bobby 根据这些要求对网页进行检查的。

(4) 容易修复的条目排列。这部分给予修复这些条目的难易程度来排列。难度有容易、中等、难。每一个条目所在网页的索引排列。对每一个有问题的条目给出相应网页的链接,以便去查看。

提交单个网页报告的操作为:选择列表中要查看的网页,然后单击 Report 按钮,即可得到一个关于这个网页的详细的无障碍性报告,这类报告分为以下几个部分:根据 WAI 的三个优先权等级进行无障碍性的评价、浏览器的兼容性、页面呈现(下载)的有关数据。

Bobby 能够检测出网页中很多无障碍性的问题和其他可能存在的问题。如果在检测的原始网页中出现了一个"Bobby 帽" ，表明 Bobby 查出一个与第一优先权有关的无障碍性问题。如果出现了一个"问号"，说明需要开发者去检查的与一个第一优先权项目相关的问题，沿着这个链接可以得到任何问题的详尽的报告，其中包括怎样去修改。如有必要，还可在线获得更多的信息，总之，要得到 Bobby 的许可认证，则必须通过其对网页的第一优先权的检查。下面介绍报告中的各个部分：

（1）对网页无障碍性的第一、二、三优先权检查。这三部分检查内容不同，但是检查的步骤相似，主要是根据 WAI 的优先权等级的项目来检查，每项检查分为两个部分，一是 Bobby 根据优先权等级的标准进行的自动检查，第二部分是用户来检查。下面就 Bobby 对某个网页的第一优先权进行的检查来说明：

在 Bobby 执行自动检查后，Bobby 将列出与第一优先权冲突的错误原因和错误所在的地方，如：

Provide alternative text for all images. (1 instance)

Line 47: <img border=0 src=pic/cover.jpg width=260 height=319>

说明：上面的一行指的是没有为所有的图像提供可选的文本，单击带有下划线的文本可得到详细地解释、示例以及相应的检查规则。下面的一行是错误发生的地方，即第 47 行的图像。

用户检查：根据网页中某个具体情况标明出现错误的地方，给出具体检查项目，来促使用户进行检查。

（2）浏览器兼容性错误的检查。通过该项检查，可以帮助用户检查一些浏览器的兼容性错误，这些错误是由于 HTML 标签及其属性和某些浏览器不兼容等原因造成的。不过网页对浏览器的兼容性问题不影响对网页无障碍性的评定。如下面是对一个网页检测结果的一部分：

Unknown attribute HEIGHT in element TD. for browser(s): Lynx2.7 (4 instances)

Line 27: <td valign=top height= 80>

Line 30: <td align=center valign=middle width=520 height=39 style ="font-size: 12px;
line-height: 24px">

Line 36: <td align=center width=520 height=44 style="font-size: 12px; line-height:
24px">

Line 45: <td valign=top height=436>

上面是指在 TD 元素中的未知属性 HEIGHT 对于浏览器 Lynx2.7 来说是不兼容的,分别在第 27 行、第 30 行、第 36 行和第 45 行中出现了 4 次。如还不清楚,还可点击带有下划线的第一行进入相关说明页中详细了解。

(3) 下载时间的测定。Bobby 测定所分析的网页和该网页中所包括的图片大小和相应的下载时间等等,这为优化网页元素,提高页面的下载速度是有益的。如表 7-6 所示是 Bobby 对一个网页的分析统计数据。

表 7-6　Bobby 对一个网页的分析统计数据

URL	SIZE	TIME(SECS)
file：/C：/My Documents/My Webs/index. htm	3. 24K	0. 90
file：/C：/My Documents/My Webs/pic/cover. jpg	167. 93K	46. 65
Total	171. 18K	47. 55
HTTP Request Delays	——	1. 00
Total+Delays	——	48. 55

从上表可知,由三列组成的表给出了图像、Java applet 小程序和该网页的下载数据。第一列是每一个检查项目地址,第二列是每个检查项目的大小(kb),第三列是每一个检查项目的大概下载时间(这里假设用的是 28.8kbps 的调制解调器来计算)。第四行是总的网页下载时间,第五行是 HTTP 的请求延迟时间,第六行是页面完全呈现到终端的时间。

2. 网站无障碍性修复工具——A-Prompt

A-Prompt(Accessibility Prompt)是帮助网站开发者用 HTML 创建网页时改善网页可用性的软件工具,由加拿大多伦多大学的 Adaptive Technology Resource Centre (ATRC) 和美国威斯康星大学的 TRACE Center 联合开发,并受到两国相关政府机构得支持。

A-Prompt 首先评价一个网页以确定是否有对残疾人群来说的无障碍性障碍,然后向网站开发者提供一个快速且容易地修补无障碍性问题的方法。该工具评价和修复无障碍性障碍是以网站无障碍性推动小组(WAI)发布的《网站内容无障碍性规范》为基础的,并根据评价的等级,可以链接其认证标志,如图 7-8 所示。

A-Prompt 允许开发者选择一个文件或者一个文件内的单个网页进行评估和修复。如图 7-9 所示。

这个工具也可以进行定制以选择 WAI《网站内容无障碍性规范》中所规定的不同无

 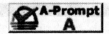 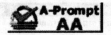 

图 7-8 A-Prompt 无障碍性认证标志

图 7-9 A-Prompt 对单个网页进行检测

障碍性水平来进行检查。如果发现无障碍性问题,A-Prompt 就会显示相应的对话框并指导用户去修复这个问题,如添加 Alt 文本、把服务器端的映象地图置换成客户端映象地图等,如图 7-10 所示。

3. 网站无障碍性工具插件——AIS

AIS 把 Vision Australia Foundation (VAF) 和 Royal Blind Society of NSW (RBS) 的活动和业务联结在一起,目的是增加人们对信息的访问能力,AIS (Accessibility Information Solution)只是 National Information and Library Service 的一个商业组成部分。这个插件可以从其网站上下在安装,安装成功后,其在 IE 浏览器中的界面,如图7-11 所示。

AIS 既可以作为检测和评价网页内容无障碍性的工具,又可以作为访问网站的辅助

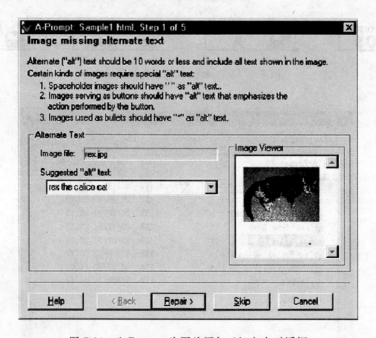

图 7-10 A-Prompt 为图片添加 Alt 文本对话框

图 7-11 AIS 插件安装在 IE 中的界面

科技手段,是帮助患有各种残疾的人访问网站的工具集。这个插件具有许多不同的功能。

三、检测工具的不足

虽然自动评价工具软件使用方便且较为有效,但是它们也存在着一定的问题,主要集中在以下几个方面:

(1)虽然有的网站能够通过工具软件的自动检测,但未必就是易访问的网站。因为《网站内容无障碍性规范(WCAG)》的检测点共计 65 项,而 Bobby 软件也只有其中的一小部分——25 项检测,其他的软件同样也只能检测 WCAG 中的一部分。因此,仅靠无障碍性评价软件来对教育网站无障碍性进行检测是不完善的。

(2)有的检测项虽然通过了工具软件的检测,但是并非真正的符合该检测项的要求。

如 Alt 文本,有的网页中图片的 Alt 文本只是添加了"一个图片",而没有真正的说明该图片所包含的内容,对学习者来说仍然是无意义的。

（3）工具软件对网站无障碍性的检测结果没有按层次分开,即一个网站或网页要么是易访问的,要么是非易访问的,这并不能准确反映网站（页）无障碍性程度。如两个含有图片的网页,其中一个网页只有一幅图片且没有添加 Alt 文本,另一个网页有 5 个图片且有一个图片没有添加 Alt 文本,工具软件检测它们的结果都有无障碍性问题,但它们在无障碍性程度上显然是有区别的。

（4）由于工具软件的检测对象是普通网站,而且只针对网站的技术性方面,对于教育网站无障碍性的检测,不但要检测技术性方面,而且还要检测教育教学内容的无障碍性。而教育教学内容无障碍性的评价就需人工参与才能完成。

第四节　无障碍网络教育环境的评价方法

1. 按评价融入的过程来划分

把无障碍网络教育环境评价融入教育环境的评价中,主要有以下两种形式:

1）平行评价

平行评价即是无障碍网络教育环境的评价和教育环境评价分开进行。无障碍网络教育环境评价只是对无障碍网络环境做出相应的评价,并不能代替对教育环境全面的评价,因为对于教育环境来说,无障碍只是实现教育环境各项功能的基础,教育环境还要满足教育教学的诸方面功能,如:教师的教、学生的学、辅导、考试……因此,无障碍网络教育环境评价可以作为网络资源（包括教育环境）评价的一个子集。

2）综合评价

综合评价即是把无障碍网络教育环境的检测点融入教育环境的评价标准相应的评价单元之中。融入（第一根据国际无障碍网络环境开发和评价标准,第二根据国际多个组织开发的网络资源标准,第三要满足教育环境的最基本的功能是教育,第四根据前面的调查和分析要满足我国学习者的最关心的无障碍的问题）。

2. 按评价的时间和过程来划分

根据评价工作的任务和发生的时间,评价通常可以分为形成性评价和总结性评价[96]。网络教学无障碍的形成性评价,注重在实时的教学和学习的过程中对网络教学系统进行跟踪和反馈,及时发现问题,反馈给被评对象,并制定补救措施、执行补救方案。在跟踪检测的同时,还应注重对学习者的主动性、态度、方式以及学习进展等进行调查,并给出描述、提醒和建议。在教育网站发布之后,教师及时收集残障学生的反馈信息对其进行无障碍评价,从而决定教育网站的教学价值、社会和无障碍的价值是否达到预期的目的和教学效果,有哪些优点,不足之处又在哪里,对下一阶段的改进给予激励、提示和导向,对教育网站无障碍建设提出调整和改进意见。教育网站系统无障碍的完善是一个持续的过程,只有不断使教育网站的无障碍性得到提高,才能满足各种学习者的需要,网络教育才会得到持续的发展。

总结性评价一般发生在某一个阶段的无障碍教学完成之后,目的在于评定无障碍教学目标的达到程度,检查教学工作的优劣,把握教学活动无障碍的最终效果等。在无障碍网络教学中,总结性评价将对学习者的学习活动和教师的教学状况给出最终的评价与结论,其涉及所有学生(包括残联学生)的结业、毕业、评奖等和教师教学效果的评定。目前的教育网站无障碍的评价主要是总结性评价,主要是对网站的无障碍建设水平做出鉴定,一般应由教育部门统一组织。评价者一般都只限定于无障碍方面的专家学者(外部人员),很少考虑到网站的使用者(内部人员)的意见。而在教育网站内容等专业领域,却更需要学科专家等外部人员来评判,只有将这些人员都纳入无障碍教育网站的鉴定性评价的评价者范围,才能更有效地使教育网站的建设者在重视身心正常的学习者的需求的同时,更重视残障学习者的需求,这样才能分工明确,发挥评价者的专长,使评价更加有效。因此,无障碍教育网站评价团体应由以下人员组成:

(1) 教育技术(网络教育、远程教育)专家:负责无障碍设计教学设计方面、学习环境创设等方面的评价。

(2) 教育网站的学科专家:负责网站的教学内容方面的评价,包括课程内容的结构编排、课程内容的科学性、教学目标等设置的合理性等。

(3) 通过教育网站学习的学习者:负责网络课程的无障碍性方面、学习感受、效果方面等的评价。

(4) 网上的辅导教师:负责网络课程的师生交互、在线答疑、学生学习效果评价及书写网页无障碍报告等方面的工作。

(5) 技术人员:负责评价无障碍教育网站的技术指标,如是否有死链、图片是否有替代文本、传输速度测试、视频有无字幕等。

而对于网络无障碍教学来说,为了便于提供适于不同残疾学习者的学习目标、内容、及策略等,还需对学习者进行诊断性评价。网络教学无障碍的诊断性评价,依据评价目标对残疾学习者的现有知识和能力进行测量,对残障学习者的知识背景、学习条件、学习要求、学习态度等由问卷来获得了解，并根据测量的数据和问卷的统计给出评价结果。这样就能在教学中，依据评价的结果对学生进行分组，对不同的学生提供相应的无障碍学习资源，依据不同学习者的特点进行教学设计，选择适当的教学进度、策略和方法。这种评价方式只针对不同的学习者进行的。

3. 按评价的主体来划分

教育网站无障碍评价根据评价人员的身份可以分为内部人员评价和外部人员评价：内部人员评价(insider evaluation)是指评价由网站设计者或使用者自己实施；相对地，外部人员评价(outsider evaluation)则是指评价由网站设计者或使用者以外的其他人（包括没有参与设计的评价专家及各种残障人士）来实施。内部人员评价的长处在于评价者了解网站设计方案的内在精神和技术处理技巧，评价的结果亦可进一步用于教育网站无障碍方案的修订和完善，其缺点是，评价者有可能蔽于自己的设计思想，不了解各种残障人士具体的网站无障碍的需要，致使评价缺乏应有的客观性。外部人员评价则正好相反，评价者虽然对计划的内部思想不太了解，但却有更为开阔的评价思路，可能更能取得具有客观性和令人信服的结论。因此，两者应互相借鉴，也就是说，一项完备的评价应同时吸收内部人员和外部人员的参加。

4. 其他的评价方法

目前无障碍教育网站的评价方法还有很多，如：分析式评论法、指标体系评价法、观察法和实验法[76]。这四种方法各有特色：分析式评论法要求评价人员根据自己对教育网站的总体印象写一个总体无障碍评价报告；指标体系评价法是评价人员根据特定的评价指标体系对教育网站的各项无障碍特征进行打分，然后综合这些分数得出无障碍的等级或判定其是否达到合格标准；观察法是评价人员设计好态度问卷之后，观察记录残障学生在使用教育网站过程中的反应，然后通过让学生填写问卷、与学生访谈等方式获取学习者对网站无障碍的看法和态度。实验法是开发适当的测试项目，测试各种学习者通过教育网站的学习效果，确定教育网站的无障碍等级。

对于无障碍教育网站的评价，最常用的是指标体系评价法。因为指标体系评价法具有最好的可操作性和量化性。笔者认为配合各类评价者制定相应的评价指标体系，并适当结合量化和质性评价进行综合评价，这样才能使评价结果更加全面和合理。

专家们对无障碍评价的方法说法不一，可谓百花齐放。从已经公布的无障碍网络的评价方法来看，指标体系评价法一般又可以分为三类：

1）自动评价法

该方法的目的是检测网站隐含的 HTML 代码的潜在障碍；利用专门的软件工具对网站（页）源代码进行扫描，鉴别其中存在的无障碍缺陷。自动评价的优点主要体现在三方面：①执行速度快、耗时短、效率高，尤其是部分工具有整体测试能力，极大地提高了评价效率；②在语法层面的评价准确性高，不易漏测或错测；③一般都能自主完成部分统计、分析工作，对评价结果进行一定的加工提炼，能减轻评价者的工作量。其缺点主要在于：在语义层面的评价能力较差，不能判定内容是否有意义、是否合乎逻辑或易于理解等。

2）人工评价方法

该方法用来检测无障碍网站所遇到的一些障碍（可用工具来辅助检测一些特殊障碍），可由两种人进行评价。首先，人工评价可以由具有相关技能的专业人员进行，他们常用手段的包括两种：①在常规状态下观察和浏览；②改变浏览器和操作系统设置，或换用其他浏览设备，以测试特殊方式下的使用效果。其次，人工评价也可以邀请残障用户运用特定的辅助工具来进行评价，让残疾人士参加网站的无障碍评价，是对专业人员评价的补充，可以使得网站的无障碍性更加完善。

人工评价的优点主要在于能弥补工具评价的缺陷，在语义层面上对主观性强的内容具有良好的判断能力。经验丰富的评价者往往能够发现更深入的问题，作出更准确的判断。其不足主要是对评价者的知识、技术和经验方面的要求较高。如果由专业评价人员进行，评价者至少需要掌握 Web 无障碍设计的各项技术要求，充分了解各类特殊用户的困难和需要，并能熟练使用相关工具。如果由残障用户参与评价，则用户本身应该具有一定的计算机操作和 Web 使用经验，并能熟练运用相关的辅助技术产品。此外，人工评价对时间和工作量的要求也都高于自动评价。

3）自动评价与人工评价相结合

完善的评价过程应该是自动与人工评价相结合，两种方法取长补短、互为印证，以求最佳的评价效果。

W3C 即万维网联盟的子组织网络易访问性推动小组（WAI）指出评价方法的使用独立于评价目标，并且概括出两种网站无障碍评价方法，一种方法用于初步检测（形成性评价），它符合 WCAG 制定的原则；另一个更全面的方法用于遵照规范的检测（总结性评价），但这种方法却违背了 WCAG 制定的原则。表 7-7 提供了这两种方法的比较，W3C 即万维网联盟提出的方法呈现在表中，所谓的更全面的方法是指在评价者中加入了残障人士。

表 7-7　网络环境无障碍检测方法比较

范围/检测阶段	初 步 检 测	遵照规范检测
范　　围	所选择的网站包括(主页和其他进入页面;具有不同功能和样式表的页面如带有表格、图表或动态产生结果;信息图展示如 diagrams 和 graphs)	人工检测步骤:为初步检测选择页面;自动和半自动评价步骤:检测整个网站的无障碍
在不同情况下使用图形浏览器检测网页	将显示图片和声音关掉,单色,改变屏幕分辨率,改变字号后用浏览器观察,用键盘导航	在初步的检测条件之上,以及在排版样式脚本和 applet 程序没有装载时进行检测
用WCAG 规定的检测点来选择人工检测的网站	无	有
用专用浏览器(语音或文本浏览器)来检测网页	有(使用文本朗读器或文本浏览器)	有(使用文本朗读器或文本浏览器)
朗读或评价网页内容	无	有
至少使用两种自动检测工具	有	有
是否使用自动代码校验工具	无	有

　　除此之外,还有一些学者也提出了一些无障碍网络评价的方法,它们更多地关注于可用性评价。Winberg(1999)、Lang(2003)和 Brajnik(2005b)都纷纷指出许多网站无障碍评价方法和可用性评价方法之间关系紧密。为了说明这点,Brajnik(2005b)列出几个关键的无障碍评价方法如下[76]:

　　(1) 遵照规范的检测:评估结果是否违背了一种或几种原则。

　　(2) 自动检测:通过检测工具来报告结果是否违背了一系列规范。

　　(3) 启发式教学评价:在一个主题网站中一个专家评价组用他们不同领域的知识对一个主题网站的绩效进行评价,判断其是否违背了启发式教学法的设计和原则。

　　(4) 用户检测:观察和记录残障人士为完成预先设置的任务而与网站之间的交互行为。

　　作为一种具有特殊价值的方法,Brajnik(2005b)提出了一个对无障碍能力的训练方法。他更关注一个网站使用的情境,这样更可能验证障碍对用户的影响,而且从本质上讲这种方法并不要求精通其他评价方法,尤其是启发式教学法。

　　另外,Paddison 和 Englefield(2003)开发了一套包括九种无障碍能力的启发式教学法,以支持无障碍网站的评价,他们的目标是减轻无障碍性检测的任务,但是可用性专家的测试表明,较具有可用性的启发式教学法而言,使用训练无障碍能力的教学法要求有相当程度的无障碍网站背景知识。

比较具体评价方法的相对有效性的工作已经展开,更多的人关注于利用残障人士来进行远程评价和其他无障碍评价方法之间的区别。Mankoff 等(2005)用自动化检测工具和专家检测来对利用残障人士进行远程评价和本地评价进行了比较,他们发现鉴定网站确实具有无障碍性障碍的特别成功的方法是将独立评价主题网站的评估人结合起来,并将他们评价结果也结合起来,而远程评价在"结合"这一点上就要逊色一些。Petrie 等(2006)致力于利用残障人士进行本地和远程评价,从收集定量和定性的数据上来比较远程评价和本地评价方法,他们发现远程评价方法在收集定性数据的有效性上略低一些,同时还会产生一些问题;而在评价报告中就本质和原因相比,本地评价的陈述较少。

不同的网站无障碍评价方法导致了对网站无障碍的不同定义,这些不同的定义使网站开发和我们都感到困惑(Brajnik 2005;Witt and McDermott 2004)。欧盟和 WAB(Web Accessibility Benchmarking Cluster)网站无障碍标准测试组织联合起来在朝网站无障碍评价方法的协调和认可这个方向努力工作,这项工作不仅包括欧盟范围内网站无障碍规范的发展,还伴随着评价网站无障碍方法的协调发展。

■ 第五节 无障碍教育环境的评价流程

无障碍教育网站的评价是建构无障碍网络教育环境进程中不可或缺的一个重要环节。通过对教育网站的无障碍评价,可以检测教育网站在无障碍方面存在的问题,取得了哪些进展,可以进一步促进无障碍网络教育环境的建设,为如何建设无障碍的信息网络环境提供指导规范。本节主要介绍无障碍教育网站的评价流程。

1. 确定评价对象和类型

在教育学中,教学评价是依据一定的价值标准对教学活动过程及结果的质与量进行测量、分析和评定,对教学进行指导、调控和检测。教育网站的评价不仅仅包含以上的内容,还包括对教育网站教学设计的合理性、教学内容的覆盖范围、网站的受访率、导航有效性、稳定性、适用性、易访问性等方面的评价[97]。无障碍教育网站的评价除了包括一般教育网站的评价内容之外,主要侧重于对教育网站的易访问程度的评价。

无障碍教育网站评价的首要环节是确定评价对象和评价的类型,两者直接影响评价方法、评价工具、评价人员等的选择。无障碍教育网站的评价对象,按网站的组成元素可分为:媒体元素的易访问性评价、元信息的易访问性评价、教育教学信息易访问性评价;按评价的范围可分为：主页和主要页面的易访问评价、整个网站的易访问评价。

评价类型根据分类的方法不同可以分为诊断性评价、形成性评价、总结性评价；可以分为专家评价、用户评价、特定的用户（残疾群体）的评价；也可以分为人工评价、工具评价、人工评价和自动评价相结合；还可以分为分析评价和综合评价。

2. 评价者的选择

评价者的选择会影响到评价的信度和效度。教育网站易访问性评价的评价者通常包括：网站开发者、网站管理者、网站维护者、普通用户、残障用户、内容著作者、教师、教学专家、易访问性专家等，对于一些大型的教育网站的评价有时还需要专门的评价机构、评价工具开发商等的协助与参与。当然，并不是所有的评价都需要上述所有人员的参与。例如，如果只是对教育网站的易访问性做一个初步的评价，个人就能借助自动评价工具进行，有时可能要求评价者具备的一定的网页标记语言基础，能根据需要对自动评价工具进行设置，并且了解易访问方面的知识。

3. 确定评价方法

目前对于无障碍教育网站的评价方法主要有四种：初步评价法、顺应性评价法、用户评价法和合作评价法，每种方法具有各自的特点，需要根据具体情况进行选择。初步评价可以快速地检测网站上部分易访问方面的问题，但是初步评价并不能判定网站是否符合网站易访问指导规范。顺应性评价主要用于判定网站是否符合易访问指导规范，如是否符合 WCAG 1.0 指导规范。用户评价让部分残障用户也参与评价，可以更好地理解易访问性问题和执行易访问性问题解决方案，也可以帮助网站开发者了解残障者是如何上网的。合作评价是由专门的机构进行组织，集合多种类型的评价者对教育网站进行的合作式评价。

4. 选择评价工具

网站易访问性评价工具的作用贯穿于网站开发的全过程。在网站设计初期，网站设计者可以利用评价工具帮助他们理解网站的结构、导航如何满足易访问的需要。在网站开发阶级，可以利评价工具进行形成性评价。网站开发完成后，可以利用评价工具进行总结性评价。选择适当的评价工具是评价顺利进行的保证，恰当的评价工具往往可以使评价取得事半功倍的效果。

评价工具的选择主要考虑以下因素[98]：

（1）组织结构和开发过程。对于大型评价机构或者是包含网站设计者、程序开发者、内容著作者和质量监督者在内的多种人员共同开发网站，最好同时选择多种评价工具共同评价,以平衡各种工具之间的利弊。

(2)网站的复杂程度和大小。如果网站大量地采用脚本语言自动生成网页,并且网页中包含大量的视频和音频文件,而且内嵌了 SMIL、SVG 或 MathMl 等,则最好是采用专门的评价工具。

(3)网站开发者的知识和技能。有的评价工具需要使用者具备一定的易访问知识,并且掌握网页标记语言(HTML、CSS 等)方面的知识。因此在选译该类评价工具就要考虑到评价者自身知识和技能。

(4)开发和评价的系统环境。评价工具如果和操作系统或网站开发环境之间兼容性好,可以有利于评价工具的配置。有时评价工具以是插件的形式内嵌到著作工具或浏览器中的,在选择该类评价工具时就要考虑它们与系统环境之间的兼容性。

(5)评价工具的用途。各种评价工具作用和特点不尽相同,选择何种评价工具取决于评价者所具有专业知识及它们所要进行评价的检测的范围和类型。

5.制定评价指标体系

指标是指目标在某一方面的规定。其具有三个特性:一是在某方面反映目标的本质属性;二是行为化的目标,具有具体性和可操作性;三是通过实际观察和测量,可以得到明确的结论[99]。目标必须由多条指标组成以目标本质属性为核心、权重分配合理、相互联系的指标体系,才能全面地反映目标整体。无障碍教育网站的目标是实现在包括残障人士在内的所有学习者对教育网站的无障碍访问,要建立评价指标体系首要任务是搞清楚目标的实现受到哪些因素,逐层分解这些影响因素并整理即可建立评价指标体系。等级数量越多,评价的精确度就越高,但心理学研究表明,超过五元划分,一般人就很难掌握,因此一般采用2~4级评价指标。

确定评价指标后,需要对评价指标的权重进行分配。权重是衡量某一指标在整个无障碍教育网站指标体系中的作用和地位的数值,是指标体系中各指标在实现、完成整体目标中贡献程度,又称权数。某指标的权重大,则它的评价值的变化对评价结果的影响也较大,反之则影响小。通常,权重的确定是根据决策者的先验知识来确定的,其中比较常用的方法有关键特征调查法、矩阵对偶法、特尔斐法(Delphi)以及层次分析法(APH)等。

确定好各项指标权重之后,还要确定评价标准和划分等级。评价标准是衡量评价对象实际达到指标程度的具体要求,也就是对所在评价的属性或方面在量上的具体要求。评价标准也是评价体系中的一部分,没有评价标准的指标体系是不完整的。

无障碍教育网站的指标体系在下一节有详细的介绍,在此就不再展开。

6. 实施评价

确定评价指标体系之后可以实施评价。评价实施阶段的工作包括发放评价指标体系,培训相关评价人员,解释相关标准,统一价值尺度,这有助于做出正确的价值判断。然后是实施评价,收集评价数据和信息,进行有效性检验和误差诊断,主要是对实施评价后获得的相关数据进行统计、检验,筛选有效数据,去除无效数据,以保证评价的有效性。

7. 处理数据,得出结论

根据指标体系中各指标的权重对评价所得到的数据进行数理统计,然后分析,综合,比较各个统计量和数据,最后依据不同的评价目的,给出教育网站易访问性的价值判断,得出评价结论。

8. 撰写评价报告

评价的最后阶段是撰写评价报告。评价报告中通常包括以下内容:

(1) 评价报告的标题。评价报告的标题由评价内容、评价对象加文种构成,如"(关于)XX 教育网站易访问性的评估报告"。

(2) 评价者、评价对象、评价时间、评价报告写作时间。评价者,指的是一定的评价组织。评价对象可以是单位,可以是集体,也可以是个人。评价时间有跨度的,要写上跨度时间。评价报告写作时间一般指报告呈递时间。

(3) 评价报告的开头。开头要写明如下内容:首先是评价的目的;其次是评价方案的背景情况,主要写明评价标准的来源,评价人员的组成;最后,对评价情况做简要综述。

(4) 正文。首先,描述评价的实施过程,重点写清评价信息的收集与处理过程;其次,介绍收集到的主要信息及对这些信息的分析处理结果。

(5) 结尾。结尾主要写两方面的内容:首先,对评价信息处理后推断出的结论;其次,对评价对象的有关工作提出相应的建议。

第六节　教育网站无障碍评价的指标体系

一、教育网站无障碍评价指标体系的内涵与结构

指标是指目标在某一方面的规定。具有三个特性:一是在某方面反映目标的本质属性;二是行为化了的目标,具有具体性和可操作性;三是通过实际观察和测量,可以得到明确的结论[99]。一个指标只能反映目标的一个局部、一个侧面,不能反映目标的整体。只有把目标转化为以目标本质属性为核心、相互紧密联系、权重分配合理、系统化的指标群,

才能比较全面地反映目标的整体。这个指标群就是指标体系[100]。

从严格意义上说,教育网站的评价指标体系涉及对教育网站多个方面的评价,但是本书中所论及的无障碍教育网站评价指标体系主要是对教育网站的易访问程度进行评价,而对于教育网站的其他方面的评价指标本书中不再进行阐述,有兴趣的读者可以查阅相关资料。教育网站无障碍评价指标体系由反映教育网站无障碍的评价指标、指标权重、评价标准要素、隶属度等构成的一个有机整体。图 7-12 所示为教育网站无障碍评价指标体系的主框架。

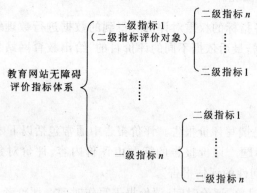

图 7-12 无障碍教育网站评价指标体系的主框架

在这个集合中评价指标可逐级分为一级指标、二级指标……指标层次结构内第一层次和各条指标即一级指标,它反映教育网站无障碍的主要属性和特征,是教育网站易访问性的评价指标,又是二级指标的评价对象。第一层次的各条指标即二级指标,是一级目标的主要属性的反映,如果可能它依然可以往下划分,作为三级指标的评价对象。所以在指标体系中,评价对象和评价指标是一个相对概念,可以相互转换。一般来说,一级指标是相对抽象的,随后逐级越来越具体。指标权重是在其他因素不变的条件下,该指标对教育网站易访问性的影响程度。与指标系统一样,指标权重可以看作人们价值认识的凝聚物。指标系统反映哪些因素是有价值的,权重系统反映评价因素的价值有多大。评价标准是衡量评价对象达成到评价指标各项要求的尺度。根据达标程度可分为不同等级,不同的等级有不同的评价标准。从理论上说,等级数量越多,评价的精确度就越高,但是心理不研究表明,超过五元划分,一般人就很难掌握。所以,评价标准等级一般是用 2~4 个为宜;而且由于评价标准因人而异,主观性相对较强,所以较难把握,为克服这种弊端,通常采用模糊教学评价模型,将标准等级分值用隶属度来表示。

二、教育网站无障碍评价指标体系的建构原则

建构科学、合理、可行的无障碍教育网站评价标准体系的关键和难点是如何准确有效地分解评价目标,因此,首先应遵循一定的建构原则[100]。

1. 与目标一致性原则

评价指标体系应该与评价目标相吻合。指标体系要充分反映教育网站无障碍的基本要求,否则有可能出现错误导向,造成评价中的顾此失彼。指标系统中的各类、各层指标及其权重必须全面、完整、充分地体现被评价对象所要达到的目标,绝不能与目标相矛盾、脱节,否则评价也就失去了有效性。

2. 可操作性原则

应尽可能使指标体系简便、实用、可行,数据容易处理。要求设计指标体系的内容和形式较为简化,便于操作。每项指标应内容明确,有独立的内涵和外延,措辞清晰,易于测量,方便比较。要求制定的指标体系既能对教育网站易访问性进行度量,又便于评价过程中的操作实施。

3. 全面性和重点性相结合

制定评价指标体系应满足指标的完备性,即要求制定的评价指标体系不能遗漏任何重要信息,应全面、系统、本质地反映、再现涵盖教育网站无障碍各方面的因素。对教育网站的无障碍进行评价时要根据系统论的观点,从整体出发,防止以偏概全。但要注意不要过分追求理想化而脱离实性可行性。另外指标体系面面俱到,会大大增加评价的工作量,这样必然会降低评价工作的可行性和准确性。在设计评价指标体系时,应根据评价对象的特点及具体的评价目的,把最能反映评价对象属性,最能满足评价目的的要求的因素确定为指标。

4. 发展性原则

教育网站是建立在 Internet 的基础上,随着 Internet 的发展,在各个发展阶段对教育网站无障碍的评价指标体系会有所不同。因此,建构无障碍教育网站评价指标体系,要遵循发展性原则,应设计一些具有发展性和超前性的指标。并且随着 Internet 的飞速发展,各个指标的权重可以会发性变化,这些都是在设计评价指标体系时需要考虑的因素。

三、无障碍教育网站评价指标体系的参考信息来源

迄今为止,我国还没有一个相对比较完善的有关无障碍教育网站的评价指标体系,建构无障碍教育网站的评价指标体系可以说是一项全新的系统工程。本书所建构的评价指标体系是在借鉴国内外大量评价标准的基础上,针对我国的具体实际所提出来的。国外相关的网站易访问性评价指标和标准是本研究得以进行的保障。大量借鉴国内外相关的评价标准也节约了设计时间,使指标体系较为完备。本部分将有选择有重点地介绍本书所参考的主要评价指标和标准。

1. W3C/WAI 的 WCAG

1997 年 4 月 7 日,万维网联盟(W3C)协会布成立 Web Accessibility Initiative,即 Web 易访问性推动小组,以推动网络能够为残障人士所用并最终达此目的。使任何人都能通过 Web 中获取其需要的信息资源,这体现了信息时代的人文精神。WAI 的责任是开发易访问的软件协议和技术,创立使用技术的易访问性规范,进行培训,并指导对易访问性的研究和开发。WAI 制定和开发的易访问性规范、易访问性的技术文档和易访问性的检查表分为三个方面:

(1) 易访问性规范(guidelines)。网页内容易访问性规范 1.0、编辑工具易访问性规范、用户代理易访问性规范 1.0;XML 易访问性规范。

(2) 易访问性检查表(checklists)。网页内容易访问性检验表 1.0、编辑工具易访问性检验表 1.0、用户代理易访问性检验表 1.0,这里的用户代理是指的是浏览网页内容的浏览器以及多媒体播放器等上网软件。

(3) 易访问性技术文档(techniques)。网页内容易访问性规范的技术 1.0、网页内容易访问性规范的核心技术 1.0、编辑工具易访问性规范的技术 1.0、用户代理易访问性规范的技术 1.0、易访问性检测和修复的技术、同步多媒体整合语言的易访问性特征、CSS 易访问性特征、可缩放矢量图形语言的易访问性特征、HTML 4.0 语言的易访问性改进等等。

WCAG 1.0 的前身称为"统一的网站易访问性规范(unified web site accessibility guidelines)",这是由美国威斯康星大学的 Trace Research and Development Center 开发的网页易访问性规范,后来 W3C 以此为蓝本来制定 WCAG 1.0。WCAG 1.0 的主要目的在于提高网页易访问性,并不是要求网页设计者不使用图形、音视频及其他多媒体;相反的,这些规范是说明如何使得多媒体内容对更多使用者更具有易访问性。

WCAG 1.0 规范共分为 14 条规范(guideline),65 项检测点(checkpoint),决定每个检测点的重要性,共有三种级别:第一优先权等级对于网页易访问性而言是必须(must)

达到的。如果无法通过该检测点,则某些使用者或团体就无法使用该网页信息。第二优先权等级对于网页易访问性而言是应该(should/must satisfy)具备的,如果无法满足该检测点,将会使得某些使用者或团体在使用网页时感到相当困难或有障碍。第三优先权等级对于网页易访问性而言是可能要具备的。如果无法符合该检测点,某些使用者或团体将会发现使用网页信息会有些困难,这是网页易访问性最高等级。根据网页达到的易访问性要求的程度,把易访问的网站分为三种优先权等级。优先权等级是递进式的,达到低等级目标是可能达到高等级目标的前提。

2. 美国的 Section 508

在 WAI 发布 WCAG 1.0 之后,美国于 2000 年 12 月也重新修订并公布了 508 条款,该条款就是根据 WCAG 制定网站应该满足易访问性的要求,其中对政府和学术性的网站要求必须满足易访问性的要求。该法案于 2001 年 6 月生效。Section 508 在第二部分的技术标准中在 §1194.21 软件应用和操作系统和 §1194.22 基于 WEB 的网络信息及应用两小节中分别详细地论述了这个方面应该如何地遵循易访问性的规则。

3. IMS Access-For-All specification

IMS Access For All 元数据规范(IMS Access For All meta-data specification)是由 IMS 全球学习联盟开发的,其目的是使学习资源能够匹配一个学习者一定的学习偏好和需求。这些学习偏好和需求将在 IMS 的学习者学习信息包规范的学习者易访问性信息包中声明出来。这些偏好和需求提及到以下几个方面:学习资源的可替换呈现的需求和偏好、学习资源的可替换的操控方法的需求和偏好、学习资源本身可替换的等值物及学习者需要的增能或支持工具等等。IMS Access For All meta-data specification 要求使用统一的方法以达到学习者的偏好和需求与学习资源的匹配。IMS Access For All 元数据规范文档主要有:

(1) IMS Access For All meta-data overview:这个概述部分主要用来解释 IMS Access For All meta-data specification 的作用和目的,同时也说明了这个元数据规范和与其他标准和规范之间的关系。

(2) IMS Access For All meta-data information model:这个文档主要描述了 IMS Access For All 元数据规范的核心内容以及易访问的信息模型。它包括详细的语义、结构、数据类型、值域、多样性和选择性(即是否为强制的或可选的)。

(3) IMS Access For All meta-data XML binding:这个文档是 IMS Access For All meta-data information model 文档中描述的通用建模语言(UML)的 XML 绑定信息模型。

（4）IMS Access For All meta-data best practice guide：主要是提供执行 IMS Access For All meta-data specification 时提供指导或遇到的问题给予帮助。

4. IEEE1482. 12——adaptability

2004 年 10 月 10 日，《IEEE LOM 的易访问性应用记录：工作文档——0.51 版草案》由欧洲标准委员会/信息社会标准化系统——学习技术工作组（CEN-ISSS Learning Technologies Workshop：Accessibility properties for learning resources）制定。并建议把"adaptability"作为一个新元素添加到 IEEE LOM 中，适应性"adaptability"是描述一种资源是怎样调整以便能够被学习者感知、理解和交互的特征，它主要描述了学习资源的易访问性属性。如一个网页中包含文本和 Flash 动画（只有视频，没有声音），在易访问性的元数据中应该有一个该动画可替换的文本作为主资源（动画）的等值资源（替换文本），系统可以根据用户的易访问性元数据（如有文本偏好），给出动画的相应的替换文本。

5. 我国现代远程教育技术标准体系

教育部于 2000 年 11 月组织国内 8 所重点高校的有关专家开展网络教育技术标准研制工作，并成立了教育部教育信息化技术标准委员会（CELTSC）。委员会的专家们经过一年的努力工作，提出了一个比较完整的中国现代远程教育技术标准体系结构，并且产生了 11 项规范，并已经发布作为部颁试用标准。这套标准不仅作为现代远程教育系统开发的基本技术规范，也可作为在网络条件下开发其他各种教学应用系统的参考规范。中国现代远程教育技术标准体系目前包含 27 项子标准，分为总标准、教学资源相关标准、学习者相关标准、教学环境相关标准、教育服务质量相关标准五大类。

四、教育网站无障碍评价指标

本书所建构的无障碍教育网站评价指标共分为两部分，即教育网站技术层面无障碍指标和教学内容无障碍指标。

1. 技术层面无障碍指标

教育网站技术层面无障碍指标主要参照 WCAG1.0 制定，包括 14 个一级指标和 87 个二级指标，如表 7-8 所示。

表 7-8 教育网站技术层面无障碍一级指标

次　　序	教育网站技术层面无障碍一级指标
指标 1	为视觉及听觉内容提供等价的替代文字说明
指标 2	不单独依赖颜色传递信息
指标 3	适当使用标记(markup)和排版样式(style sheets)
指标 4	阐明自然语言的使用
指标 5	表格内容能顺利地转换至其他浏览格式
指标 6	使用了新科技(技术)的网页能顺利地转换,以适应旧的浏览设备(和软件)
指标 7	使用者可以控制会随时间变化(time-sensitive)的网页
指标 8	内嵌于网页的使用者界面能直接被访问
指标 9	能设计不依赖于特殊设备的网页
指标 10	具有过渡性的易访问性解决方案
指标 11	使用 W3C 的技术及规范
指标 12	提供上下文环境及用户所处方位的信息
指标 13	提供明晰的浏览机制
指标 14	文件清晰、简约

14 个一级指标又细分为 87 个二级指标,它们之间的关系如下:

一级指标 1　为视觉及听觉内容提供等价的替代文字说明

1.1 图片需要加上替代文字说明

1.2 对于 applet 提供替代文字说明

1.3 对于 object 提供替代文字说明

1.4 对于窗体中的图形按钮提供替代文字说明

1.5 影像地图区域需要加上替代文字说明

1.6 当影像地图使用为上传按钮时,每一作用区域必须分别使用不同的按钮

1.7 当 alt 属性的文字陈述大于 150 个英文字符时,考虑另外提供文字描述

1.8 提供 longdesc 以外的描述性超级链接(如 D 超级链接),来描述 longdesc 的内容

1.9 图形替代文字陈述不够清晰时,提供更多的文字描述(如使用 longdesc 属性)

1.10 所有语音档案必须有文字旁白

1.11 以易访问的影像来替代 ASCII 文字艺术

1.12 视频中的声音必须提供同步文字型态的旁白

1.13 服务器端影像地图中的超链接必须在网页中有额外对应的文字超链接

1.14 多媒体视觉影像呈现时,必须提供听觉说明

1.15 多媒体呈现时,必须同步产生相对应替代的语音或文字说明

1.16 客户端影像地图中的超链接必须在网页中有额外对应的易访问超链接

一级指标 2 不单独依赖颜色传递信息

2.1 确保所有由颜色所传达出来的信息,在没有颜色后仍然能够传达出来

2.2 确保前景颜色与背景颜色对比明显而易见

一级指标 3 适当使用标记(markup)和排版样式(style sheets)

3.1 以标记语言(如 MathML)呈现网页内容(如数学方程式),避免使用图形影像呈现

3.2 确定网页设计文件,有效使用正规的 HTML 语法

3.3 在 doctype 标签中,使用标准规范的叙述以识别 HTML 版本类型

3.4 尽可能使用样式窗体控制网页排版与内容的呈现

3.5 要使用相对尺寸(如%)而非绝对尺寸(如像素)

3.6 适当使用巢状标题呈现文件结构

3.7 避免使用 header 标签来产生粗体字效果

3.8 项目符号及编号之卷标(如 li、ul)仅可使用于实际网页内容的项目条列,不可用于编辑格式

3.9 确保 q 和 blockquote 标签只是用来当引用语而不是用来缩排

3.10 以 q 及 blockquote 卷标来标记引用语

一级指标 4 阐明自然语言的使用

4.1 明确地指出网页内容中语言的转换

4.2 用 abbr 及 avronym 标签表示网页中呈现的文字缩写与简称

4.3 明确指出网页文字所使用的自然语言

一级指标 5 表格内容能顺利地转换至其他浏览格式

5.1 对于每一个存放数据的表格(不是用来排版),标示出行和列的标题

5.2 表格中超过二行/列以上的标题,须以结构化的标记确认彼此间的结构与关系

5.3 在网页内容呈现设计时,避免以表格做多栏文字的设计

5.4 若表格只作为版面配置时,勿使用表格结构标签(如 th 卷标)作为网页格式视觉效果

5.5 表格须提供表格摘要说明(如 summary 属性)

5.6 数据表格须提供标题说明

5.7 表格行列过长的标题,须提供缩写或简称

一级指标 6　使用了技术的网页可以兼容旧的浏览设备(和软件)

6.1 使用 CSS 样式表编排的文件需确保在除去样式表后仍然能够阅读

6.2 页框连接必须是 HTML 档案

6.3 使用 Script 语言需指定不支持 Script 时的办法

6.4 若网页内的程序对象没有作用时,确保网页内容仍然可以传达

6.5 若网页对象使用事件驱动时,确定不仅仅依赖鼠标操作

6.6 使用框架时要指定不支持框架时的办法

一级指标 7　使用者可以控制会随时间变化(time-sensitive)的网页

7.1 确保网页设计不会致使屏幕快速闪烁

7.2 避免使用 blink 卷标闪烁屏幕

7.3 避免使用 marquee 卷标移动文字

7.4 不要让网页每隔一段时间自动更新

7.5 不要自动转移网页的网址

一级指标 8　内嵌于网页的使用者界面能直接被访问

8.1 对由 Scripts、Applets 及 Objects 所产生之信息,提供可及性替代方式

一级指标 9　能设计不依赖于特殊设备的网页

9.1 尽量使用客户端影像地图替代服务器端影像地图连接

9.2 对所有网页内容元素,确保有鼠标以外的操作接口

9.3 确保事件的触发不仅仅依赖于鼠标

9.4 对经常使用的超级链接,增加快速键的操作

9.5 对于窗体组件考虑提供键盘快速键的操作

一级指标 10　具有过渡性的易访问性解决方案

10.1 除非使用者知道将会开启一个新窗口,不要随便开启一个新窗口

10.2 如果使用 Script 语言开启新窗口或改变目前窗口的网址,要让使用者能
事先知道

10.3 确保窗体的控件与控件说明之间的配合很适当

10.4 若有以表格直栏格式呈现的网页文字内容时,提供线性文字替代

10.5 在网页文字输入区中须有默认值

10.6 不要仅仅以空白间隔分开相连的超链接

一级指标 11　使用 W3C 的技术及规范

11.1 如果你不能使这个网页无障碍化,提供另一个相等的无障碍网页

11.2 尽量使用开放性的最新国际标准规范

11.3 避免使用过时的 HTML 语法

11.4 允许使用者依照个人喜好设定网页呈现方式

一级指标 12 提供上下文环境及用户所处方位的信息

12.1 需要定义每个页框的名称

12.2 如果页框名称无法描述页框中的内容的话,应加上额外描述

12.3 把太长的选单项目群组起来

12.4 在窗体控件中,使用 fieldset 及 legend 标签作群组间的区隔

12.5 尽可能将网页内容有相关之元素聚集在一起

12.6 在窗体控件上,以 label 卷标提示信息

一级指标 13 提供明晰的浏览机制

13.1 设计有意义的超链接说明,便于网页内容的阅读

13.2 如果需要的话,为每个超链接加上内容描述

13.3 指向不同网址的超链接,不可使用相同的超链接说明

13.4 使用 metadata 标签记录可被计算机识别运用的网页信息

13.5 为每个网页加上标题

13.6 为你的网站提供网站地图或整体性的简介

13.7 使用清楚一致的导航机制

13.8 提供网页导航链接工具列,便于存取网站导航结构

13.9 能辨别出意义上有群组关联的超链接

13.10 若有群组超链接,在群组之前增设一项绕过此区域的超链接

13.11 若网站具有搜寻功能,设计不同的网页内容搜寻方式,以供不同技能与
　　　喜好者选用

13.12 在网页标题、段落、及列表之前,提供辨别信息以便于识别

13.13 用 metadata 标签来识别网页文件在整体文件内所处的位置

13.14 尽量避免在网页上使用 ACSII 文字艺术

一级指标 14 文件清晰、简约

14.1 网页内容要使用简单易懂的文字

14.2 使用易访问的图形,便于网页内容的理解

14.3 各个网页呈现的风格要具有一致性

2. 教学内容无障碍指标

　　由于教育网站自身的特殊性,要求教育网站的教学内容本身也是无障碍的,因此教育
网站无障碍评价指标中还必须包括教学内容无障碍评价指标。评价的指标主要有以下

几点：

（1）教育教学信息的正确性。网络上的学习资源鱼龙混杂，有的没有经过仔细的审查就复制或链接到学习内容中，给学习者在网络学习中产生误导，甚至产生错误的理解。

（2）教育教学信息的科学性。这里的科学性是指教学内容的表达及运用等方面都不可出现科学性错误，而有的网站中的教学内容似乎没有精心准备，文字、词语、语法等表达上有诸多错误，如错别字、不当的网络词汇以及在拷贝别人的学习资料时没有注意和自己的网站上内容的衔接等。

（3）教育教学信息的深度。深度指学习者要找的学习内容与学习平台的距离。有的网站教学内容要在点击三四个网页之后才能到达相应的页面。

（4）教育教学信息的长度。长度是指学习者要进行学习的页面中学习内容长短。有的网络教学内容组织者为了方便，甚至把整章的教学内容放在一个页面中。

（5）教育教学信息的难度。难度是指教学内容的选择和学习者的学习水平相比的难易程度。在一些网站中，一些教学内容的难度超出了一般学习者承受的范围，而有没有其他的途径继续学习该部分内容，这样容易使他们学习信心遭到挫折。

（6）教育教学信息的区分度。这里的区分度是指教育教学信息和网页中的其他非教育教学信息之间的辨认的难易。在访问一些网站中的教学网页时，发现一些网页的前景色（文本、图片的颜色）和背景色（背景图片、颜色）之间相似或和某些视觉残疾（色盲、近视）的学习者产生一定的障碍。

第八章

无障碍教育网站的维护、更新和安全

在我国网络教育环境中，教育网站承担了更多的教育教学功能。然而人们往往眼睛盯在建设上，而对于后期的管理，如维护、更新和安全方面存在着管理上的缺失，从而导致很多障碍的产生，如链接的失效、更新的延迟等。教育网站的维护、更新、安全和教育网站的建设是同等重要的，应给予更多的关注。

本章主要阐述无障碍教育网站的维护、更新和安全。无障碍教育网站的维护和更新本质上和一般网站的维护、更新一样，是一个网站能够良好运行的重要基础，网络的安全更是一个网站的关键，只有协调好这三者之间的关系，才能保证一个网站能够良好地运行，才能够吸引更多的学习者和教育者访问，达到创建无障碍教育网站的最终目的。

第一节 无障碍教育网站的维护

无障碍教育网站的维护与更新是为了使网站能长期运行在 Internet 上而及时地调整和更新网站内容,以便在瞬息万变的信息社会中吸引更多的访问者。事实上,制作一个无障碍教育网站只是一个相对较短期的工作,而能否始终保持优质的服务才是最困难的。因此无障碍教育网站的建成发布之后的维护工作是不容忽视的。对网站的软硬件维护项目包括服务器、操作系统和 Internet 连接等。总体来说,无障碍教育网站的维护和一般网站的维护基本一致,不同的是在网站的维护时刻必须考虑到残障用户的需求,是适当的提供维护意见,调整无障碍设计。

在使用过程中,如果发现问题,通过用户的反馈信息尽快发现问题、解决问题,如服务器、页面等方面的因素。不仅仅要排除故障,如果用户对于无障碍教育网站的内容或布局等问题有较多的意见和建议时,也要把这些问题纳入网页维护工作日程中来。如何快捷方便的更新网页,提高更新效率,是网站维护的难题,以下将介绍无障碍教育网站维护的原则和方法。

一、维护的原则

1. 即时性

无障碍教育网站维护时一定要注意资料的即时性。有些教育网站维护速度慢,感觉就像一池死水。为给访问者新的气息和吸引力,不妨每隔一段时间就对页面设计做一次小翻新,时时保持新鲜感,网页内容也及时更新,将最新、最重要的内容展示在网页中。

2. 技术性

无障碍教育网站维护时需要考虑的就是今后维护管理的问题。网页简单但维护管理就比较烦琐,大型网站信息量巨大,往往改动一个链接就造成成百上千的网页相关链接需要改动,这时网站的后台技术至关重要,采取数据库信息后台模板式前台界面、由后台网站维护程序自动更新是当今网站流行的先进做法。

二、维护的方法

无障碍教育网站的维护方法主要分为网站硬件的维护方法和网站软件的维护方法。

1. 网站硬件的维护

在硬件管理中最主要的就是服务器。服务器一般要求使用专用的服务器,最好不要使用 PC 机代替。因为专用的服务器中多个 CPU 并且硬盘各方面的配置也比较优秀。

出于服务器是在不停的工作,如果其中一个 CPU 或硬盘坏掉,别的 CPU 和硬盘还可以继续工作,从而不会影响到教育网站的正常运行。

网站机房通常要注意:室内的温度、湿度以及通风性,这些将影响到服务器的散热和性能的正常运行。如果有条件最好使用两台或两台以上的服务器,所有的配置最好都是一样的,因为服务器在经过一段时间要进行停机检修,在检修的时候,可以运行别的服务器来工作,从而不会影响到网站的正常运行。

2. 网站软件的维护

网站软件的管理也是确保一个无障碍教育网站能够良好运行的必要条件。通常包括:服务器的操作系统配置、网站的定期更新、数据的备份以及网络安全的防护等。

1) 操作系统配置

一个网站的正常运行,硬件环境是个先决条件,但是服务器操作系统的配置是否可行和设置是否优良,是确保网站能良好长期运行的保证。除了要定期对这些操作系统进行维护外,还要定期对操作系统进行更新,他用最先进的操作系统。一般操作系统中软件安装的原则是:"少"而"精",就是在服务器中安装的软件尽可能的少,只要够用即可;这样可防止各个软件间的相互冲突。因为有些软件还是不健全的,有漏洞,还需要进一步的完善,安装得越多潜在的问题和漏洞也就越多。

2) 网站定期更新

网站的创建并不是一成不变的,还要对网站进行定期的更新。除了要更新教育网站的信息,还要更新或调整网站的功能和服务,对网站中的废旧文件要进行随时清除,以提高网站的精良性,从而提高网站的运行速度。不要以为自己的网站上传、运行后便万事大吉,与自己无关了。其实还要多光顾自己的网站。作为一个旁观者的身份来客观的看待自己的网站,评价自己的无障碍教育网站,与其他优秀网站相比还有哪些不足,有时自行分析往往比别人更能发现问题。然后,再进一步地来完善网站中的无障碍功能和服务。还有就是要时时关注互联网的发展趋势,随时调整自己无障碍教育网站,顺应潮流,以便给别人提供更便捷和贴切的服务,和最新的无障碍设计[101]。

3) 数据的备份

数据的备份,就是对自己网站中的数据进行定期备份。这样,既可以防止服务器出现突发错误,丢失数据;还可以防止自己的网站被别人给"黑"掉。如果有了定期的网站数据备份,即使网站被别人给"黑"掉,也不会影响到网站的正常运行。

4）网站安全的防护

网络安全防护就是防止自己的网站被别人非法的浸入和破坏。除了对服务器进行安全设置外，首要的一点是注意及时下载和安装软件的补丁程序，另外还要在服务器中安装设置防火墙。但是要知道防火墙是确保安全的一个有效措施，但不是唯一的，也不能确保绝对的安全，还可以使用其他的安令措施。另外还要时刻注意病毒的问题，要定期为服务器全面查毒、杀毒等操作，确保系统的安全运行。

第二节　无障碍教育网站的更新

对于一个网站来说，只有不断的更新内容，才能保证网站的生命力，才能长足发展。无障碍教育网站同样如此，建成的站点，要经常定期的维护，如每隔一定时间对主页作一次更新，而且还要经常了解新事物，以使自己的站点能够处于社会和生活的前列。并且还要定期对用户提出的问题做出回答。

网站的更新，是一个网站中必不可少的一项工作，也是一项十分繁重的工作。通常是需要多人来共同维护更新。网站的更新也有专用的工具软件：网站编辑软件就支持多人的协向工作。如果是在一个协作环境中工作（即有多人共同来维护），应在本地与远程站点之间传输文件时使用 check in/out（迁入、迁出）功能；如果是一个人负责管理远程站点，那就可以使用下载和上传命令来传输文件，可以不使用 check in/out（迁入、迁出）系统。要使本地站点的文件与远程站点的文件保持一致，就要使用 Dreamweaver 提供的文件同步功能。另外也可使用库和模板来实现对网站的更新。通过这些功能都能完成对一个网站的更新。

一、更新考虑的方面

内容更新是网站维护中的一个瓶颈，无障碍教育网站的建设可以从以下几个方面保证网站长期的顺利运转。

1. 保证资金和人力

在无障碍教育网站建设初期，就要对后续维护予以足够的重视，要保证网站后续维护所需资金和人力。目前很多网站都是以项目的方式建设的，建设时很舍得投入资金。可是网站发布后，维护力度不够，信息更新跟不上。所以应避免这些问题。确保一定资金和人力投入在后续的更新维护上。

2. 规划信息渠道

要从管理制度上保证信息渠道的通畅和信息发布流程的合理性。无障碍教育网站上各栏目的信息往往要来源于很多渠道,要进行统筹考虑,确立一套从信息收集、信息审查到信息发布的良性运转的管理制度。既要考虑信息的准确性和安全性,又要保证信息更新的及时性。

3. 制订更新计划

在建设无障碍教育网站的过程中,要对网站的各个栏目和子栏目进行尽量细致的规划,在此基础上确定哪些是经常要更新的内容,哪些是相对稳定的内容。由设计开发人员根据相对稳定的内容设计网页模板,在以后的维护工作中,不用改动这些模板,达到既能省费用,又有利于后期维护的目的。

4. 高效管理数据

对经常变更的信息,尽量用结构化的方式(如建立数据库、规范存放路径)管理起来,以避免数据杂乱无章的现象。如果采用基于数据库的动态网页方案,则在网站开发过程中,不但要保证信息浏览环境的方便性,还要保证信息维护环境的方便性。

5. 长效的无障碍更新维护机制

凡是保持动态更新的网站,都有可能在使用过程中产生新的问题,原来做到的无障碍设计,随着动态更新可能会再次出现障碍问题。因此无障碍设计必须长期持续下去,并且应建立周期性的监测机制,对网站的无障碍程度保持动态的评估和改进。

二、更新原则

1. 即时性

网站的最大特点是:不断变化的网站的不断更新是其具有生命力的源泉之一。因此无障碍教育网站的更新也如同维护一样也要注意即时性。更新的速度要快,内容要新,给访问者新的气息和吸引力,不妨每隔一阵子就对页面设计做一次小翻新,时时保持新鲜感,网页内容也及时更新,将最新、最重要的内容展示在网页中。

2. 技术性

无障碍教育网站更新时应考虑的就是事后维护管理的问题。网页简单但维护管理就比较烦琐,它的工作往往重复而死板,大型网站信息量巨大,往往改动一个链接造成成百上千的网页相关链接需要改动,这时网站的后台技术往往至关重要,采取数据库信息后台模板式前台界面、由后台网站维护程序自动更新是当今网站流行的先进做法。

三、更新方法

1. 上传文件更新网站

在连入 FTP 服务器之后,就可以将本地站点中的文件上传到服务器上。第一次用户需要将整个本地站中的所有文件都上传到服务器上,这不是更新。但在随后如果需要对服务器中某个单独的文件进行修改,只需先在本地将文件进行编辑修改,然后再将文件上传到服务器上,便完成了对文件的更新。

更新无障碍教育网站也就是把在本地已修改编辑的文件,再从本地站点上传(复制)到远程站点上。当在本地站点中完成了对某些文件夹内容的编辑修改等更新操作后,便可向远程服务器上传这些文件或文件夹,完成对文件的上传,也就完成了对网站内容的更新操作。

2. 下载文件更新

下载文件更新就是从远程站点复制文件到本地站点,然后在本地完成对文件的编辑修改操作后,再上传到远程站点中(也就是服务器中),也可完成对文件的更新操作。

如果正在使用迁入/迁出系统(也就是说,如果 Enable File check in 和 check out 设为打开)。使用 Get 命令得到该文件的本地副本是只读的;留在远程站点上的该文件夹仍然可以被其他团队成员迁出。如果 Enable File check in 和 check out 设为关闭,下载的文件则具有读写权。

需要注意的是,当单击下载命令时,复制回来的文件是站点窗口当前处于活动状态的窗格中被选定的文件,如果 Remote(远程)窗格正处于活动状态,那么被选取的远程站点的文件就会被复制回本地站点;如果 Local(本地)窗格正处于活动状态,那么本地窗格中被选取文件的远程版本地复制回本地站点。

如果是在协作环境中工作,是希望使用 Get 命令复制回来的文件具有读写权. 那就要关闭该站点的 Enable File check in 和 check out(启用迁入/迁出功能)选项。

3. 同步本地与远程服务器文件完成更新

使用 Site-Synchronize(站点-同步)命令,系统可以自动把文件的最新版本上传到远程站点,也可以从远程站点传回到本地站点,是本地站点和远程站点上的文件保持同步(版本最新)。如果远程站点是一个 FTP 服务器,就要用 FTP 同步文件,在同步站点之前,在 dream weaver 允许检查一下究竟哪此文件要上传或下载。在同步操作完成之后,dream weaver 也会确认哪些文件已更新。

4. 使用库更新

在设计网页的时候,为了保持和协调网站的整体风格。通常使用到了库项目,库的使用不仅有助于协调网站的整体风格,还有助提高工作效率,更重要的一点就是方便于对网站的更新。

■ 第三节　无障碍教育网站的安全

网站安全的含义主要是指利用网站管理控制和技术措施保证在网站环境里,信息数据的机密性、完整性及可用性可得到保护。网站的安全的主要目标是要确保经过网站传送的信息在到达目标站点时,没有任何丢失、增加、改变和泄密。

无障碍教育网站的安全性问题实际上包括两方面的内容,一个是网站的系统安全;另一个是网站的信息安全,而保护网站的信息安全是最终目的。就网站信息安全而言,首先是信息的保密性,其次是信息的完整性。另外与网站安全紧密相关的概念是拒绝服务。所谓拒绝服务主要包括三个方面的内容:系统临时阶低性能;系统崩溃而需要人工重新启动;因数据永久丢失而导致较大范围的系统崩溃。拒绝服务是与计算机网站系统可靠性有关的一个重要问题,但由于各种计算机系统种类繁多,综合进行研究比较困难。针对黑客威胁,网络安全管理员采取各种手段增强服务器的安全,确保无障碍教育网站的正常运行。可以用通用方法和专用方法来对无障碍教育网站的安全进行保护。

一、病毒的定义及特征

1. 病毒的含义

可从以下几点来领会计算机病毒的含义[102]。

(1)计算机病毒是一个在计算机系统运行过程中能把自身准确复制或有修改地复制到其他程序体内的"程序"。

(2)计算机病毒侵入系统后,不仅会影响系统正常运行,还会破坏数据。

(3)计算机病毒不仅在系统内部扩散,还会通过其他媒体传染给另外的计算机。

2. 病毒的特征

1)计算机病毒的可执行性

计算机病毒与其他合法程序一样,是一段可执行程序,但它不是一个完整的程序,而是寄生在其他可执行程序上,因此它享有一切程序所能得到的权力。在病毒运行时,与合法程序争夺系统的控制权。计算机病毒只有当它在计算机内得以运行时,才具有传染性和破坏性等活性。

2)计算机病毒的传染性

传染性是病毒的基本特征。在生物界,病毒通过传染从一个生物体扩散到另一个生物体。在适当的条件下,它可得到大量繁殖,并使被感染的生物体表现出病症甚至死亡。同样,计算机病毒也会通过各种渠道从已被感染的计算机扩散到未被感染的计算机,在某些情况下造成被感染的计算机工作失常甚至瘫痪。

3)计算机病毒的潜伏性

一个编制精巧的计算机病毒程序,进入系统之后一般不会马上发作,可以在几周或者几个月内甚至几年内隐藏在合法文件中,对其他系统进行传染,而不被人发现,潜伏性愈好,其在系统中的存在时间就会愈长,病毒的传染范围就会愈大。潜伏性的第一种表现是指,病毒程序不用专用检测程序是检查不出来的。潜伏性的第二种表现是指,计算机病毒的内部往往有一种触发机制,不满足触发条件时,计算机病毒除了传染外不进行破坏。

4)计算机病毒的可触发性

病毒因某个事件或数值的出现,使病毒实施感染或进行攻击的特性称为可触发性。为了隐蔽自己,病毒必须潜伏,少做动作。如果完全不动,一直潜伏的话,病毒既不能感染也不能进行破坏,便失去了杀伤力。

5)计算机病毒的破坏性

所有的计算机病毒都是一种可执行程序,而这一可执行程序又必然要运行,所以对系统来讲,所有的计算机病毒都存在一个共同的危害,即降低计算机系统的工作效率,占用系统资源,其具体情况取决于入侵系统的病毒程序。

6)攻击的主动性

病毒对系统的攻击是主动的,不以人的意志为转移的。也就是说,从一定的程度上讲,计算机系统无论采取多么严密的保护措施都不可能彻底地排除病毒对系统的攻击,而保护措施充其量是一种预防的手段而已。

7)病毒的针对性

计算机病毒是针对特定的计算机和特定的操作系统的。例如,有针对 IBM PC 机及其兼容机的,有针对 Apple 公司的 Macintosh 的,还有针对 Unix 操作系统的。例如,小球病毒是针对 IBM PC 机及其兼容机上的 DOS 操作系统的。

8)病毒的非授权性

病毒未经授权而执行。一般正常的程序是由用户调用,再由系统分配资源,完成用户交给的任务。其目的对用户是可见的、透明的。而病毒具有正常程序的一切特性,它隐藏在正常程序中,当用户调用正常程序时窃取到系统的控制权,先于正常程序执行,病毒的动作、目的对用户是未知的,是未经用户允许的。

9)病毒的隐蔽性

病毒一般是具有很高编程技巧,短小精悍的程序。通常附在正常程序中或磁盘较隐蔽的地方,也有个别的以隐含文件形式出现。目的是不让用户发现它的存在。如果不经过代码分析,病毒程序与正常程序是不容易区别开来的。

10)病毒的衍生性

这种特性为一些好事者提供了一种创造新病毒的捷径。分析计算机病毒的结构可知,传染的破坏部分反映了设计者的设计思想和设计目的。但是,这可以被其他掌握原理的人以其个人的企图进行任意改动,从而又衍生出一种不同于原版本的新的计算机病毒(又称为变种),这就是计算机病毒的衍生性。这种变种病毒造成的后果可能比原版病毒严重得多。

11)病毒的寄生性

病毒程序嵌入到宿主程序中,依赖于宿主程序的执行而生存,这就是计算机病毒的寄生性。病毒程序在侵入到宿主程序中后,一般对宿主程序进行一定的修改,宿主程序一旦执行,病毒程序就被激活,从而可以进行自我复制和繁衍。

12)病毒的不可预见性

从对病毒的检测方面来看,病毒还有不可预见性。不同种类的病毒,它们的代码千差万别,但有些操作是共有的(如驻内存、改中断)。有些人利用病毒的这种共性,制作了声称可查所有病毒的程序。

13)计算机病毒的欺骗性

计算机病毒行动诡秘,计算机对其反应迟钝,往往把病毒造成的错误当成事实接受下来,故它很容易获得成功。

14)计算机病毒的持久性

即使在病毒程序被发现以后,数据和程序以至操作系统的恢复都非常困难。特别是在网络操作情况下,由于病毒程序由一个受感染的拷贝通过网络系统反复传播,使得病毒程序的清除非常复杂。

3. 病毒的防范

1) 预防病毒的侵入

在管理方面应做到：系统启动盘要专用，而且要加上写保护，以防病毒侵入；不要乱用来历不明的程序或软件，也不要使用非法复制或解密的软件；对外来的机器和软件要进行病毒检测，确认无毒才可使用；对于带有硬盘的机器最好专机专用或专人专机，以防病毒侵入硬盘；对于重要的系统盘，数据盘以及硬盘上的重要信息要经常备份，以使系统或数据在遭到破坏后能及时得到恢复；网络计算机用户更要遵守网络软件的使用规定，不能在网络上随意使用外来软件。

2) 病毒的处理

在系统启动盘上的自动批处理文件中加入病毒检测程序。该检测程序在系统启动后常驻内存，对磁盘进行病毒检查，并随时监视系统的任何异常举动（例如，中断向量被异常地修改，出现异常地磁盘读写操作等），一旦有病毒侵入的迹象就进行报警，以提醒用户及时消除病毒。安装计算机防病毒卡。系统一启动该部件便进行工作，时刻监视系统的各种异常并及时报警，以防病毒的侵入。对于网络环境，可设置"病毒防火墙"。它是一种"实时过滤"技术，不但可保护计算机系统不受本地或远程病毒的侵害；也可防止本地的病毒向网络或其他介质扩散。

二、安全策略

1. 通用策略

1) 安全配置

关闭不必要的服务，最好是只提供 WWW 服务，安装操作系统的最新补丁，将 WWW 服务升级到最新版本并安装所有补丁，对根据 WWW 服务提供者的安全建议进行配置等，这些措施将极大提供无障碍教育网站服务器本身的安全[103]。

2) 防火墙

防火墙是一类防范措施的总称，它使得内部网络与 Internet 之间或者与其他外部网络互相隔离及限制网络互访来保护内部网络。简单的防火墙可以只用路由器实现，复杂的可以用主机甚至 2 个子网来实现。设置防火墙的目的都是为了在内部网与外部网之间设立唯一的通道，简化网络的安全管理。安装必要的防火墙，阻止各种扫描工具的试探和信息收集，甚至可以根据一些安全报告来阻止来自某些特定 IP 地址范围的机器连接，给

WWW 服务器增加一个防护层,同时需要对防火墙内的网络环境进行调整,消除内部网络的安全隐患。

3)漏洞扫描

漏洞扫描就是对重要计算机信息系统进行检查,发现其中可被黑客利用的漏洞。这种技术通常采用两种策略,第一种是被动式策略,第二种是主动式策略。被动式策略是基于主机的检测,对系统中不恰当的设置、脆弱的口令以及其他同安全规则相抵触的对象进行检查;而主动式策略是基于网络的检测,通过执行一些脚本文件对系统进行攻击并记录它的反应,从而发现其中的漏洞。漏洞扫描的结果实际上是系统安全性能的一个评估,它指出哪些攻击是可能的,因此成为安全方案中一个重要的部分。

4)入侵检测系统

所谓入侵,是指对信息系统的非授权访问或未经许可在信息系统中进行操作。相应的,入侵检测就是对企图入侵、正在进行或已经发生的入侵进行识别的过程。入侵检测的任务是检测和相应计算机误用。所谓误用,从概念上说就是至少包括下列行为中的一种:非授权访问或读取数据;非授权数据修改数据;拒绝服务被拒绝。入侵检测具有两种误用检测模式:检测与已知威胁的匹配程度;检测与可接受行为之间的偏差。利用入侵检测系统(IDS)的实时监控能力,发现正在进行的攻击行为及攻击前的试探行为,记录黑客的来源及攻击步骤和方法。

入侵的作用包括:威慑、检测、攻击预测、损失情况评估和起诉支持。具体而言其功能主要有:检测内部人员威胁的事件日志分析,检测外部人员威胁的网络通信量分析,安全配置管理和文件完整性检查。

2. 专用方法

尽管采用的各种安全措施能防止很多黑客的攻击,然而由于各种操作系统和服务器软件漏洞的不断出现,攻击方法层出不穷,获得系统的控制权限,从而达到破坏主页的目的。这种情况下,一些网络安全公司推出了专门针对网站的保护软件。一旦检测到被保护的文件发生了非正常的改变,就进行恢复。因此还应采取专用的方法来保护无障碍教育网站的安全。

1)监测方式

本地和远程:检测可以是在本地运行一个监测端,也可以在网络上的另一台主机。如果是本地的话,监测端进程需要足够的权限读取被保护目录或文件。监测端如果在远端,

WWW 服务器需要开放一些服务并给监测端相应的权限,较常见的方式是直接利用服务器的开放的 WWW 服务,使用 HTTP 协议来监测被保护的文件和目录。也可利用其他常用协议来检测保护文件和目录,如 FTP 等。采用本地方式检测的优点是效率高,而远程方式则具有平台无关性,但会增加网络流量等负担。

定时和触发:绝大部分保护软件是使用的定时检测的方式,不论在本地还是远程检测都是根据系统设定的时间定时检测,还可将被保护的网页分为不同等级,等级高的检测时间间隔可以设得较短,以获得较好的实时性,而将保护等级较低的网页文件检测时间间隔设得较长,以减轻系统的负担。触发方式则是利用操作系统提供的一些功能,在文件被创建、修改或删除时得到通知,这种方法的优点是效率高,但无法实现远程检测。

2) 比较方法

在判断文件是否被修改时,往往采用被保护目录和备份库中的文件进行比较,比较最常见的方式全文比较。使用全文比较能直接、准确地判断出该文件是否被修改。然而全文比较在文件较大较多时效率十分低下,一些保护软件就采用文件的属性如文件大小、创建修改时间等进行比较,这种方法虽然简单高效,但也有严重的缺陷:(恶意入侵者)可以通过精心构造,把替换文件的属性设置得和原文件完全相同,(从而使被恶意更改的文件无法被检测出来)。另一种方案就是比较文件的数字签名,最常见的是 MD5 签名算法,由于数字签名的不可伪造性,数字签名能确保文件的相同。

3) 恢复方式

恢复方式与备份库存放的位置直接相关。如果备份库存放在本地的话,恢复进程必须有写被保护目录或文件的权限。如果在远程则需要通过文件共享或 FTP 的方式来进行,那么需要文件共享或 FTP 的账号,并且账号拥有对被保护目录或文件的写权限。

4) 备份库的安全

当黑客发现其更换的主页很快被恢复时,往往会激发起进一步破坏的欲望,此时备份库的安全尤为重要。网页文件的安全就转变为备份库的安全。对备份库的保护一种是通过文件隐藏来实现,让黑客无法找到备份目录。另一种方法是对备份库进行数字签名,如果黑客修改了备份库的内容,保护软件可以通过签名发现,就可停止 WWW 服务或使用一个默认的页面。

通过以上分析比较我们发现各种技术都有其优缺点,需要结合实际的网络环境来选择最适合的技术方案。总之无障碍教育网站的安全是一个非常重要的工作,需要维护人员从思想中重视,从技术上着手,以免发生惨重的后果。

参 考 文 献

[1] ［美］(Beverly Abbey.）网络教育——教学与认知发展新视角. 丁兴富 等译. 北京:中国轻工业出版社，2003:297-320.

[2] 孙祯祥,张家年. 试论 WAI 和网络教育之关系——探讨教育网站易访问性的设计. 开放教育研究，2005(6):84-86.

[3] 瞭望新闻周刊. "无障碍"概念的形成. 瞭望新闻周刊,2002(4),第 17 期.

[4] 刘静. 浅谈国内外无障碍设计的发展. 安徽建筑,2002(1):26-27.

[5] 何川. 国内信息无障碍的现状及展望. 现代电信科技,2007(3):4-8.

[6] 联合国网站. 无障碍环境. http://www.un.org/chinese/esa/social/disabled/text-accessibility. htm,2006-9-8.

[7] 张剑平 等. 现代教育技术——理论与应用. 北京:高等教育出版社,2003:160-161.

[8] 周国萍. 网络教育:概念、特点与意义. 江西教育科研,2003(11):6-8.

[9] 叶耀明 等. 无障碍网络空间规划与设计. http://211.21.67.22/home/parti.doc,2005-3-5.

[10] 黄朝盟. 2003 台湾地区网络无障碍空间评估. http://www.aboutweb.org/ works/ works_1. html,2005-9-1.

[11] 陈美玲,柳栋,武健. 教育主题网站的概念、分类与作用. http://www.being.org.cn/ theroy/ etw2003-1.htm, 2003-5-4.

[12] 孙祯祥,张家年. 国外网站易访问性研究综述. 中国特殊教育,2006(4):87-91.

[13] 孙祯祥,张家年. 教育网站易访问性的现状及其设计. 中国电化教育,2006(2):72-75.

[14] 何克抗. 建构主义——革新传统教学的理论基础(上)(中). 电化教育研究,1997(3):25-27;(4):30-32.

[15] 邵艳丽. 国外数字鸿沟问题研究述略. 中国社会科学情报学会学报,2003 (4):70-80.

[16] 曹荣湘. 解读数字鸿沟——技术殖民与社会分化. 上海:上海三联书店,2003:1-3,281.

[17] Waddell C D. The growing digital divide in access for people with disabilities: Overcoming barriers to participation in the digital economy. http://www.icdri.org/the_digital_divide. htm,1999.

[18] 彭绍东. 解读教育技术领域的新界定. 电化教育研究 2004(10):8-17.

[19] 第二次全国残疾人抽样调查主要数据公报. 人民日报,2007-05-29,第 10 版.

[20] 刘洪泉,李丹. 对现代教育所追求的三个环境建设的思考. 中学政治教学参考,2001(10).

[21] 中国教育网. 试论中国教育信息化的发展目标和基本对策. http://www.edude. net/ guidongnews/shownews.asp? newsid=580. 2006,5-8.

[22] 唐晓杰. 发达国家的教育信息化:对策和措施. http://cnc. elab. org. cn/home/ worldwide/ discuss/txj_01. pdf,2006-11-22.

[23] 邢怀滨,陈凡. 社会建构论的技术政策观. 自然辩证法研究,2003 (3):81- 86.

[24] 新华网. 中国政府签署残疾人权利公约. http://www. sina. com. cn,2007-3-31.

[25] 落红卫. 信息通信辅助技术. 现代电信科技,2007(3):15-18.

[26] 国家统计局、第二次全国残疾人抽样调查领导小组. 第二次全国残疾人抽样调查主要数据公报. 人民日报,2007-05-29, 第 10 版.

[27] IMS Corp. IMS Learner Information Package Accessibility for LIP Best Practice and Implementa-tion Guide Version 1. 0 Final Specification. http://www. imsglobal. org/specificationdownload. cfm,2003-6-18.

[28] Behrmann M M. Introduction // Behrmann M M,ed at. Integrating computers into the curriculum: A handbook for special educators. Boston: Little, Brown and Company, 1988:ix-xv.

[29] Fichten C S, Barile M, Asuncion J V. Learning Technology: Students with Disabilities in Postsecondary Education. Montreal, CA: Dawson College, 1999.

[30] Department of Education of U. S. A. e-Learning :Putting a World-Class Education at the Fingertips of all Children. Washington D. C. : Department of Education of U. S. A. , 2000.

[31] Federal IT Accessibility Initiative. Electronic and Information Technology Accessibility Standards. http://www. section508. gov/2001,2005-9-20.

[32] Buhler C. eEurope-eAccessibility-user participation: Participation of people with disabilities and older people in the information society. Lecture Notes in Computer Science, 2002, 2398: 3-5.

[33] World Wide Web Consortium, Web content accessibility guidelines 1. 0. http:// www. w3c. org/ TR/WCAG10/2004-6-3.

[34] http://www. cast. org.

[35] http://www. utoronto. ca/atrc/.

[36] http://trace. wisc. edu/.

[37] 陈明聪 等. 身心障碍者参与网络化学习的困难及其改善的方式. http://www. ccu. edu. tw, 2005-3-5.

[38] 中国新闻网. 中国 60 岁及以上老年人口已达 1. 53 亿. http://www. sina. com. cn, 2008-02-29.

[39] 中国互联网络信息中心. 中国互联网络发展状况统计报告(2008-1). http://www. cnnic. net. cn/, 2008-2-22.

[40] IMS Global Learning Consortium, Inc. . Accessibility brochure. http://support. imsglobal. org/ accessibility, 2006-6-15.

[41] 白姝,扂淑芳. 网络学习者学习障碍的分析. 现代教育技术,2004(6):25-27.

[42] 于凌云, 谢艳梅. 应用知识管理提高网络学习绩效初探. 现代远程教育研究, 2006(2):34-36.

[43] 衷克定, 梁玉娟. 网络学习社区结构特征及其与学习绩效关系研究. 开放教育研究,2006(6): 69-73.

[44] 吴遵民. 现代国际终身教育论. 上海:上海教育出版社,1999:16-17.

[45] 联合国教科文组织. 学会生存——教育世界的今天和明天. 北京:教育科学出版社,1996,201-223.

[46] 高志敏 等. 终身教育终身学习与学习化社会. 上海：华东师范大学出版社，2005：11.

[47] 联合国教科文组织. 全纳教育共享手册. 陈云英 等译. 北京：华夏出版社，2004：8-17.

[48] UNESCO. Framework for Action on Special Needs Education，1994：6，8，11-12，15.

[49] 黄志成 等. 全纳教育——关注所有学生的学习和参与. 上海：上海教育出版社，2004：34-38.

[50] 刘复兴. 教育公平是构建和谐社会的基本要求. 中国教育报，2006-12-9.

[51] 赵志国. 切实推进信息无障碍工作为创建和谐社会贡献力量. http://www. mii. gov. cn/ art/ 2006/11/23/art_1161_27110. html，2006-11-23.

[52] 郭庆光. 传播学教程. 北京：中国人民大学出版社，2003：4-6.

[53] 刘宣文. 人本主义学习理论述评. 浙江师范大学学报(社科版)，2002(1).

[54] 沙勇忠. 信息伦理学. 北京：北京图书馆出版社，2004：7-8.

[55] Mason R O. Four Ethics Issues of the Information Age. MISQ，10(1)，1986：5-12.

[56] 任铁民. 信息无障碍是残障人士、贫困人口等弱势群体的基本发展权. 第三届中国信息无障碍论坛，2004，11：2-3.

[57] 李天科. 以人为本的人机界面设计思想. http://www. cechinamag. com/ Article/html/2006-02/ 2006211082317. pdf，2007-7-10.

[58] Hartson H R. Human-Computer Interaction：Interdisciplinary Roots and Trends. The Journal of System and Software，1998，43：103-118.

[59] Nielsen J. Usability engineering. Boston：Academic Press，1993.

[60] 王建军. 个别差异与课程发展中的通用设计. 课程. 教材. 教法，2004(11)：22-27.

[61] 吴小勇. 让技术人性化的科学——人机工程学. http://www. wuxiaoyong. com. 2006-7-10.

[62] 武法提. 网络教育应用. 北京：高等教育出版社，2003：274-275.

[63] David Klein M A, et al. Electronic Doors to Education：Study of High School Website Accessibility in Iowa. Behavior Science and the Law，2003(21)：27-49.

[64] Holly Yu. Web Accessibility and the Law：Recommendations for Implementation. Library Hi Tech，2002(4)：406-419.

[65] Marty Bray, et al. Accessibility of Middle Schools' Web Sites for Students with Disabilities. The Clearing House，2007(4)：170-176.

[66] Sara Dunn. Return to SENDA? Implementing Accessibility for Disabled Students in Virtual Learning Environments in UK Further and Higher Education. http://www. saradunn. net/ VLEproject/index. html，2005-8-24.

[67] 王佑镁. 国家精品课程网上资源可及性评估研究. 高等教育工程研究，2007(3)：124-126.

[68] 香港互联网专业人员协会. 建立无障碍网站简易指南. http://www. iproa. org/ web/eInclusion/ guidebook. pdf，2005-12-28.

[69] http://www. forest53. com/tutorials/tutorials show. asp? id=14，2006-3-20.

[70] Sheryl Burgstahler. Real Connections：Making Distance Learning Accessible to Everyone. http://www. washington. edu/doit/Brochures/Technology/distance. learn. html，2006-8-6.

［71］ 通用界面指南. http://www. pconline. com. cn/pcedu/sj/pm/other/0401/296882. html,2007-1-6.

［72］ 盛力群,吴海军. 通用学习模式. http://www. zjjybk. com/, 2007-1-3.

［73］ 台湾研究发展考核委员会. 无障碍网页开发规范. http://www. lcjh. tpc. edu. tw/, 2007-12-10.

［74］ 台湾研究发展考核委员会. 无障碍网页设计技术手册. http://enable. nat. gov. tw, 2007-12-10.

［75］ Thomas A P. Web Design:The Complete Reference. 北京:机械工业出版社,2001.

［76］ Joe Clark. Building Accessible Websites. http://www. joeclark. org/book/sashay/serialization,
2007-4-15.

［77］ 周长海 等. 网络课程制作基础. 武汉:华中科技大学出版社,2006:149.

［78］ 胡艳妮,杨光明. 浅谈字幕机的发展. 西部广播电视,2006(3):18-20.

［79］ Web Captioning Overview. http://www. webaim. org/articles/cognitive/,2007-1-10.

［80］ 黄璐、孙祯祥、王满华. 网络字幕媒体技术及其在远程教育中的应用. 中国电化教育,2007.

［81］ History of the Captioned Media Program. http://www. webaim. org/ articles/ cognitive/, 2007-
1-10.

［82］ 张家年. 教育网站易访问性的设计与评价. 浙江师范大学硕士毕业论文,2003.

［83］ Section 504 of the Rehabilitation Act. http://www. section508. gov/ index. cfm? FuseAction=
Content&ID=15, 2006-12-23.

［84］ Americans with Disabilities Act(ADA) of 1990. http://www. webaim. org/coordination/ law/ us/
ada/, 2006-12-27.

［85］ http://www. usdoj. gov/crt/foia/tal712. txt，2007-1-13.

［86］ Disability Rights Commossion Official Site. http://www. drc-gb. org, 2006-12-25.

［87］ Disability Discrimination Act(DDA) & web accessibility. http://www. webcredible. co. uk/user-
friendly-resources/web-accessibility/uk-website-legal-requirements. shtml，2007-1-12.

［88］ DDA The part3 Code. http://www. drc-gb. org/open4all/law/code. asp,2007-1-12.

［89］ Web Accessibility:New Guidance from BSI and DRC. http://www. out-law. com/page-5535,
2007-1-21.

［90］ Special Education Needs and Disability Act 2001. http://www. opsi. gov. uk/ acts/acts2001/
20010010. htm,2007-1-12.

［91］ 樊戈. Web无障碍建设:价值、现状与对策研究. 硕士研究生论文,2006.

［92］ Web Accessibility Initiative of the World Wide Web Consortium. http://www. w3. org/WAI/,
2006-7-9.

［93］ 韩珏. 都柏林核心_DublinCore_元数据发展简史_上. 图书馆杂志,1999,4.

［94］ 我国的现代远程教育技术标准体系. http://www. hdedu. com. cn/ khzc/doc20020210/02. doc,
2006-7-8.

［95］ Adaptive Technology Resource Centre（ATRC）. Overview of A-Prompt. http:// aprompt. snow.
utoronto. ca/ overview. html. 2006-7-8.

［96］ 余胜泉. 基于互联网络的远程教学评价模型. 开放教育研究,2003(1).

[97] 李忠信. 教学网站的评价. 中国电化教育,2001(3).

[98] WAI. Evaluating Web Sites for Accessibility. http://www. w3. org/WAI/eval/ Overview. html, 2007-4-23.

[99] 王孝玲. 教育评论的理论与技术. 上海:上海教育出版社,2001:60-61.

[100] 刘志波. 网络课程评价及其指标体系的建构. 陕西师范大学硕士研究生学位论文,2003:20-22.

[101] 吕斌. 网页制作与网站建设. 北京:清华大学出版社,2005:230-240.

[102] 计算机病毒. http://www. 517384. net/bbs/ShowPost. asp? ThreadID=72, 2008-2-12.

[103] 王玉洁. 网站建设与维护. 南京:东南大学出版社,2005:217-220.